高等院校应用技术型人才培养规划教材

现代交换技术与设备

劳文薇　主编

中国铁道出版社有限公司
CHINA RAILWAY PUBLISHING HOUSE CO., LTD.

内 容 简 介

本书介绍了现代交换系统及 NGN 软交换系统的基本概念和工作原理,简要介绍了数字交换机的维护和管理方法。全书共分 10 章,主要内容包括:交换技术的发展及基本结构;多路复用与差错控制技术;呼叫处理的基本原理;数字交换网络的基本构成;C&C08 程控数字交换机的构造及原理;用户线信令、局间信令及公共信道信令系统的概念与构造原理;程控用户交换机的工程设计及管理维护方法;NGN 软交换、移动交换技术以及光交换技术等内容。

本书适合作为高等院校通信及电子类专业的教材,也可作为通信工程技术人员的培训教材和参考用书。

图书在版编目(CIP)数据

现代交换技术与设备/劳文薇主编.—北京:中国铁道出版社有限公司,2019.7(2021.1 重印)
高等院校应用技术型人才培养规划教材
ISBN 978-7-113-22613-8

Ⅰ.①现… Ⅱ.①劳… Ⅲ.①程控交换技术-高等学校-教材②程控交换机-高等学校-教材 Ⅳ.①TN916.42

中国版本图书馆 CIP 数据核字(2019)第 131485 号

书　　名: 现代交换技术与设备
作　　者: 劳文薇

策　　划: 王春霞　　　　**编辑部电话:**(010)63551006
责任编辑: 王春霞
封面设计: 付　巍
封面制作: 刘　颖
责任校对: 张玉华
责任印制: 樊启鹏

出版发行: 中国铁道出版社有限公司(100054,北京市西城区右安门西街 8 号)
网　　址: http://www.tdpress.com/51eds/
印　　刷: 三河市宏盛印务有限公司
版　　次: 2019 年 7 月第 1 版　2021 年 1 月第 2 次印刷
开　　本: 850 mm×1 168 mm　1/16　**印张:** 11.25　**字数:** 249 千
书　　号: ISBN 978-7-113-22613-8
定　　价: 32.00 元

前言

PREFACE

交换设备是通信网的重要组成部分，随着通信网现代化进程的加快，新技术、新设备和新标准不断出现。交换系统也从单一的链路变为集信息交换、信息处理和信息数据库为一体的大型复杂设备。

各种交换技术的发展是为了适应不同业务的需求产生和发展起来的，交换的实质是在通信网上建立起四通八达的“立交桥”，以达到经济、快速并满足服务质量要求的信息转移的目的。

各种交换技术，从本质上讲是通信与计算机结合的产物，交换系统实质上是一个以计算机为基础，在实时多任务操作系统的控制管理下，完成信息处理任务的应用系统。

本书侧重于介绍与电话交换业务有关的程控数字交换与NGN软交换，主要面向对通信技术无过多理论了解的读者，深度适当，可使读者通过学习，具备组装、运营、接入、维护、管理等工程实践的能力，对目前交换技术的新业务有简单了解。

本书涉及的电路交换内容基于深圳华为技术有限公司生产的“C&C08程控交换机”商用平台；NGN软交换内容基于深圳华为技术有限公司生产的“核心软交换设备SoftX3000”平台，在全国各地有相当高的装机率，也代表了我国最先进的交换技术。

本书共分10章。第1章主要介绍了电话交换的概念，以及程控数字交换的基本任务和结构；第2章介绍了多路复用与差错控制的基本理论；第3章介绍了呼叫处理的基本原理；第4章介绍了数字交换网络的基本概念和构成；第5章介绍了C&C08程控数字交换机的硬件组成及功能原理，对C&C08的软件构成也做了简要介绍；第6章介绍了信令系统的基本概念和构成；第7章介绍了程控交换机的工程设计与管理维护方法；

第8章介绍了NGN软交换技术;第9章简要介绍了移动交换技术的基本概念和基本实现方法;第10章简要介绍了光交换技术的基本概念和基本实现方法。

由于时间仓促,编者水平有限,书中难免存在疏漏与不足之处,恳请广大读者批评指正。

编　者

2019年5月

目　录

CONTENTS

第 8 章 NGN 软交换……………122

第 9 章 移动交换技术……………142

第1章 绪　论

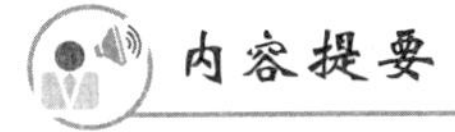

内容提要

- 电话交换的发展、分类。介绍了电话交换的基本概念、电话交换技术的发展及电话交换机的分类。
- 交换机的基本结构，包括交换机的基本硬件及软件结构。
- 交换机的新服务功能，主要介绍了缩位拨号、热线服务、转移呼叫等多种交换机的新业务。

1.1 电话交换的基本原理

电话交换机的基本功能是交换。两部有线电话机之间必须有一对连接线才能通话。从总的规律讲，如果有 n 个用户，就有 $n(n-1)/2$ 对连接线路。当电话用户很多时，不可能在任意两个用户之间都设一对线路。因此，需要有一个公共设备实现所有电话的连接和中转业务，这种公共使用的设备称为电话交换机。这样，当任意两个用户需要通话时，就可由交换机把他们连通。通话完毕时，交换机再把其间的连线拆断。

图1-1所示为由一台电话交换机和许多用户话机相连的示意图。通过电话交换机就可以实现电话交换功能。

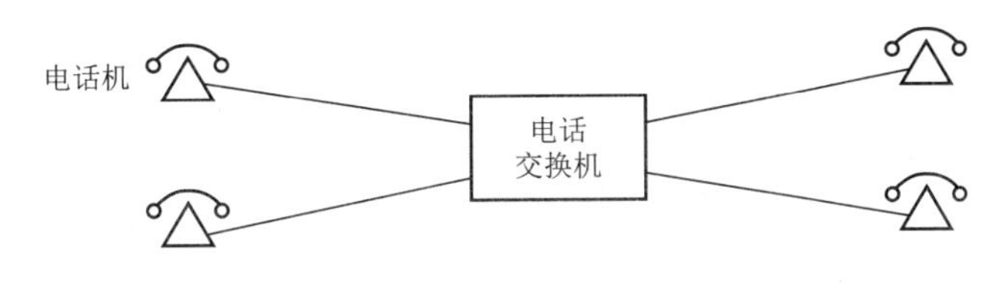

图1-1　电话机与用户话机的连接

电话通信的基本目标是使身处异地的人在任何时刻都可以进行通话。因此，它必须具备以下3个基本要素：

（1）发送和接收话音的终端设备：电话机。

（2）远距离传输语音信号的传输设备：各种类型的传输设备，包括最简单的金属线对、载波设备、微波设备、光缆和卫星设备等。

(3)对话音信号进行交换、接续的交换设备:各种类型的电话交换机。

这三者缺一不可,而电话交换机在整个电话通信网中起着枢纽作用,构成网中的各级结点。如果没有电话交换机就不可能组成电话通信网,也不会出现一个电话用户可以随时同世界上任何地方的另一个电话用户进行通话的方便环境。

1.2 电话交换技术的发展和分类

1.2.1 电话交换技术的发展

自1876年美国人贝尔发明电话以来,电话通信及电话交换机取得了巨大发展,电话交换技术完成了由人工到自动的过渡。交换技术的发展经历了以下几个过程:

(1)元器件的使用经历了由机电式到电子式的过程。

(2)接续部分的组成方式由空分向时分方向发展。

(3)控制设备的控制方式由布线逻辑控制(布控)向程序控制(程控)发展。

(4)交换的信号类型由模拟信号向数字信号发展。

(5)交换的业务由电话业务向综合业务(ISDN)方向发展。

(6)交换的信号带宽由窄带向宽带发展。

电话交换技术的发展大致可划分为人工电话交换、机电制自动电话交换、程控模拟电话交换、全数字电话交换、综合业务数字交换和异步转移交换等6个阶段。

1. 人工电话交换

1878年,世界上第一台能配合磁石电话机工作的磁石式电话交换机在美国诞生。该电话交换的特点是每部电话机均备有电源电池,以手摇发电机作为发起呼叫信号的工具。在交换机上以用户吊牌接收呼叫信号,以塞绳电路连接用户的通话。这种设备结构简单,容量有限,不能构成较大的电话局。

为了适应发展的需要,接着出现了共电式电话交换机。该交换机的特点是:每个用户话机的电源由电话局统一通过用户线馈送,取消了手摇发电机。另外,利用话机环路的接通作为呼叫信号,和磁石式电话机相比,用户得到了更多的方便。尤为重要的是,共电式电话交换机可以组成容量相当大的电话局,因此发展很快。

以上两种交换机都属于人工交换方式,需要耗用大量的人力,且用手工进行接续,速度慢,易出错,劳动强度大。

随着社会对电话通信需求的增长,用户数量成倍地增加,呼叫次数也大量增长,人工交换已不能满足需要,因此,对自动交换接续产生了迫切的需求。

2. 机电制自动电话交换

1891年,美国人史瑞乔发明了第一台步进制自动电话交换机。该交换机在话路中主要是通过电磁铁控制选择机键的动作完成电话接续。在控制电路中则主要用继电器接点电路构成控制逻辑,自动完成各种控制功能。后经德国西门子公司加以改进,发展成为西门子式步进制自动电话交换机。

步进制自动电话交换机的特点:选择机键的动作幅度大、噪声大、磨损快、故障率高、传输杂音大、维护工作量大,且不能用于长途自动电话交换。

1926 年,瑞典制成了第一台纵横制自动电话交换机,沿用了电磁原理,话路的主要部件使用了特殊设计的纵横接线器。这种交换机克服了步进制交换机的许多缺点,还可适用于长途自动电话的交换,在世界各国推广很快。

3. 程控模拟电话交换

1965 年,美国成功地开通了世界上第一台程控电话交换机(ESSI),首次把存储程序控制原理应用于电话交换机的控制系统,其话路系统沿用了纵横制原理的交换网络,以交换模拟语音信号。在一段时间内,这类交换机的发展非常迅速,欧洲各国以及美、日等国家大量安装了这类设备。

4. 全数字电话交换

1970 年,法国开通了第一部以数字信号进行交换的数字交换机(E10),它标志着交换技术从程控模拟电话交换进入数字电话交换时代。

随后,各国迅速掀起了研制全数字程控交换机的热潮,许多新的数字交换机相继问世,如英国的 X 系统、日本的 D60、瑞典的 AXE-10 和美国的 ITT1240 等。我国于 1982 年在福州引进了第一台 F150 交换机,随后开始研制各种容量的程控交换机,并且从国外引进了大批程控交换机。在此基础上通过选优和定点,陆续建立了 S-1240、EWSD 等多条生产线。20 世纪 80 年代末,我国自行研制成功了 HJD04 和 DS30 程控交换机。此后, 08 机、10 机、601 机相继研制成功,基本上结束了交换机依靠进口的历史。目前,我国自行研制生产的数字程控交换机的水平已经有了极大提高,许多机型的水平已经达到或超过国外同类机的水平,在国际市场上具有很强的竞争力。

全数字电话交换机在话路中对 PCM(Pulse Code Modulation,PCM,脉冲编码调制)数字语音编码直接进行交换,控制部分则由存储程序控制的数字计算机承担。这类交换机体积小、速度快、可靠性高,具有明显的优势。

数字程控交换机作为一种现代通信技术、计算机通信技术、信息电子技术与大规模集成电路技术相结合的高度模块化的集散系统,与前几代的交换机相比有着压倒性的优势。为了满足人们日益增长的通信需求,目前国内外的主要交换机生产厂家都在不断地完善与更新自己已有的机种,并且陆续推出新的产品和配套设备,使交换机在功能、接口、组网能力、可靠性、功耗以及体积等方面均有很大的改进。

5. 综合业务数字交换

所谓“综合业务”是指把话音、数据、电报、图像等各种业务都通过同一设备进行处理,而“数字网”实现上述数字化了的各种业务在用户间的传输和交换。通信网的最终发展方向是要建立一个高质量、高速度、高度自动化的“综合业务数字网(ISDN)”。新型的数字交换机都开发了适应综合业务数字网的模块。

6. 异步转移交换

异步转移模式(ATM)包括了异步时分交换和快速分组交换的特征。ATM 技术能使宽带综合业务数字网 B-ISDN 处理从窄带话音和数字业务到宽带视频(包括高清晰度电视)业务范围的综合信息。

ATM 能提供动态带宽和多媒体通信方法。ATM 可按需要改变传送信息的速度,按照统计复用的原理进行传输和交换,适应任一速率的通信。此外, ATM 还具有灵活性和实用性强,能最有效地利用网络资源,交换速率快,以及可以和 SDH 传输速率相匹配等优点。

1.2.2 电话交换机的分类

1. 按接线方式分

(1)人工电话交换机。这类交换机由话务员的人工操作完成接续,包括两种类型:

① 磁石式:用户话机的电源由用户自备。

② 共电式:用户话机的电源由交换机供给,利用环流表示呼叫或拆线。

(2)自动电话交换机。这类交换机包括两种类型:

① 机电式:有步进制、机动制、全继电器和纵横制之分。

② 电子式:有空分和时分、布控和程控、模拟和数字之分。

2. 按使用范围分

(1)局用交换机:指电话局使用的具有开通及支持功能的带网管的一层交换机,能设置很多参数。包括:市话交换机、汇接市话交换机、国内长话交换机、国际长话交换机和县内电话(农话)交换机。

(2)用户小型交换机(PBX):也称程控交换机、集团电话等,是现在办公常用的通信管理手段的一种,完成企业内部之间以及与公共电信网络的电话交换,并将电话、传真、调制解调器等功能合并。用户小型交换机主要用于机关、企业、学校、旅馆内部等。

1.3 交换机的基本功能与结构

1.3.1 程控交换机的基本功能

目前,程控交换机的主要功能如下:

(1)在众多用户中及时发现哪一用户有呼叫。

(2)能自动记录被叫用户号码。

(3)能及时找到被叫用户并自动判别被叫用户当前的忙闲状态。

(4)若被叫空闲,自动选取线路将主、被叫连通,并呼出被叫用户使双方通话。

(5)通话结束后,及时自动完成拆线做释放处理。

(6)同交换机间不同用户能自由通话。

(7)同一时间能允许若干对用户同时通话且互不干扰。

1.3.2 交换机的基本硬件结构

电话网络中任意两点之间要想进行通信,需要在这两点之间建立传输通道,电话网络给电路提供交换方式,建立传输通道。因此,在电话交换中使用的是电路交换方式。

程控数字交换机实质上是通过计算机的“存储程序控制”来实现各种接口的电路接续、信息交换及其他的控制、维护和管理功能。虽然不同类型、不同用途的数字交换机的具体结构各不相同,但它的最基本的结构如图 1-2 所示。

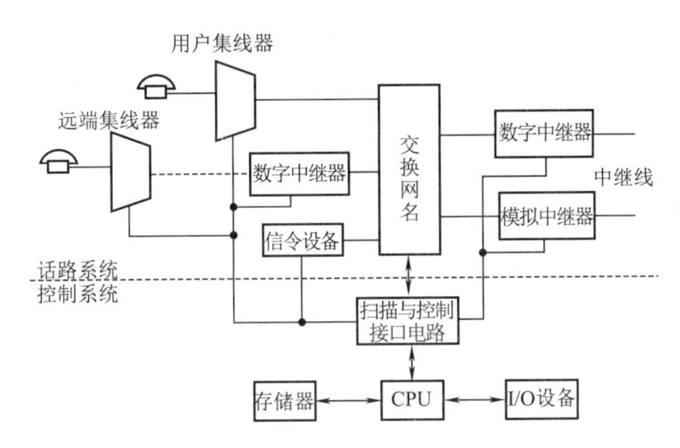

图 1-2 程控数字交换机的基本构成

整个交换机由两部分组成:话路系统和控制系统。话路系统主要包括用户集线器、远端用户集线器(统称为数字用户级)、选组级和各种中继器。控制系统由各微处理机及其程序组成。

除以上设备外,还有产生各种联络信号,辅助建立接续通路的信令设备,以及其他附属设备。

1.3.3 交换机的基本软件结构

程控交换机的软件系统分为程序和数据两部分。

1. 程序部分

程序部分包括运行程序和支援程序。

(1)运行程序也称为联机程序,分为以下四部分:

① 执行管理程序(操作系统):多任务、多处理机的高性能操作系统。

② 呼叫处理程序:完成用户的各类呼叫接续。

③ 系统监视和故障处理程序及故障诊断程序:共同保证程控交换机不间断地运行。

④ 维护和运行程序:提供人机界面完成程控交换机的运行控制和测试等。

(2)支援程序也称为脱机程序,其数量较大,分为以下四部分:

① 软件开发支援系统:主要是指语言工具。

② 应用工程支援系统:完成交换网规划及安装测试。

③ 软件加工支援系统:主要是指数据生成程序。

④ 交换局管理支援系统:完成交换机运行资料的收集、编辑和输出程序等。

2. 数据部分

数据部分包括系统数据、局数据和用户数据。

(1)系统数据:仅与交换机系统有关的数据。

(2)局数据:与各局设备的具体情况有关的数据。

(3)用户数据:用户类别、用户设备号码等数据。

1.4 交换机的新服务功能介绍

程控交换机具有多种服务功能,其使用范围和类型均不相同,所开放的新服务功能也不同。下面对其新业务及其功能做一些简单的介绍。

1. 缩位拨号

缩位拨号就是用1~2位代码来代替原来的电话号码(可以是本地号码、国内长途号码或国际号码),我国统一采用2位代码作为缩位号码,因此,一个用户最多可以有100个采用缩位拨号的被叫用户。

2. 热线服务

该项服务是用户在摘机后在规定时间内如果不拨号,即可自动接到某一固定的被叫用户。一个用户所登记的热线服务只能是一个被叫用户。

3. 呼出限制服务

呼出限制是发话限制,使用该项服务时,可根据需要,通过一定的拨号程序,限制该话机的某些呼出权限。呼叫限制的类别分为3种:

(1)限制全部呼叫($K=1$),包括本地电话的呼叫。

(2)限制呼叫国内和国际长途自动电话($K=2$),不限本地电话。

(3)限呼国际长途自动电话($K=3$)。

用户需要哪一类呼出限制,可通过登记时使用不同的K值表明,用户需要取消或更换限制时,只需执行相应的操作即可完成。登记了呼出限制的话机,呼入不受任何限制。

4. 免打扰服务

免打扰服务是“暂不受话服务”,主要是用户在这一段时间里不希望有来话干扰时,可以使用该项服务。用户申请该项服务后,所有来话将由电话局代答,但用户的呼出不受限制。

5. 追查恶意呼叫

某一用户如果要求追查发起恶意呼叫的用户,可向电话局提出申请,经申请后,如遇有恶意呼叫,则经过相应的操作程序后,即可查出发起恶意呼叫用户的电话号码。

6. 闹钟服务

该项业务利用电话机铃声,按用户预定的时间自动振铃,提醒用户去办计划中的事。

7. 截接服务

程控交换机在用户呼叫遇到空号、改号、某路由时临时闭塞,或用户使用不当等情况时,自动截住这类呼叫,改接到录音代答设备上,给予答复,从而减少电话局交换设备的虚假接续。此项服务是电话局为广大用户免费提供的应答服务,不需要用户向市话局提出申请或进行操作。

8. 无应答呼叫前转

当呼叫某一话机的电话在预定的时间内无应答时,按照转移清单将该呼叫自动转移到预先指定的一个话机(包括话音邮箱、自动寻呼中心等)。

9. 无条件呼叫前转

允许一个用户对于来话呼叫可以转到另一个号码。使用该业务时,所有对该用户号码的呼叫,不管被叫用户是在什么状态,都自动转到一个预先指定的号码(包括话音邮箱、自动寻呼中心等)。

10. 遇忙呼叫前转

对申请登记"遇忙呼叫前转"的用户,在使用该项业务时,所有对该用户的来话呼叫当遇忙时均自动转到另一个指定的号码(包括话音邮箱、自动寻呼中心等)。

11. 遇忙寄存呼叫

当呼叫被叫用户遇忙时,这次呼叫被寄存,如果下一次需要再呼叫该被叫用户时,主叫用户只需提机即可自动呼叫该用户。

12. 缺席用户服务

该项服务是指如果用户外出,当有电话呼入时,可由电话局提供代答。

13. 遇忙回叫

当用户拨叫对方电话遇忙时,使用此项服务时用户可不用再拨号,在空闲时即能自动回叫接通。

14. 呼叫等待

当 A 用户正与 B 用户通话,C 用户试图与 A 用户建立通话连接时,应该给 A 用户一个呼叫等待的指示,表示另有用户等待与之通话。

15. 三方通话

当用户(可以是主叫或被叫用户)与对方通话时,如需要另一方加入通话,可在不中断与对方通话的情况下,拨叫出另一方,实现三方共同通话或分别与两方通话。

16. 会议电话

交换设备提供三方以上共同通话的业务称为会议电话。C&C08 可提供两种类型的会议电话业务:

(1)汇接式会议电话业务:会议召集方通过拨号一一登记与会方,待登记完毕后再利用拨号启动(以后再启动时则不需要登记),这样所有与会方振铃,待所有用户摘机,即可实现多方会议。

(2)受话式会议电话业务:相关用户在开会的过程中,如果有新用户拨号申请参加该会议电话,会议发起方可以通过拨相关的号码允许或拒绝其参加该会议电话。

17. 语音邮箱

语音邮箱业务是向邮箱的租用者提供一个邮箱的电话号码,它可以提供语音留言或语音提取。

18. 留言灯点亮

留言灯是指一种特殊的话机(称为留言灯话机)上的一个小灯,通过这个留言灯指示用户是否有留言。

19. 主叫线识别提供

主叫线识别提供也称主叫号码显示,它是指交换机向被叫用户发送主叫线号码,并在被叫话机或相应的终端设备上显示出主叫线的号码。该业务的"被服务用户"为被叫用户。

20. 主叫线识别限制

主叫线识别限制也称主叫号码显示限制,它是指当主叫用户不希望在被叫终端上显示主叫号码时可限制显示。该业务的“被服务用户”为主叫用户。

21. 主叫线识别限制逾越

该项业务提供给特殊用户使用,申请了该项业务的用户将无条件地获得主叫线用户号码。该业务的“被服务用户”为被叫用户。

22. 呼叫等待中的主叫号码显示

A 用户与 B 用户通话时,若 C 用户拨打 A 用户,如果 A 用户登记了呼叫等待业务,那么该功能将实现在 A 用户的话机上显示出 C 的电话号码。

23. 修改用户密码

用户密码,又称呼出密码,它由电话局初始设置为一个默认密码,以后可由用户通过话机进行修改。用户密码在多个补充业务的操作过程中被使用。

24. 秘书业务

该业务允许用户指定另一部电话来帮助处理其所有的来话呼叫。

25. 秘书台业务

登记该业务的用户具有来话排队的功能。若用户 A 登记了该项业务,当 A 与其他用户通话时,用户 B 拨打 A 时,B 听回铃音,A 挂机后再振铃。

26. 话务员监听

该业务允许具有话务员属性的用户可以监听普通用户间的本地电话呼叫。监听时限最长为 60 s,60 s 后话务员监听自动退出。

27. 话务员强插

该业务允许具有话务员属性的用户可以强插普通用户间的本地电话呼叫。

28. 话务员登录

该业务允许普通用户登录为话务员或撤销登录,当登录成功后,该用户即拥有话务员所拥有的权限。

29. 指定代答

该业务允许用户通过拨相应的字冠和要代答的被叫用户号码,对正在振铃的用户话机进行代答。

30. 主叫号码显示限制临时预约

正常情况下,允许向被叫用户显示主叫线用户号码,但可以通过在被叫号码前加拨相应的不允许显示的前缀后,则本次呼叫不允许向被叫用户显示主叫线用户号码。(A 类用户)

31. 主叫号码显示临时预约

正常情况下,不允许向被叫用户显示主叫线用户号码,但可以通过在被叫号码前加拨相应的允许显示的前缀后,则本次呼叫允许向被叫用户显示主叫线用户号码。(B 类用户)

32. 主叫号码显示限制永久预约

不允许向被叫用户显示主叫线用户号码,即使主叫用户在呼叫中在被叫号码前加拨相应的允许显示的前缀也不能向被叫用户显示主叫号码。(C 类用户)

33. 撤销所有已登记的新业务

撤销用户登记的所有新业务。

34. 指定目的码限呼

该业务允许用户对指定的目的码进行呼出限制，当不激活时，用户对该目的码的呼出不受限制；激活时，用户对该目的码的呼出将受到限制。该业务不影响用户的来话呼叫。

35. 指定目的码接续

该业务允许本局用户只对指定的目的码呼出，对该用户的呼入不受限制。指定目的码接续名单中最多可定义10个目的码，目的码可以是字冠、国家代码、长途区号、局号、特服号码或用户号码（最大位长为20位）。

36. 限额限呼

该项业务限制用户的电话消费。若用户剩余话费不足，则系统禁止该用户进行新的呼叫，或将正在进行的通话强行终止。需要指出的是，限额限呼仅对计费电话起作用，对特服号码（如110、119、120、122等）、集中交换（Centrex）群内电话等免费呼叫无效。

37. 限额告警

有限额告警权限的用户通话时，若用户剩余话费小于某一阈值，则系统向后管理模块（BAM）发送告警（若用户为Centrex用户，则系统同时向话务台发送告警）。此后，用户继续通话，系统不再发送告警，直到重新设置限额值为止。

38. 限时限呼

该项业务对用户每次通话的时长进行限制。若用户通话超时，则系统强行拆线，禁止用户通话。

39. 限时间段呼叫

该业务对Centrex群内的用户在某个或某几个时间段的呼叫权限进行限制，即允许用户在这几个时间段内可以进行何种级别的呼叫。该业务由话务员通过话务台操作。

1.5 交换技术的发展动向及趋势

随着现代通信技术的高速发展、信息交流的日益频繁，移动通信网络和各种通信技术在社会生产和生活中扮演着越来越重要的角色。交换技术作为一种可以实现数据的瞬间存储和转发的重要通信技术，也取得了很大的发展成就。

无论是宽带接入还是三网（电信网、广播网、计算机网）合一、移动网等都离不开交换技术的发展。

当前交换技术的发展方向和趋势如下：

1. 综合交换技术机的应用

综合交换机技术可以利用现有网络，将现有的交换网络进行升级，使其既能够进行宽带交换，又能够进行电路交换，这样可以提供多种不同的业务，使现存的网络资源能够最大限度地得到利用。

立交换矩阵，即电路交换矩阵、ATM和IP分组交换模块，传统的PSTN呼叫还是由电路交换模块进行处理,与宽带相关的业务则交给宽带分组处理模块进行处理,当两个模块之间需要交互时需要进行协议转换。另一种是采用融合交换节点的方式,综合交换机内部只有一个单一的 ATM 或 IP 交换矩阵,所有的媒体信息都转换成 ATM 信元在交换机内部进行处理。

2. 移动交换和智能网的结合

传统的智能网一般都是作为有线通信而存在的,具有高速度及大容量的特点,因此其建设也十分完善。但是由于线路的限制,不能够满足移动通信的需求。而移动网则具有很好的移动性,能够有效地摆脱线路的束缚。因此,将智能网络和移动网络联合起来,实现无缝切换,能够将二者的优势同时结合起来。

通信新技术的出现和新业务的需求以及通信网络的变革,都对移动交换提出了新的挑战,也为其向综合交换发展提供了可能性。综合发展的平台包括接入综合、业务综合、信令综合及网络综合。

3. 软交换技术的广泛应用

随着通信技术、网络技术的不断发展,下一代通信网络 NGN 的核心就是软交换。NGN 及软交换技术在第 8 章有相应介绍,此处不再赘述。

交换技术及产品在不断地更新换代,增强功能,增加接口,提供不同需求的带宽,以满足现代通信的需要。光交换、软交换技术的发展也很快,进展之快出乎人们的意料。但不管怎么发展,交换机在通信网络中的作用是必不可少的,并将随着交换技术的进步不断地发展。

本章小结

(1)电话通信是用电信号来传送人类语言的信息。通信的发展水平反映了一个国家的发达程度。在当今的信息社会中,通信成为人们日常工作和生活必不可少的工具。

(2)电话交换技术的发展经历了人工交换—机电交换—电子交换 3 个阶段。

(3)电话交换的主要功能是按主叫用户的要求,连通被叫用户进行通话,并在话终时及时拆断连接。

(4)交换机是用预先已编好的程序来控制交换机动作的。交换机由“硬件”和“软件”组成。

(5)交换机的新服务功能是我们应具有的常识性知识。

思考与练习

一、填空题

1. 电话通信的三要素:(　　　　)、(　　　　)和(　　　　)。

2. (　　　　)年,第一台磁石式电话交换机在美国诞生。

3. 人工电话交换是指(　　　　)和(　　　　)由人工完成。

4. 人工电话交换分为(　　　　)和(　　　　)两种。
5. 自动电话交换机可分为(　　　　)和(　　　　)两种。
6. 电话交换按使用范围可分为(　　　　)和(　　　　)。
7. 交换机的硬件包括(　　　　)和(　　　　)。
8. 交换机的运行程序也称为(　　　　)。
9. 交换机的数据部分包括:(　　　　)、(　　　　)和(　　　　)。
10. 交换机的新服务功能包括:(　　　　)、(　　　　)和(　　　　)。

二、判断题

1. 交换机的硬件主要由I/O设备构成。(　　)
2. 交换机的软件主要由程序构成。(　　)
3. 交换机的软件主要由数据组成。(　　)
4. 交换机的硬件包括支援程序。(　　)
5. 交换机的新服务功能不包含呼出限制。(　　)

三、简答题

1. 简述电话交换技术的发展过程。
2. 简述电话交换机的分类。
3. 简述交换机的基本功能。
4. 交换机的硬、软件各由哪几部分构成？各部分的主要功能是什么？
5. 交换机有哪些主要的新增业务功能？举例说明目前当地可用的新业务的使用方法。

第2章 多路复用与差错控制技术

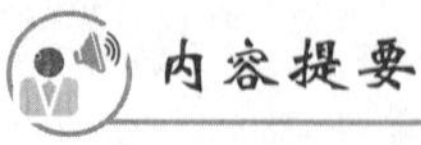

内容提要

- 脉冲编码调制数字传输原理。
- 时分多路复用的基本概念及多路复用技术。
- 差错控制编码的基本方法。
- 检错及纠错的基本原理以及常用的检错、纠错码。

2.1 脉冲编码调制（PCM）数字传输原理

2.1.1 模拟信号和数字信号

信息必须载在一定的媒介上才能传输，传输信息的媒介称为信号。能够传输信息的媒介有许多种，常见的有空气、电、电磁波等。例如，传输信息的空气称为声波信号；传输信息的电或电磁波称为电信号。如果媒介没有包含信息则不称为信号，如市用交流电、雷电、太阳黑子发出的电磁波等就不叫作信号。

信号分为模拟信号和数字信号两种。模拟信号是模仿消息而形成的信号，如话筒模仿语音在空气中的振动产生的信号，摄像机的光电靶模仿光的强弱和频率（色调）产生的信号等。模拟信号的主要特点是连续性，连续性包含两个方面：一是时间上连续，即在一定时间内的任何时刻点的信号都包含要传输的信息，这意味着任何时刻信号的变化和丢失都是信息的传输错误和丢失；二是参量上连续，如幅度参量连续，信号的幅度可取一定范围内的任何值，不同的值表示的信息内容不一样，如图2-1所示，实、虚线表示两个信号 $S_1(t)$、$S_2(t)$，它们传输的信息内容不一样。信号只要具有其中一方面的连续性，就是模拟信号。例如，电视信号中的复合消隐和复合同步信号虽然幅度不连续，但时间连续，属于模拟信号；而脉冲幅度调制（PAM）、脉冲相位调制（PPM）、脉冲宽度调制（PWM）等信号在时间上不连续（离散），但它包含的信息的参量（幅度、相位、宽度）是连续的，仍属于模拟信号。

数字信号的主要特点是离散性（不连续性），离散性也包含两个方面：一是时间离散，即在一定时间内的某些时刻点（图2-1中的 $t_1, t_2, t_3, \cdots$）的信号包含要传输的信息，而其他时刻点的信号不包含要传输的信息。在图 2-1 中，如果利用信号幅度传输信息，那么信号 $S_1(t)$、$S_2(t)$ 虽然波形不一样，但是它们在有关时刻点 $t_1, t_2, t_3, \cdots$ 的幅度一样（见图 2-2），所以两个信号是等价的，也就是说这两个信号传输的信息是一样的。二是参量的离散性，即参量的取值是有限个值。参量可以是信号的幅度、频率或相位等。信号必须同时具有时间离散和参量离散两种特性才称为数字信号。例如，图 2-2 所示信号幅度取值可以是某一范围内的任何值，即幅度取值是连续的，该信号仍是模拟信号，其量化后的信号才是数字信号。图 2-3(a) 所示二进制信号只有两个幅度：高电平和低电平，该信号是数字信号；图 2-3(b) 所示的四进制信号也是数字信号。

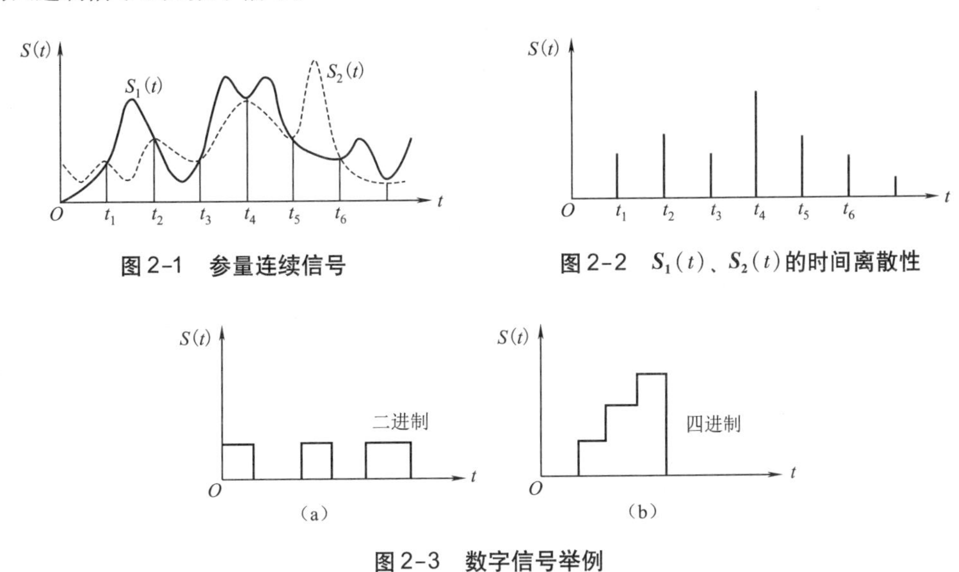

图 2-1　参量连续信号

图 2-2　$S_1(t)$、$S_2(t)$ 的时间离散性

图 2-3　数字信号举例

由此可见，模拟信号和数字信号并不能以波形在时间上是否连续来区分。

通过模拟信号传输信息的通信称为模拟通信，相应的通信系统称为模拟通信系统；通过数字信号传输信息的通信称为数字通信，相应通信系统称为数字通信系统。数字通信与模拟通信相比，具有抗干扰性能强、差错可控、保密性好、便于计算机处理等优点。它的缺点是频带利用率不高，设备复杂。因为通信技术和集成电路的发展，数字通信缺点的影响越来越小，所以数字通信近年来获得迅猛发展，在许多方面取代了模拟通信。

2.1.2　语音信号的数字化

语音信号的数字化系统如图 2-4 所示。模拟信号数字化分抽样、量化、编码 3 个步骤，实际电路中量化和编码往往是同时进行的。

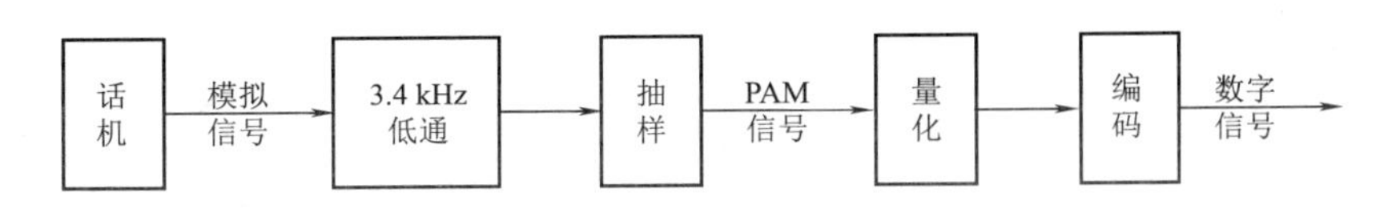

图 2-4　语音信号的数字化系统

话机将声音变成模拟电信号，通过低通滤波器滤除信号在3.4 kHz以上的高频分量，为取样做准备，抽样将模拟信号变成时间离散的PAM信号，量化将幅度上连续的PAM信号变成幅度离散的数字信号，通过编码器将量化值以一定进制（例如二进制）的数码表示。

1. 抽样

（1）奈奎斯特抽样定理。所谓抽样就是用很窄的矩形脉冲抽取信号的瞬时值，理想抽样是用冲激序列抽取信号的瞬时值。抽样的目的是为了将时间连续的模拟信号变成时间离散的模拟信号，数字信号具有时间离散性和参量离散性，抽样完成其中一个特性的转换。下面的抽样定理指的是理想抽样。

抽样定理：如果要从抽样信号中完全不失真地恢复原带限信号（$0 \sim f_H$），抽样频率f_s应不小于原带限信号最高频率f_H的两倍，即$f_s \geqslant 2f_H$。$f_s = 2f_H$称为奈奎斯特抽样频率，其倒数$T_s = 1/(2f_H)$称为奈奎斯特抽样间隔（周期）。该定理指的是基带信号的抽样，对于频带信号，其抽样频率就不一定要大于信号最高频率的两倍。

所谓带限信号是指信号能量在某一频率范围内的信号。实际上，有些信号的能量虽然分布在整个频谱上，但能量主要集中在某一频率范围内，我们仍可把该信号作为带限信号处理。例如，调频信号和调相信号的带宽就是忽略幅度较小的边频分量而获得的；脉冲信号的带宽也是把脉冲频谱密度函数第一个零点频率宽度作为其带宽的。这一点很重要，因为信道的带宽是有限的，信号频带范围必须在信道带宽范围之内，如果信号带宽超过信道带宽，信号在传输中就会出现比较严重的失真。

图2-5所示的抽样信号可以看成是图2-6所示信号与图2-7所示的冲激序列相乘而得到的，即

$$f_s(t) = f(t)\delta_T(t) \tag{2-1}$$

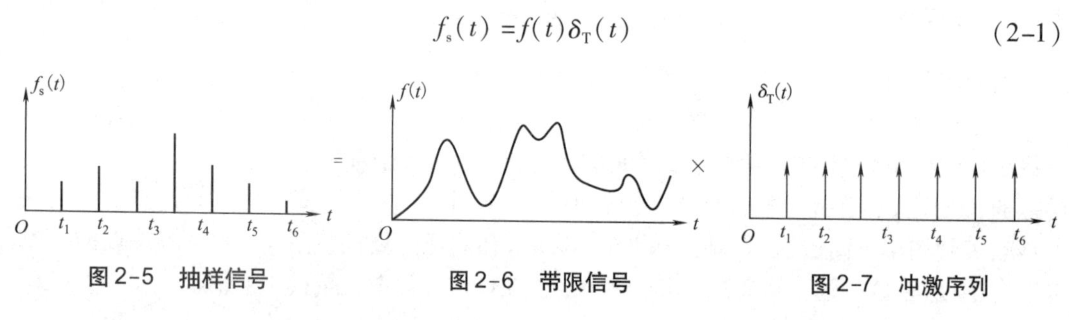

图2-5　抽样信号　　图2-6　带限信号　　图2-7　冲激序列

根据傅里叶变换的性质，两信号相乘后的信号频谱等于两信号频谱的卷积，即

$$F_s(f) = F(f) * \delta_T(f) \tag{2-2}$$

式中　$F_s(f)$——抽样信号$f_s(t)$的频谱函数；

$F(f)$——带限信号$f(t)$的频谱函数；

$\delta_T(f)$——冲激序列$\delta_T(t)$的频谱函数。

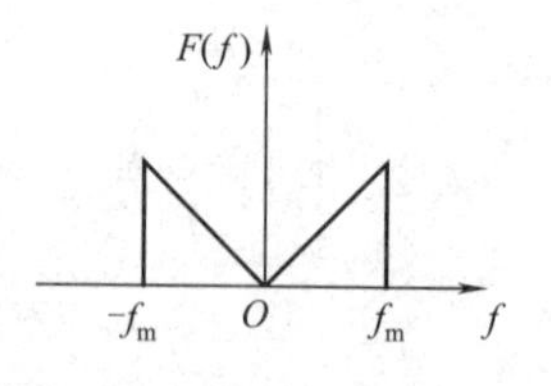

图2-8　带限信号的频谱

设带限信号的频谱如图2-8所示，则抽样信号的频谱如图2-9所示。由图2-9（a）可见，当$f_s < 2f_m$时，频谱有叠加现象，这样通过滤波器不能获得原带限信号的频谱，当然也就不能恢复原带限信号的波形。当$f_s \geqslant 2f_m$时，由图2-9（b）和图2-9（c）可见，通

过滤波器可以获得与原带限信号频谱一模一样的频谱,频谱与波形具有一一对应的关系,也就是说,有什么样的波形就有什么样的频谱,有什么样的频谱就有什么样的波形。这样,通过滤波器可以得到波形与原带限信号波形一样的信号,也就是说,恢复了原带限信号。

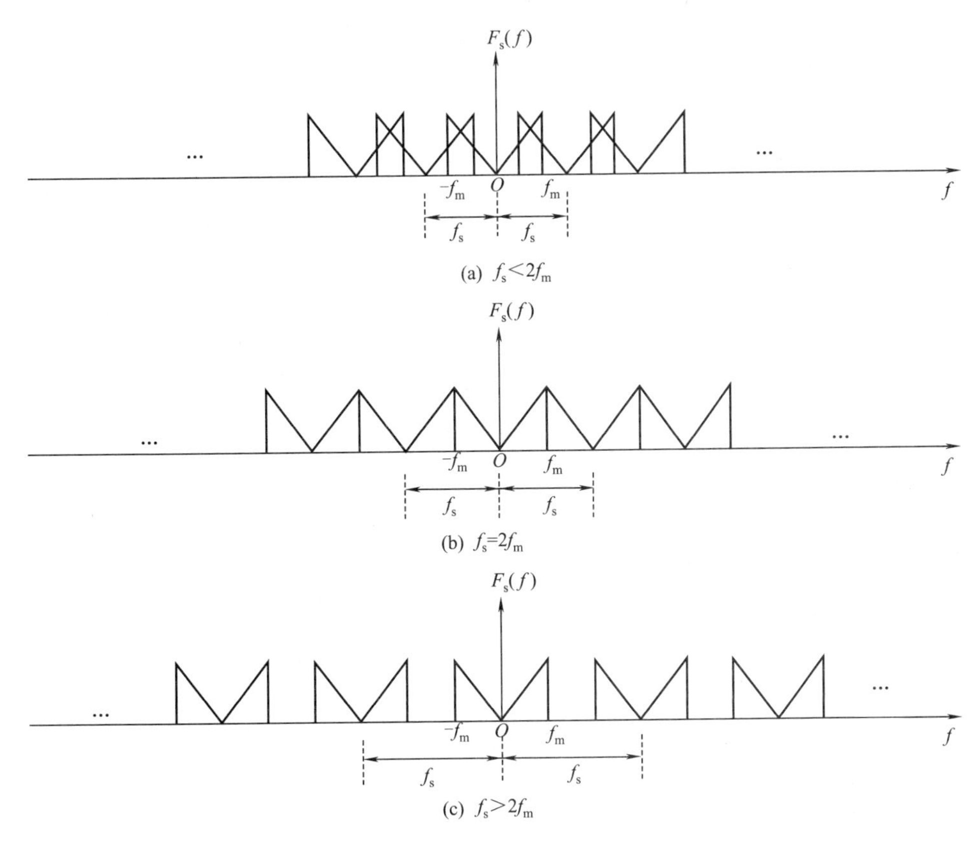

图 2-9 抽样信号的频谱

【例 2-1】 设信号 $f(t)=\sin(1\ 000\pi t)+\sin(2\ 000\pi t)$,试求该信号的奈奎斯特抽样频率 f_s。

解: 由题可得信号最大频率为

$$f_H=2\ 000\pi/(2\pi)=1\ 000\ \text{kHz}$$

则奈奎斯特抽样频率为

$$f_s=2f_H=2\ 000\ \text{kHz}$$

答:该信号的奈奎斯特抽样频率 f_s 为 2 000 kHz。

(2)语音信号抽样前的处理。语音信号是一个带限信号,其频谱分布在 20 ~ 20 000 Hz 之间,但能量主要集中在 300 ~ 3 400 Hz 之间,如果只传输 300 ~ 3 400 Hz 范围内的语音信号,虽然收听方觉得有失真,但还是能听懂。对于电话用户往往关心双方所讲的内容对方能否听懂,至于声音是否保真,用户并不太在意。电话通信为了提高效率,只传输 300 ~ 3 400 Hz范围内的语音信号。因此,通过 3.4 kHz 的前置低通滤波器,滤除其他频率成分的音频信号，这样抽样频率就可以较小，传输一路信号所需的数码减少，传信效率较高。PCM编码单路语音的抽样频率在留有一定裕量的基础上定为8 kHz。

(3)实际抽样。实际抽样的信号并不是冲激序列，而是脉冲序列。实际抽样有两种：一种是平顶抽样，如图2-10(b)所示；一种是曲顶抽样，又称自然抽样，如图2-10(c)所示。平顶抽样后脉冲序列的频谱存在网孔失真，抽样脉冲越宽网孔失真越严重，因此通过低通滤波器不能直接获得原信号，必须通过网孔均衡电路均衡，才能恢复原信号。实现抽样的电路是开关电路。

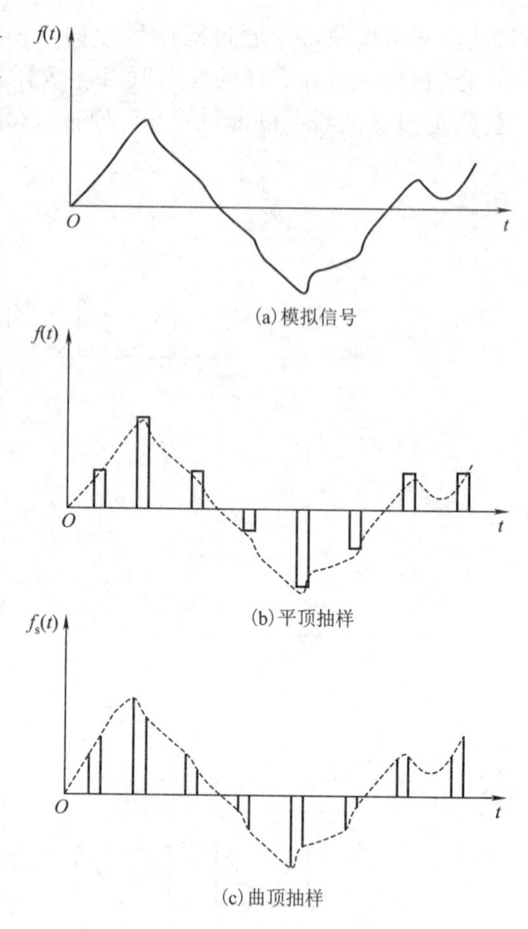

图2-10　实际抽样

2. 量化

抽样虽然使模拟信号在时间上离散了，但在幅度上还是连续的，抽样值可能取某一范围内任何一个值，也就是说，抽样值的个数有无限多个，若直接对它编码，需要无限多个数码表示一个样值，这显然是不能实现的。因此，必须使样值在幅度上离散化，即将无限多个样值用有限个数值表示，这就是量化的目的。将某一范围内的抽样值用某一个预先规定的值来表示的过程称为量化。量化分为均匀量化和非均匀量化两种。

(1)均匀量化。如图2-11所示，将信号的正半部分均分成4份，负半部分与正半部分相似，这里没有画出。x_0、x_1、x_2、x_3、x_4为量化电平，m_1为x_0、x_1的中间值，m_2为x_1、x_2的中间值，依次类推，m_1、m_2、m_3、m_4为量化值，$x(kT_s)$为第k个抽样值，$x(kT_s)$是$x_q(kT_s)$的量化值。其量化过程如下：

$$x_0 \leqslant x(T_s) \leqslant x_1, x_q(T_s) = m_1$$

$$x_0 \leqslant x(2T_s) \leqslant x_1, x_q(2T_s) = m_1$$

$$\cdots$$

$$x_1 \leqslant x(kT_s) \leqslant x_i, x_q(kT_s) = m_i$$

很明显，量化值$x_q(kT_s)$与抽样值$x(kT_s)$之间存在着差值，其差值称为量化误差，用δ表示

$$\delta = x(kT_s) - x_q(kT_s) \tag{2-3}$$

两相邻量化电平之间的间隔称为量阶，用Δ表示。我们将量阶固定不变的量化称为均匀量化；将量阶随信号变化的量化称为非均匀量化。

由图2-11可见

$$-\Delta/2 \leqslant \delta \leqslant \Delta/2 \tag{2-4}$$

通常量化误差所造成的影响用量化信噪比S_q/N_q表示

$$S_q/N_q = E[m_q^2(kT_s)]/E[m(kT_s) - m_q(kT_s)]^2 \tag{2-5}$$

式中 S_q——信号平均功率，$S_q = E[m_q^2(kT_s)]$；

N_q——量化噪声平均功率，$N_q = E[m(kT_s) - m_q(kT_s)]^2$，一般情况下，其大小与量阶 Δ 的平方成正比；

$E[x]$——x 的数学期望，实际上就是 x 的平均值。

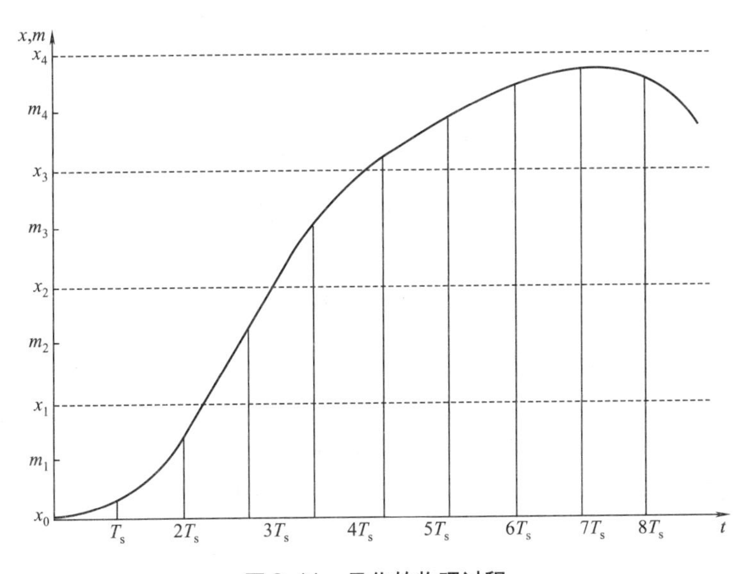

图2-11 量化的物理过程

对于其采样值在某一范围内变化（量化范围固定）的信号来说，量阶越小，量化噪声越小，但所需要的量化值个数越多，表示一个量化值所需的二进制位数也越多。例如，4 个量化值需要 2 位二进制数码表示一个量化值；8 个量化值需要 3 位二进制数码表示一个量化值。表示一个量化值所需的二进制位数越多，通信的效率就越低，即有效性越低，但量化噪声减小，通信的可靠性增加了。由此可见，通信的有效性和可靠性是两个矛盾体，一个增加，另一个就会减小。

量化范围指的是正常量化时信号幅度的变化范围，在图 2-11 中，x_4是量化范围正的最大值，如果正、负量化一样，则其量化范围为 $-x_4 \sim +x_4$。如果信号幅度超出量化范围，此时的量化称为过载量化，相应的量化误差称为过载量化误差，过载量化误差的范围为 $+\Delta/2 \sim +\infty$。如果信号幅度过大，通信就不能正常进行。

（2）非均匀量化。由于均匀量化的量阶固定不变，其量化噪声 N_q也固定不变，当信号较小时，其量化信噪比也较小；当信号较大时，其量化信噪比也较大。对于话音通信，由于话音的幅度变化范围较大，如果采用较大的量阶量化，小信号的信噪比不能满足要求；如果采用较小的量阶量化，大信号的信噪比远远过剩，通信效率下降。信噪比只要在 26 dB 以上，人们就感觉不到明显的噪声。为了解决均匀量化信噪比随信号大小变化的问题，人们采用了非均匀量化，即大信号采用大量阶，小信号采用小量阶，使量化信噪比基本不变。

常用的非均匀数字量化有 A 律十三折线和 μ 律十五折线两种。A 律十三折线属欧洲系列，我国和欧洲、非洲、南美等国家采用这种系列，国际电报和电话咨询委员会（CCITT）建议国际通信采用 A 律十三折线；μ 律十五折线属北美系列，美国和日本等国家采用这种系列。这两种方式都是将信号的正半部分和负半部分各分成八段，负半部分分段与正半部分分段是关于“0”对称的，其正半部分分段特性如图 2-12 和图 2-13 所示。这里以 A 律十三折线为例介绍量化和编码原理。

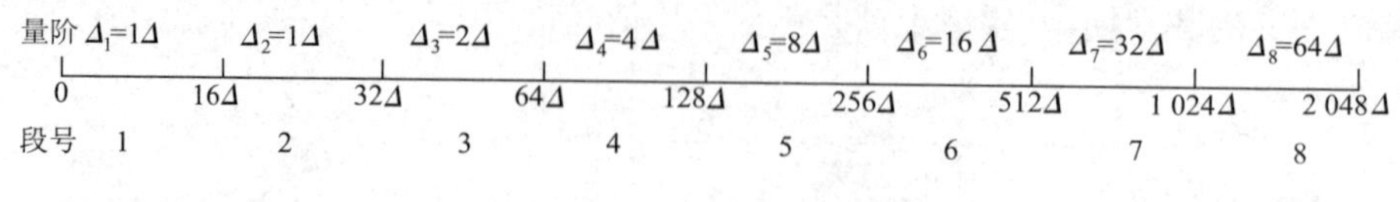

图 2-12　A 律十三折线特性

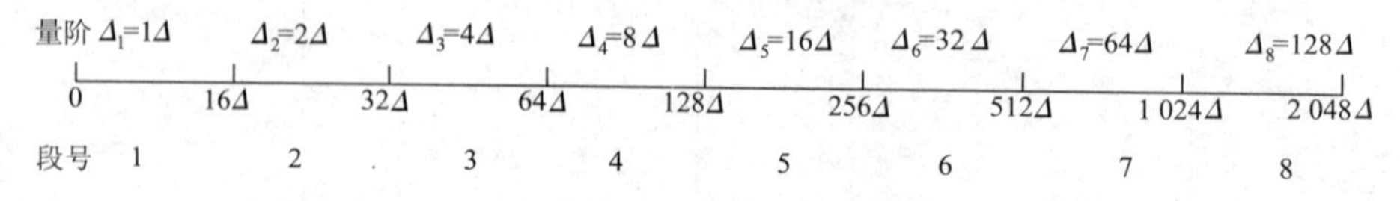

图 2-13　μ 律十五折线特性

A 律十三折线第八段占整个量化范围的 1/2，第七段占整个量化范围的 1/4，第六段占整个量化范围的 1/8……第一段占整个量化范围的 1/128。然后，将每一段均分为 16 份，由于每一段的长度不一样，故各段的每一份大小不一样，即每段的量阶不一样，从第一段到第八段的量阶分别为 1Δ、1Δ、2Δ、4Δ、8Δ、16Δ、32Δ、64Δ。这样大信号量阶大，小信号量阶小，从而使量化信噪比基本一样。表 2-1 和 2-2 分别列出了 A 律和 μ 律信噪比的范围。

表 2-1　A 律十三折线信噪比变化范围

段落号	1	2	3	4	5	6	7	8
$[S/N_q]_{dB}$	-∞ ~35	35 ~41	35 ~41	35 ~41	35 ~41	35 ~41	35 ~41	35 ~41

表 2-2　μ 律十五折线信噪比变化范围

段落号	1	2	3	4	5	6	7	8
$[S/N_q]_{dB}$	-∞ ~35	29 ~38.4	32.4 ~39.8	33.8 ~40.4	34.4 ~40.7	34.7 ~40.9	34.9 ~40.95	34.95 ~41

比较表 2-1 和表 2-2，在语音信号经常出现的 -40 ~0 dB 范围内，A 律的信噪比比 μ 律的信噪比波动小，A 律在 35 ~41 dB 范围内波动，波动幅度只有 6 dB；μ 律在 29 ~41 dB 范围内波动，波动幅度为 12 dB。在大信号部分，A 律的信噪比较 μ 律大；在小信号部分，μ 律信噪比下降速度较 A 律慢。

3. 编码

(1)编码的码字和码型。每个量化电平用 k 位二进制码来表示，每一种二进制码组合称为一个码字。例如，表 2-3 中的 111 是一个码字，110 也是一个码字。A 律和 μ 律压扩编码的码字是采用 8 位二进制码表示的。第 1 位码 M_1 为极性码，例如，“1”表示正，“0”表示负；第 2、3、4 位码 $M_2M_3M_4$ 为段落码，表示第 1 ~8 段，例如，“000”表示第 1 段；第 5、6、7、8 位码 $M_5M_6M_7M_8$ 为段内码，表示每一段的 16 个等份。例如，10000001 的第 1 位“1”表示样值为正，第 2、3、4 位“000”表示样值在第 1 段，第 5、6、7、8 位“0001”表示样值落在第 1 段内

的第 2 等份,则其量化值为“ +1Δ”。A 律和 μ 律压扩编码的码字结构如下:

极性码	段落码	段内码
M_1	$M_2M_3M_4$	$M_5M_6M_7M_8$

段落码和段内码共同表示样值量化后的幅度,所以段落码和段内码合称为幅度码。

把量化后的所有量化级按其量化电平的大小次序排列起来,并列出其对应的码字,这种对应关系的整体称为码型。例如,表 2-3 中的 8 个码字 000、001、010、011、100、101、110、111 就形成一个自然二进制码型。

在电通信中,由于信号具有正、负特性,采用折叠二进制码,正、负信号可采用同一编码电路,所以编码电路较简单,且误码噪声平均值较自然二进制小。所以在电通信中,编码采用的码型是折叠二进制码。表 2-3 表示量化范围为 -4 ~ +4 的均匀量化编码,自然二进制码与折叠二进制码的编码结果。从折叠二进制码可以看出,第一位码元表示极性,其他码元表示量化值的大小,表示量化值大小的码元是正负对称的。表 2-4 所示为自然二进制与折叠二进制误码噪声的比较。由表 2-4 可知,小信号时,折叠二进制的误码噪声较自然二进制小;大信号时,折叠二进制误码噪声较自然二进制大。但语音信号出现小信号的概率较大,出现大信号的概率较小,因此折叠二进制的误码噪声的平均值比自然二进制小。

在光通信中,由于光信号没有正负特性,只能用有无光脉冲来表示数字信号,所以在光纤通信中可选用另外的码型。

表 2-3　自然二进制码与折叠二进制码的关系

量化值(Δ)		自然二制码(8421)	折叠二进制码
正极性	3.5	111	111
	2.5	110	110
	1.5	101	101
	0.5	100	100
负极性	-0.5	011	000
	-1.5	010	001
	-2.5	001	010
	-3.5	000	011

表 2-4　自然二进制码与折叠二进制码误码带来的误差比较

原始的数字码	错误的数字码	误码带来的误差电平(Δ)	
		8421 码	折叠二进制码
000	100	4	1
001	101	4	3
010	110	4	5
011	111	4	7

(2)编码原理。所谓编码就是将量化后的信号变换成代码,实现编码的电路称为编码器。逐次比较型编码器为常见编码器。

A 律逐次比较型编码器的编码步骤如下：

第一步，通过极性比较器判断信号极性，编出极性码 M_1，信号为正时 $M_1=1$，信号为负时 $M_1=0$。

第二步，编出段落码 $M_2M_3M_4$，设样值为 Is，与样值相比较的值称为权值。编码过程如下（参见图 2–14）：

①Is 与权值 128Δ 比较，如果 $Is>128\Delta$，说明 Is 在后 4 段，$M_2=1$；如果 $Is<128\Delta$，说明 Is 在前 4 段，$M_2=0$。

②$M_2=1$ 时，Is 与权值 512Δ 比较，如果 $Is>512\Delta$，说明 Is 在 7、8 段，$M_3=1$；如果 $Is<512\Delta$，说明 Is 在 5、6 段，$M_3=0$。

③$M_2=0$ 时，Is 与权值 32Δ 比较，如果 $Is>32\Delta$，说明 Is 在 3、4 段，$M_3=1$；如果 $Is<32\Delta$，说明 Is 在 1、2 段，$M_3=0$。

依次类推。

第三步，编出段内码 $M_5M_6M_7M_8$（参见图 2–14），编码过程如下：

①根据样值所处的段落，找出该段的起始值 $I_{起i}$ 和量阶 Δ_i，例如第 4 段的量阶 $\Delta_4=4\Delta$，则起始值 $I_{起4}=64\Delta$。

②编 M_5 时，样值 Is 与权值 $I_{起i}+8\Delta_i$ 比较，如果 $Is>I_{起i}+8\Delta_i$，$M_5=1$；如果 $Is<I_{起i}+8\Delta_i$，$M_5=0$。

③编 M_6 时，样值 Is 与权值 $I_{起i}+8M_5\Delta_i+4\Delta_i$ 比较，如果 $Is>I_{起i}+8M_5\Delta_i+4\Delta_i$，$M_6=1$；如果 $Is<I_{起i}+8M_5\Delta_i+4\Delta_i$，$M_6=0$。

④编 M_7 时，样值 Is 与权值 $I_{起i}+8M_5\Delta_i+4M_6\Delta_i+2\Delta_i$ 比较，如果 $Is>I_{起i}+8M_5\Delta_i+4M_6\Delta_i+2\Delta_i$，$M_7=1$；如果 $Is<I_{起i}+8M_5\Delta_i+4M_6\Delta_i+2\Delta_i$，$M_7=0$。

依次类推。

表 2–5 所示为 A 律十三折线编译码表，表中列出了 8 位 PCM 编码所对应的样值幅度范围和译码后的信号幅度。

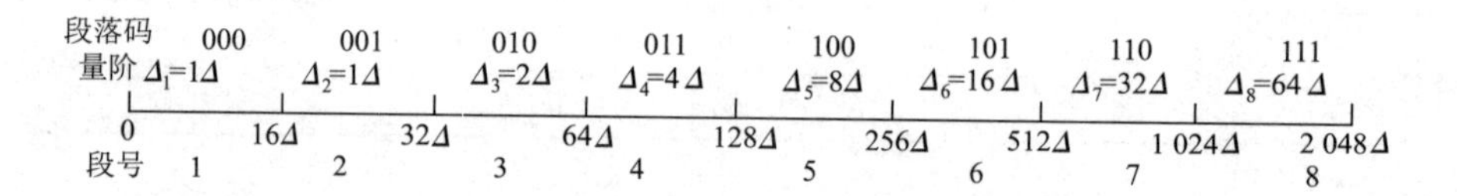

图 2–14 A 律十三折线特性及段落码

表 2–5 A 律十三折线编译码表

样值幅度范围 Δ	量阶 Δ	段落码	段内码	量化电平号	译码幅度 Δ
0 ~ 1	1	000	0000	0	0.5
1 ~ 2			0001	1	1.5
2 ~ 3			0010	2	2.5
…			…	…	…
15 ~ 16			1111	15	15.5

续表

样值幅度范围Δ	量阶Δ	段落码	段内码	量化电平号	译码幅度Δ
16 ~ 17 17 ~ 18 18 ~ 19 … 31 ~ 32	1	001	0000 0001 0010 … 1111	16 17 18 … 31	16.5 17.5 18.5 … 31.5
32 ~ 34 34 ~ 36 36 ~ 38 … 62 ~ 64	2	010	0000 0001 0010 … 1111	32 33 34 … 47	33 35 37 … 63
64 ~ 68 68 ~ 72 72 ~ 76 … 124 ~ 128	4	011	0000 0001 0010 … 1111	48 49 50 … 63	66 70 74 … 126
128 ~ 136 136 ~ 144 144 ~ 152 … 248 ~ 256	8	100	0000 0001 0010 … 1111	64 65 66 … 79	132 140 148 … 252
256 ~ 272 272 ~ 288 288 ~ 304 … 496 ~ 512	16	101	0000 0001 0010 … 1111	80 81 82 … 95	264 280 296 … 504
512 ~ 544 544 ~ 576 576 ~ 608 … 992 ~ 1 024	32	110	0000 0001 0010 … 1111	96 97 98 … 111	528 560 592 … 1 008
1 024 ~ 1 088 1 088 ~ 1 152 1 152 ~ 1 216 … 1 984 ~ 2 048	64	111	0000 0001 0010 … 1111	112 113 114 … 127	1 056 1 120 1 184 … 2 016

【例 2-2】 抽样值 $Is = +88.5\Delta$，试用 A 律逐级反馈编码器编出 8 位 PCM 码。

解： 第 1 次比较，$Is > 0$，$M_1 = 1$；

第 2 次比较，$Is < 128\Delta$，$M_2 = 0$；

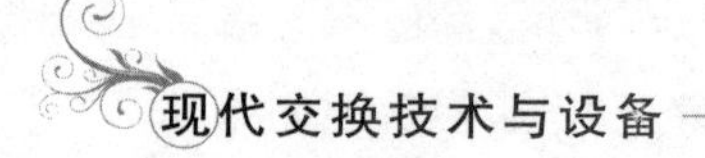

第 3 次比较，$Is > 32\Delta$，$M_3 = 1$；

第 4 次比较，$Is > 64\Delta$，$M_4 = 1$；

第 5 次比较，$Is < 64\Delta + 8 \times 4\Delta = 96\Delta$，$M_5 = 0$；

第 6 次比较，$Is > 64\Delta + 4 \times 4\Delta = 80\Delta$，$M_6 = 1$；

第 7 次比较，$Is > 64\Delta + 4 \times 4\Delta + 2 \times 4\Delta = 86\Delta$，$M_7 = 1$；

第 8 次比较，$Is < 64\Delta + 4 \times 4\Delta + 2 \times 4\Delta + 4\Delta = 90\Delta$，$M_8 = 0$。

最后编码结果：码字为 10110110。

量化误差为 $88.5\Delta - (64\Delta + 6 \times 4\Delta) = 0.5\Delta$。

2.2 时分多路复用技术

2.2.1 时分多路复用的概念

由于传输线占整个通信系统成本的60%以上，因此提高传输线的利用率可大大节省通信成本。无线通信中的频带也是“资源”，必须充分利用。目前，主要通过多路复用技术来提高传输线的利用率。

所谓多路复用技术就是在一条传输线中传输多路信号。常用的多路复用技术有频分多路复用（FDM）和时分多路复用（TDM）。FDM 是将传输线的频带分成若干份，每一份传输一路信号，从而实现多路通信；TDM 是按一定时间次序依次循环地传输各路消息，以实现多路通信。频分多路复用技术主要用于模拟通信，这里着重介绍数字通信常用的时分多路复用。下面以 PAM 调制信号为例说明时分多路复用原理。

如图 2-15 所示，3 路模拟信号 $S_1(t)$、$S_2(t)$、$S_3(t)$ 通过前置低通滤波器变成带限信号，送到旋转开关，每 T_s（抽样的周期）抽样一次，抽样后，成为如图 2-16（a）、（b）、（c）所示的 PAM 信号，由于旋转开关动作的时间不一样，3 路 PAM 信号位置按时间先后相互错开，合成后没有重叠，而是各自占据不同的时间段，如图 2-16（d）所示。将各信号依次抽样一次形成的一组脉冲称为一帧，一帧中相邻两个脉冲之间的时间间隔称为时隙，未能被抽样脉冲占用的时隙部分称为保护时间。

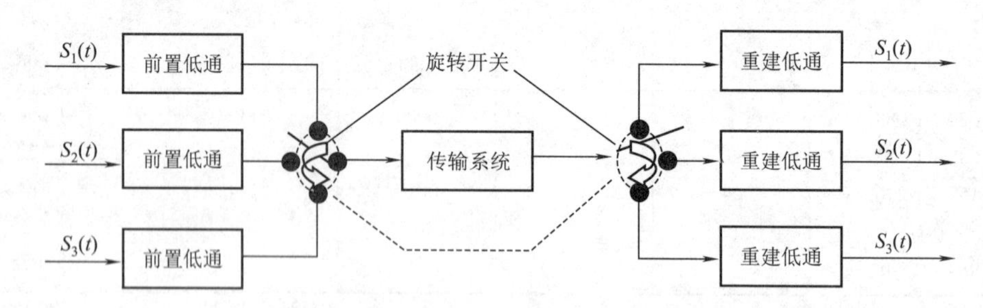

图 2-15　PAM 调制信号过程

在接收端，合成的时分多路复用信号由分路开关送入相应的通路，通过重建低通滤波器恢复为原来的连续信号。

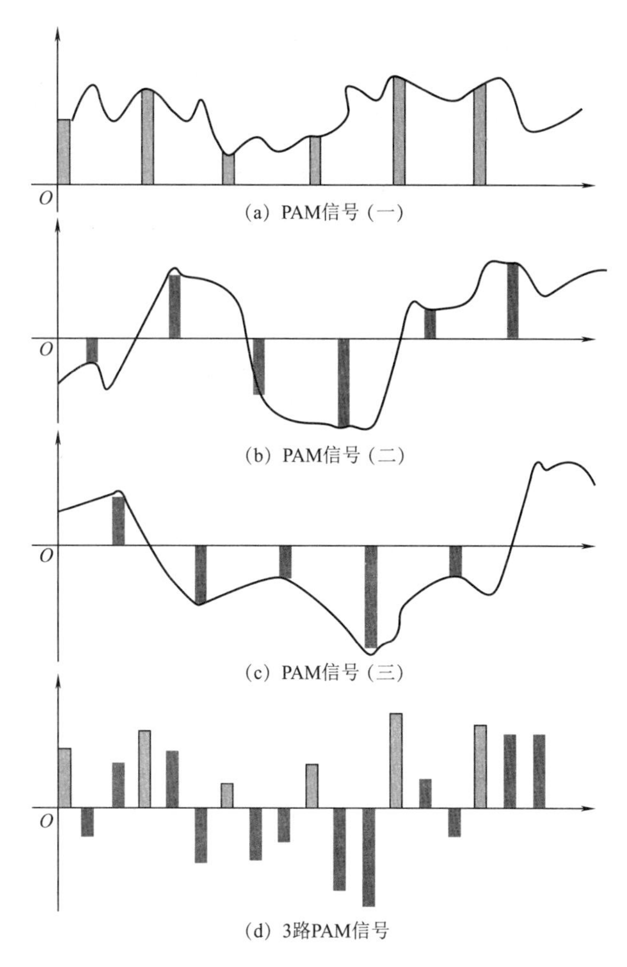

图 2-16 调制后的 PAM 信号

2.2.2 30/32 路 PCM 帧结构

30/32 路 PCM 信号是国际电报电话咨询委员会(CCITT)建议采用的国际标准接口基群信号。用它可以组成高次群,也可独立使用。

对于单路语音信号,抽样频率为 8 kHz,即每 125 μs 抽一次样,每个样值用 8 位二进制数码表示,30/32 路 PCM 基群信号有 30 路话音信号,2 路其他信号,这 2 路信号也是由 8 位二进制组成的。30/32 路 PCM 基群信号采用时分多路复用方式,每 125 μs 传输 32 路信号一次,也就是说,将 125 μs 均分成 32 份时间段,每份时间约 3.9 μs,每个时间段传输一路信号,这个时间段称为路时隙 TS(Time Slot),即每路信号所占的时间。PAM 时分多路复用每个时隙传送一个样值,在这里每个时隙传送 8 位二进制码元,所以,每个路时隙又分为 8 个位时隙,每位二进制数码所占的时间称为位时隙。在 125 μs 时间内,32 路信号按顺序各传输 8 bit 信息一次,称为一帧。一帧所占的时间称为帧时隙,简称帧,帧时隙为 125 μs。这 32 路信号按一定顺序排列构成一个发送结构,这个结构称为帧结构。

30/32 路 PCM 基群帧结构如图 2-17 所示。其结构情况如下:

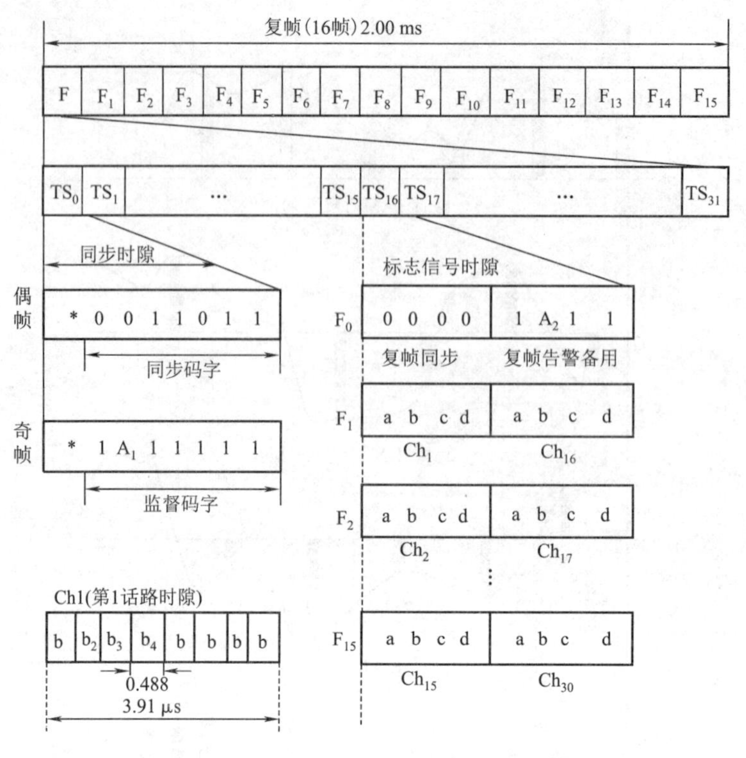

图 2-17　30/32 路 PCM 基群帧结构图

1. 话路时隙

30/32 路 PCM 基群帧共有 $TS_1 \sim TS_{15}$、$TS_{17} \sim TS_{31}$ 共 30 个话路时隙，依次传送 1～30 个话路的 8 位二进制码字，这个 8 位码字表示话路的一个样值的量化值。

2. TS_0 称为同步时隙，传送帧同步码组

帧同步码组是一个固定码组，又称同步码组，它由同步码字和监督码字两个码字组成。加同步码组的目的是为了使接收端知道哪 8 位数码属于哪一路。这样在一帧的起始加上一固定码字"＊0011011"作为一帧的起始标志("＊"留给国际通信用，现暂定为"1"，即国际通信同步码字为 10011011，国内通信同步码字为 00011011)。当接收端收到同步码字并确认后(话音码流中也可能有 0011011 这样的码字，所以收端要判别是否真的收到了同步标志，以防假冒)，就可以按其帧结构依次找出其他各路信号所对应的 8 位二进制码，从而正确恢复出各路话音信号。

由于话音数码流可能出现与同步码字一样的码字，为了确认同步码字，在下一帧的同步时隙传输另一固定码字"＊$1A_111111$"，这个码字称为监督码字。只有在该时隙交替接收到同步码字和监督码字时，才把该时隙确定为一帧的起始时隙，减小伪同步的影响。因为对于话音信号，前一量化值编码是 00011011，而相邻后一量化值编码是 $01A_111111$ 的可能性很少，是 $11A_111111$ 的可能性更少(A_1 可为 0，也可为 1)，这是由话音信号的特点所决定的。复帧中的偶帧(图 2-17 中的 $F_0, F_2, \cdots, F_{14}$)传输同步码字，奇帧(图 2-17 中的 F_1，$F_3, \cdots, F_{15}$)传输监督码字。

监督码字的另一个作用是失步告警。由于各种干扰的存在,必然在接收端出现误码,使接收端在一定的时间内找不到真正的同步码组,造成收、发之间步调不能统一,出现失步现象。若接收端连续 3 ~4 帧接收不到帧同步信号码组,接收端就必须通知对方,以示失步告警,以便双方配合起来处理故障。失步告警信号是接收端向发送端发送的监督码字,监督码字中的第 3 位(A_1)表示是否同步,$A_1=0$ 表示失步,$A_1=1$ 表示同步。

3. TS_{16}时隙传送信令信号

通话中需要传输一些信令信号,如主叫方摘机、拨号、挂机,被叫方摘机、挂机等。这样双方为主叫时,共有 6 种信令;双方为被叫时,共有 4 种信令;一方为主叫,一方为被叫,共有 5 种信令。要表示这些信令需要 3 位二进制数码。有 8 位二进制数码的 TS_{16}时隙只能传输两路话音信号的信令,如图 2-17 所示,d 码元是多余的,为了区别复帧同步 F_0帧的前 4 位(0000),规定 d=1。F_1帧传输第 1 路(Ch_1)和第 16 路(Ch_{15})话音信号的信令,F_2帧传输第 2 路(Ch_2)和第 17 路(Ch_{17})话音信号的信令,依次类推,F_{15}帧传输第 15 路(Ch_{15})和第 30 路(Ch_{30})话音信号的信令。TS_{16}时隙前 4 位码依次传送 1 ~ 15 路话音信号的信令,后 4 位码依次传送 16 ~30 路话音信号的信令。Ch_{15} ~ Ch_{30}话音信号分别占用 TS_{17} ~ TS_{31}时隙。为了确定 TS_{16}时隙传的是哪两路话音信号的信令,在 F_0帧的前 4 位传输固定不变的 4 位码 0000,表示下一帧 TS_{16}时隙开始依次传输各路话音信号的信令。这样,要将所有话音信号的信令传输一次,共需要 16 帧 TS_{16}时隙,因此,把 F_0 ~ F_{15}这 16 帧称为一个复帧。F_0帧中的 0000 称为复帧同步码。后 4 位传输"$1A_211$"4 位码,称为复帧告警码,$A_2=0$ 表示失步,$A_2=1$表示同步。

2.2.3　PCM 的高次群和复用器

1. PCM 高次群

30/32 路 PCM 基群 1 帧共有 32 个路时隙,每路时隙 8 位,每秒有 8 000 帧,所以 30/32 路 PCM 基群的数码率为 8 000 ×32 ×8 =2 048 kbit/s =2.048 Mbit/s。其时钟频率必须为 2.048 MHz,才能每秒产生 2 048 kbit 数字脉冲。

不同的信道和设备,其容量和传输速率不一样,我们把多路信号组成一个群,以适合不同的信道和设备的要求。例如,30/32 路 PCM 信号组成一个基本群,简称基群,又称为一次群。4 个一次群构成一个二次群,这样,以基群为基础构成更高速率的二、三、四、五次群,二、三、四、五次群称为高次群。目前,构成高次群的组群方案有两种,一种是欧洲系列,另一种是北美系列,我国采用欧洲系列。表 2-6 为两种组群方案及其速率。高次群中多出来的码元是用来解决帧同步、业务联络及控制等问题的。

表 2-6　高次群组群方案及速率表

<table>
<tr><th>地区</th><th>一次群(基群)</th><th>二　次　群</th><th colspan="2">三　次　群</th><th>四　次　群</th><th>五　次　群</th></tr>
<tr><td>日本
北美</td><td>24 路
1 544 kbit/s</td><td>96 路(24 ×4)
6 312 kbit/s</td><td>672 路(96 ×7)
44 736 kbit/s</td><td>480 路(96 ×5)
32 064 kbit/s</td><td>1 440 路(480 ×3)
97 728 kbit/s</td><td></td></tr>
<tr><td>中国
欧洲</td><td>30 路
2 048 kbit/s</td><td>120 路(30 ×4)
8 448 kbit/s</td><td colspan="2">480 路(120 ×4)
34 368 kbit/s</td><td>1 920 路(480 ×4)
139 264 kbit/s</td><td>7 680 路(1 920 ×4)
564 992 kbit/s</td></tr>
</table>

高次群的帧结构中包括以下3部分：

(1)信息码。高次群的信息码就是低次群各支路码流中的全部内容，如低次群中的信码、帧同步码、信令信号码、业务码等。

(2)帧同步码。帧同步码用于高次群接收端分接定位，使接收端能正确分接。

(3)业务码。业务码通常指保障设备正常工作并能提供各种方便服务的码位，如告警码等。

当系统采用异步时钟复接时，高次群中还需要插入码速调整标志和码速调整等信号。

2. 复用器

复用器又称复接器，是一种可与终端(光端机、DDN终端、扩频电台、微波接力机等各类有线、无线传输设备)相连将多路数据(话音、传真、图像、计算机异步数据、高速同步数据、Internet数据等)复接在一起，合并成单一的合路数字信号的设备。分接器则与复用器相反，是将合路数字信号分解为多路数字信号的设备。复用器和分接器均称为复接设备。复接器分为同步复接器和异步复接器。同步复接器各支路信号具有相同的数码率，并且与复接设备定时信号同步。异步复接器各支路信号的数码率不同，与设备定时信号是异步的。图2-18所示为数字复接器的功能框图。

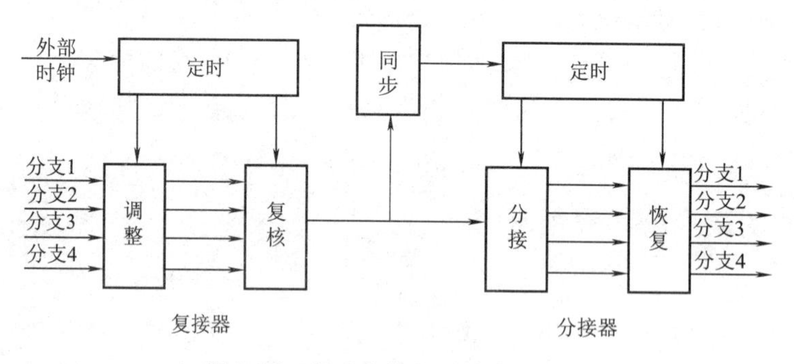

图2-18　数字复接器系统功能单元

2.2.4　多路器和串/并、并/串变换

在数字通信中，经常要对数字信号进行串/并、并/串变换。例如，PCM编码一个样值的8位码元，在信道中传输时是按时间顺序一个接一个地传输的，即$M_1M_2M_3M_4M_5M_6M_7M_8$八位码元，先传M_1、再传M_2……最后传M_8。这种按时间顺序先后传输的码元称为串行码。PCM解码时，这8位码必须同时输入译码器，才能恢复出原量化值。这种同时输出或输入的多个码元称为并行码。串/并变换就是将串行码变成并行码的过程，反之将并行码变成串行码的过程称为并/串变换。下面先介绍串/并、并/串变换用到的多路器。

1. 多路器

多路器又称多路选择器、数据选择器和多路开关，其功能是把并行传输的数据选通一路送到唯一的输出线上，形成总线传输。图2-19所示为一个4选1多路选择器，I_0、I_1、I_2、I_3是输入信号，S_0、S_1是选择信号，通过改变选择信号来改变通过多路选择器的数据流，例如$S_1S_0=00$时，通过多路选择器其他路的数据流被隔断。E为片选信号，当E为低电平时，多路选择器正常工作，E 为高电平时，多路选择器禁止工作，输出为低电平（或确定的无效状态）。表2-7所示为4选1多路选择器的功能表。由此可见，多路选择器有 n 条选择线，2^n 条输入线，一条输出线。

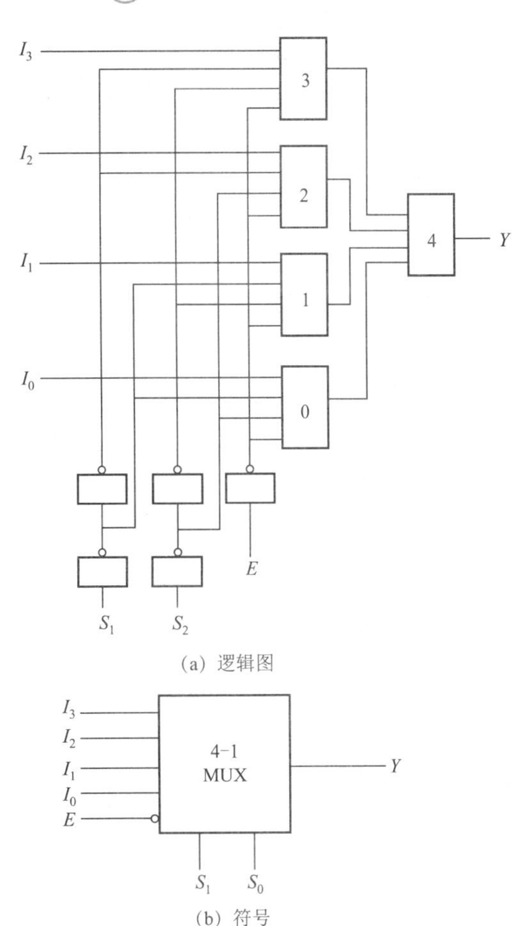

图2-19　4选1多路选择器

2. 串/并变换电路

图2-20所示为一个8路信号串/并变换电路功能框图，其中点画线框是单路信号串/并变换功能框图（为了同时输出并行码，可在锁存器后面加上寄存器）。

8路串行信号 $HW_1 \sim HW_8$ 分别进入“串入并出”移位寄存器，由移位寄存器将各路信号的8位串行码并行输出，但移位寄存器并行输出的码元不是同时输出，而是有时间先后次序的，所以在后面加一个锁存器，由 $\overline{CP} \wedge TM_8$ 控制，在时隙最后一位 M_8 的CP后半周期才把移位寄存器输出的8位码送入锁存器。锁存器中的数据与输入端串行输入的数据在时间上落后一个时隙，当下一个时钟脉冲CP到来时，8-1选择器同时输出一路信号的8位码元，完成串/并变换。8-1选择器的作用是将8路信号的码元按一定次序排列、合并。图中点画线所框部分可以完成单路领带信号的串/并变换。

表2-7　4选1多路器选择功能表

E	S_1	S_0	Y
1	×	×	I_0
0	0	0	I_1
0	0	1	I_1
0	1	0	I_2
0	1	1	I_3

3. 并/串变换电路

图2-21所示为一个8路信号并/串变换电路功能框图，其中点画线框是单路信号并/串变换功能框图。

在位脉冲 $TM_1 \sim TM_8$ 的控制下，将8路信号的8位并行码并行写入各自的锁存器。例如，第1路信号 HW_1 的8位并行码写入锁存器1，第2路信号 HW_2 的8位并行码写入锁存器2，依次类推。

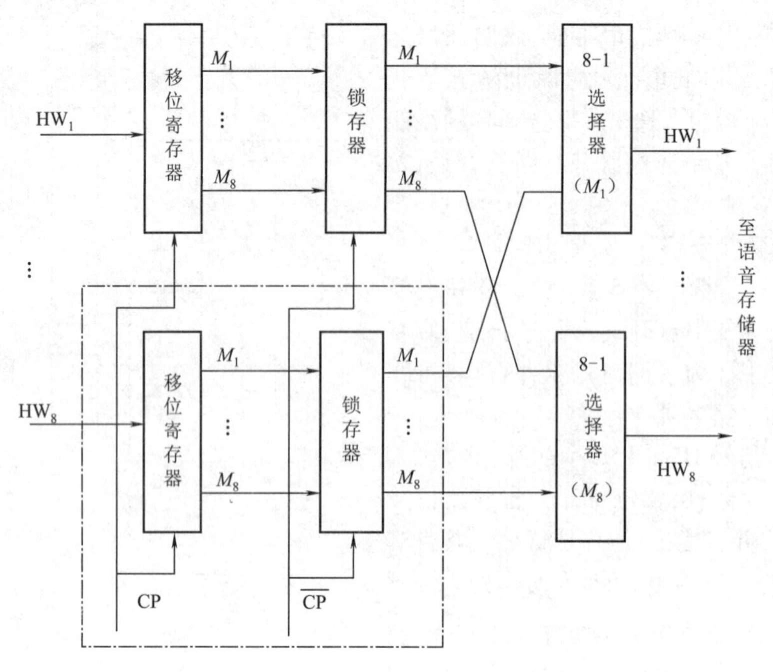

图 2-20　8 路信号串/并变换电路功能框图

在上一个时隙结束时,各路信号锁存器输出其 8 位并行码。下一个时隙开始时,在 CP 脉冲控制下置位,在$\overline{CP}$脉冲的控制下移位,即在 CP 的前半周期置位,在 CP 的后半周期移位,这样在 CP 脉冲的控制下按时间先后次序一个一个地输出 M_1 ~ M_8,完成并/串变换。

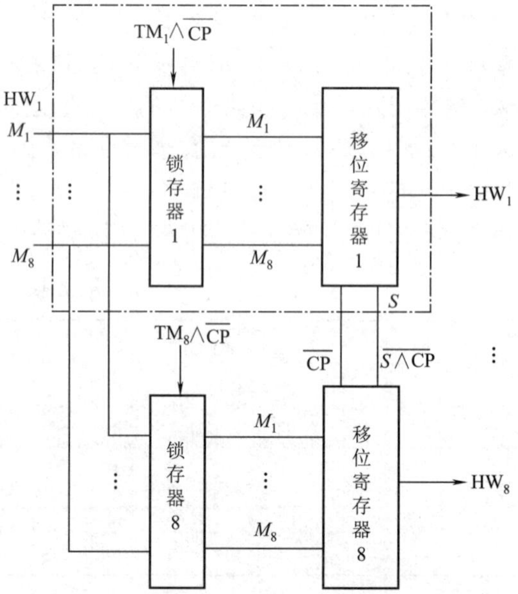

图 2-21　8 路信号并/串变换电路功能框图

2.2.5　常用的传输码型

为了让信号能在信道中有效地传输,信号的传输码型要具有无直流分量,高频和低频分量少,包含定时信息,具有一定的检错能力、不受信源的影响、码型变换设备简单、编码效率高等特点。

信号在线路中传输的常用传输码型有以下 5 种:

1. 单极性不归零码

单极性不归零(NRZ)码的码型如图 2-22(a)所示。该码型发送能量大,占用频带较窄,但有直流分量,不能直接提取位同步信息,判决门限电平难以稳定在最佳值。所以,该码型只适合于极短距离的传输或作为设备内部码。

2. 单极性归零码

单极性归零(RZ)码的码型如图 2-22(b)所示。在传送“1”码时发宽度小于码元持续时间的 1 个归零脉冲;传输“0”码时不发送脉冲。其脉冲宽度 τ 与码元持续时间 T_b之比 τ/T_b称为占空比。该码虽然含有直流分量,但它包含大量的同步信息,可以直接提取同步信号。所以,该码是其他码型提取同步信息的过渡码型,即将其他码型先变成单极性归零码,再提取同步信号。

3. 差分码

差分码有两种,“0”差分码和“1”差分码,“0”差分码是利用相邻前后码元电平极性改变表示“0”,不变表示“1”。而“1”差分码则是利用相邻前后码元改变表示“1”,不变表示“0”。图 2-22(c)所示码型是“1”差分码。

4. 交替极性码(AMI)

交替极性码又称双极方式码、平衡对称码、信号交替反转码,其码型如图 2-22(d)所示。“0”码用零电平表示,“1”码用极性交替的正、负电平表示。该码使“0”“1”出现的概率不相等(即长时间出现“1”或“0”码,也无直流成分),且变成单极性码容易(只需整流就可得到)。北美系列的一、二、三次群接口码使用经扰码后的 AMI 码。

5. 三阶高密度双极性码(HDB_3)

AMI 码有一个缺点,当出现大量的连“0”码时提取定时信号困难,当连“0”码时间超过位同步保持时间时,通信会失步。采用高密度双极性码就是一种常见的解决办法,HDB_3码是一种常用的高密度双极性码(HDB_1、HDB_2、HDB_3等)。其编码原理是:先将信号变成 AMI 码,然后检查连“0”码的个数,如果“0”码个数在 4 个或 4 个以上时,则将第 4 个“0”码用一个与前一个脉冲同极性的脉冲表示,该脉冲破坏了极性交替的规律,称为破坏脉冲,也称 V 码。由于破坏脉冲与前一个脉冲同极性,接收端不会把它判决为“1”。为了保证无直流成分,相邻的破坏码也必须极性交替,当两相邻破坏码之间“1”码的总数为偶数个时,要在破坏码前的第三个码上加一个辅助码 B 码,B 码与前一个脉冲的极性交替,与后一个破坏码(V 码)的极性相同,由于 V 码前三个码都是“0”,收端自然会把 B 码当作“0”处理,不会出现误判。HDB_3码如图 2-22(e)所示。

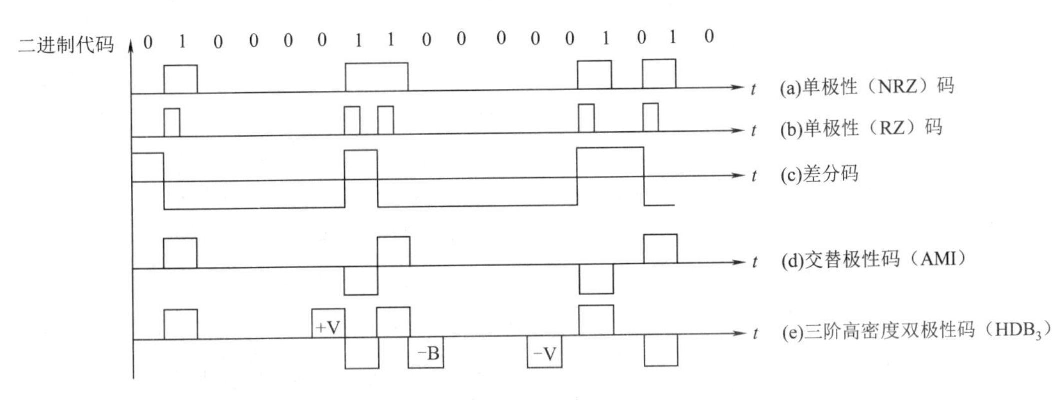

图 2-22　数字多信号码型

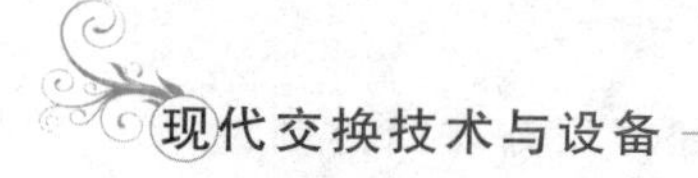

2.3 差错控制编码

数字信号在传输过程中,会受到各种干扰和噪声的影响,造成错码。根据错码分布的规律不同,可以把信道分为3类:随机信道、突发信道和混合信道。在随机信道中,错码是随机出现的,错码之间互不影响、互相独立。其干扰和噪声符合正态分布的信道就属于随机信道。如果信道中的干扰和噪声是脉冲形式或信道产生严重的衰落现象,在短时间内将会产生大量错码,这种信道称为突发信道。混合信道既存在随机错码又存在突发错码,该类信道称为混合信道。差错控制是减少误码率(错误码元占总传输码元的比例)的有效方法之一。

2.3.1 差错控制的基本方式

常用的差错控制方式有3种:检错重发方式、前向纠错方式和混合纠错方式。以下对这3种方式进行简单介绍。

1. 检错重发方式

检错重发方式又称自动请求重发(Automatic Repeat Request,ARQ),其原理是:收端检验收到的码字有无错误,如果有错误,收端通过反向信道把这一判决结果反馈给发端,发端根据反馈把收端认为错误的码字再次重发,直到收端认为收到正确的码字为止。图2-23所示为检错重发方式原理图。

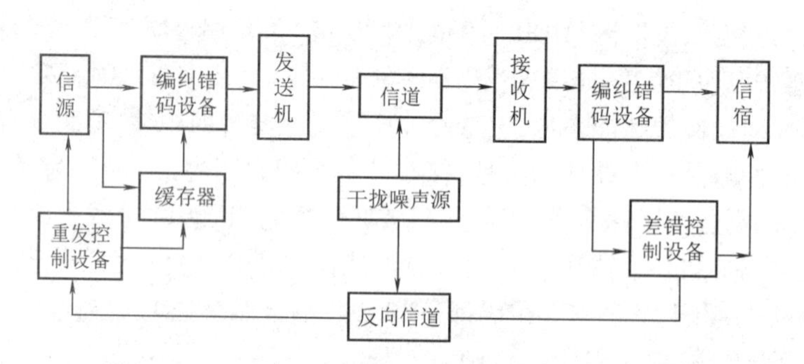

图2-23　检错重发方式原理图

ARQ系统的工作方式有两种:一种是半双工方式,又称停等式。其原理是发端在发完一组信息后就停下来等待收端发回判决信号,收端发回的判决信号有“确认”和“否认”两种,发端收到“确认”信号继续发下一组;如果收到“否认”信号,发端在计时器停止计时前重发该组信号。如果收端发出“否认”判决信号,因干扰和噪声等原因,发端收到的判决信号是“确认”,发端按收到“确认”信号处理,继续发下一组信号,不会重发该组信号。一种是全双工方式,该方式信息组和判决信号均被编号,发端可连续发送信息,同时根据收端送回的“否认”判决信号重发全部或部分信息。

ARQ方式比单纯的自动纠错对误码率的改善更为显著,特别在信道情况十分恶劣时,ARQ方式可以通过停机避免差错,所以,ARQ方式适合突发信道(在某一短暂时间内,信道基本上不能通信)。但是,ARQ需要双向信道,而且不适合于远距离通信,因为远距离通信信号传输时间长，对于半双工方法的 ARQ，其等待时间长，通信效率低，对于全双工方法，要求发端缓存器的容量很大，使设备成本增加。

2. 前向纠错方式

前向纠错方式记作 FEC(Forword Error-Correction)。发端发送能够纠正错误的码，收端收到信码后自动纠正传输中的错误。图 2-24 所示为前向纠错方式的原理图。前向纠错方式只需单向传输信道，实时性好，但译码设备较复杂，同时为了能纠正错码，需要较多的冗余码元，使传输效率下降。该方式不适合突发信道。

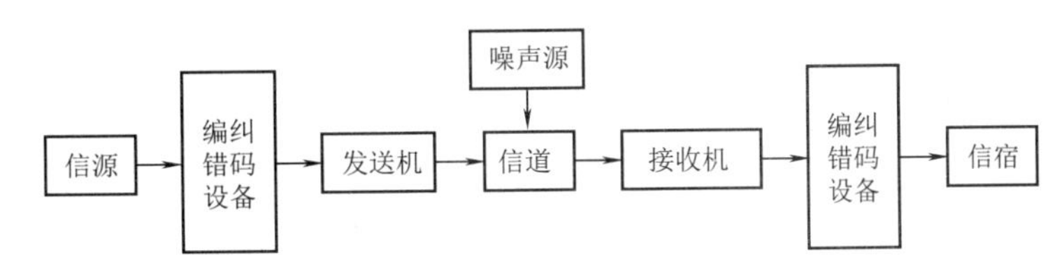

图 2-24 FEC 系统原理图

3. 混合纠错方式

混合纠错方式(Hybrid Error-Correction，HEC)是 FEC 和 ARQ 两种方式的结合。该纠错方式在收端收到码组后，检查差错情况，如果差错在码的纠错能力范围内，则自动纠错；如果超过了码的纠错能力，又能检测出来，则经过反馈信道要求重发。该方式由于可以达到较低的误码率，近年来得到广泛应用。

2.3.2 检错及纠错原理

差错控制编码又称可靠性编码、抗干扰编码、检纠错编码，属于信道编码，其目的是为了提高数字信号传输的可靠性。差错控制编码是按一定的规则在信息码的基础上加入监督码，使整个码字具有一定的规律，接收端利用该规律发现错误、纠正错误。由于监督码不表示消息内容，对于消息来说，是冗余码或多余码，冗余码还包括其他的不表示消息的码元，如同步码等。冗余码长度与整个码字长度的比值称为冗余度或多余度。例如，某码字由 7 位码元组成，其中有 3 位监督码，则其多余度(冗余度)为 3/7。下面以分组码为例介绍有关差错控制的基本知识。

分组码用(n,k)表示，其中 k 是每个二进制码字信息码元的数目，n 是一个码字总的码元位数，又称码字长度，简称码长。那么监督码元位数 $r=n-k$。由此可见，分组码是在 k 位信息码的基础上加上 r 个监督码组成的一个长为 n 的码字。在二进制下，共有 2^k 个码字来表示信息，这些码字组成许用码组。而未被选用的 2^n-2^k 个码字则组成禁用码组。

码字中信息码元(简称信息元)的个数 k 与码长 n 之比称为编码效率，用 R 表示，$R=k/n$。

码字中非零码元的位数称为码字的汉明重量，简称码重。例如，码字 1100110，码重 $w=4$；码字 0011010，码重 $w=3$。

两个等长码字之间相应位取值不同的数目称为这两个码字的汉明距离，简称码距。例如，码字$\underline{11001}10$ 与$\underline{00110}10$ 有 5 个对应位(下画线位)取值不同，则其码距 $d=5$。码组中的最小码距用 d_0表示，d_0决定了码组的检错、纠错能力，其关系是：

（1）检测码字中 e 个码元的随机错误，则要求最小码距 $d_0 \geqslant e+1$。

（2）纠正码字中 t 个码元的随机错误，则要求最小码距 $d_0 \geqslant 2t+1$。

（3）纠正码字中 t 个码元的随机错误，同时检测 e 个（$e \geqslant t$）码元的随机错误，则要求最小码距 $d_0 \geqslant t+e+1$。

2.3.3 常用的检错、纠错码

检错、纠错编码的种类很多，常用的检错、纠错码如下：

1. 奇偶监督码

在信息码元后加一个监督元，使码字中“1”的总个数是奇数或偶数，相应地分为奇监督码和偶监督码。例如，某码组信息码分别为00、01、10、11，其对应的奇监督码为001、010、100、111；对应的偶监督码为000、011、101、110。奇偶监督码可以检测出码字中奇数个码元错误。

2. 行列监督码

行列监督码又称二维奇偶监督码，其编码过程是：先将信息码排列成行列式（见图2-25），然后在各行各列后加上监督元，使各行各列“1”的个数是奇数或偶数。行列监督码检错、纠错能力较强，它能纠正一行或一列中所有码元的错误（其他行或列无误码）。如果所有行和列的误码数都是奇数个，则行列监督码也能纠错。对于其他的误码情况，则只能检错。但如果误码组成行列式，且当其行与列的元素都是偶数时，行列监督码不能检测该类错误。

1	1	0	0	1	0	1	0	0	0	0
0	1	0	0	0	0	1	1	0	1	0
0	1	1	1	1	0	0	0	0	1	1
1	0	0	1	1	1	0	0	0	0	0
1	0	1	0	1	0	1	0	1	0	1
1	1	0	0	0	1	1	1	1	0	0

图2-25 （66,50）行列监督码

3. 恒比码

恒比码又称等重码，其码字中“1”的个数与“0”的个数比恒定不变，或者说码字中“1”的个数不变。该码通过检测“1”的个数来确定码字是否出错。我国的电报采用的是3∶2恒比码，如表2-8所示。国际电报通信系统中采用的是7∶3恒比码。

表2-8 3∶2恒比码

数　字	码　字				
0	0	1	1	0	1
1	0	1	0	1	1
2	1	1	0	0	1
3	1	0	1	1	0
4	1	1	0	1	0
5	0	0	1	1	1
6	1	0	1	0	1
7	1	1	1	0	0
8	0	1	1	1	0
9	1	0	0	1	1

4. 循环码

循环码组中任一码字循环移位所得到的码字仍为该码组中的一个码字。表2-9所示为一组(7,3)循环码的全部码字。循环码的检错、纠错能力较强,BCH码就是一个检错、纠错能力较强的循环码。

表2-9 (7,3)循环码

序号	码字						
0	0	0	0	0	0	0	0
1	0	0	1	1	1	0	1
2	0	1	0	0	1	1	1
3	0	1	1	1	0	1	0
4	1	0	0	1	1	1	0
5	1	0	1	0	0	1	1
6	1	1	0	1	0	0	1
7	1	1	1	0	1	0	0

本章小结

(1)传输信息的信号分为模拟信号和数字信号两种。模拟信号数字化分抽样、量化、编码3个步骤。

(2)多路复用技术就是在一条传输线中传输多路信号。常用的多路复用技术分为频分多路复用与时分多路复用两种。数字通信常用时分多路复用技术。

(3)在数字通信中,经常要用数字信号进行串/并、并/串变换。串/并变换是将串行码变成并行码的过程,将并行码变成串行码的过程称并/串变换。

(4)常用的差错控制方式有3种:检错重发方式、前向纠错方式和混合纠错方式。

思考与练习

一、填空题

1. 传输信息的媒介称为(　　　　)。
2. 模拟信号的特点是(　　　　)。
3. 数字信号的主要特点是(　　　　)。
4. 模拟信号数字化分(　　　　)、(　　　　)、(　　　　)3个步骤。
5. CCITT建议国际通信的非均匀量化采用(　　　　)。
6. 常用的多路复用技术有(　　　　)和(　　　　)。
7. 一个二次群中有(　　　　)个基群。
8. 30/32路PCM基群信号有(　　　　)路话音信号。
9. 根据错码分布的规律,信道可分为(　　　　)、(　　　　)和混合信道。

10. A 律的码字结构中，段落码和段内码合称为(　　　　)。

二、判断题

1. 在时间上连续的信号一定是模拟信号。(　　)
2. 信号只要具有一方面的不连续性就是数字信号。(　　)
3. 模拟信号和数字信号并不能以波形在时间上是否连续来区分。(　　)
4. 抽样将模拟信号变成离散的 PAM 信号。(　　)
5. 采用多路复用的目的是节省信号传输时间。(　　)
6. 量化的目的是将无限多个样值用有限个数值表示。(　　)
7. 均匀量化的量化误差不变。(　　)
8. 非均匀量化的量化误差变化幅度较大。(　　)
9. A 律编码只要确定出段落码和段内码即可。(　　)
10. 抽样值的极性由极性码来确定。(　　)
11. 将各信号依次抽样一次形成的一组脉冲叫作一个时隙。(　　)
12. 差错控制方式只有 3 种：检错重发方式、前向纠错方式和混合纠错方式。(　　)

三、选择题

1. 在 30/32 路 PCM 基群系统中，时隙 16 可传输的信令路数为(　　)。

A. 1　　B. 2　　C. 3　　D. 4

2. 在 A 律十三折线的非均匀量化方式中，第八段占整个量化范围的(　　)。

A. 1/2　　B. 1/4　　C. 1/8　　D. 1/16

3. 在差错控制的方式中，ARQ 适用于(　　)。

A. 随即信道　　B. 突发信道　　C. 混合信道　　D. 3 种皆可

四、简答题

1. 如何判断一个信号是模拟信号还是数字信号？
2. 非均匀量化克服了均匀量化的哪些缺点？
3. 什么是时分多路复用？采用时分多路复用的目的是什么？
4. 在 30/32 路 PCM 基群系统中，一帧有多少个时隙？TS_0 时隙为什么在偶帧传输同步码字，而在奇帧传输监督码字？
5. 在 30/32 路 PCM 基群系统中，收端失步时是如何告知发端的？
6. 在 30/32 路 PCM 基群系统中，为什么将 16 帧组成一个复帧？
7. 对于突发信道并且收发端相距不远的情况，采用哪一种检错方式较好？

五、分析题

1. 某基带信号的频谱范围为 300 ~ 4 000 Hz，其奈奎斯特抽样频率是多少？
2. 某取样值为 -66.5Δ，使用逐级反馈比较编码，写出其编码过程和编码码字，并求其量化误差。
3. 某取样值的 PCM 编码码字为 10110111，该码字表示的量化值是多少？
4. 一路 PCM 数字电话的抽样频率为 8 000 Hz，则其传码率是多少？其对应的码元宽度是多少？
5. 如果只有一个接口与交换机相连，画图说明如何利用这一个接口使多台计算机上网？
6. 设计一个防盗系统，要求用一台计算机随时观察 4 个通道中的 1 个通道(画图说明)。

第3章 呼叫处理的基本原理

内容提要

- 呼叫处理过程主要介绍了呼叫接续的组成，详细介绍了该过程中的每个细节，包括用户线扫描及呼叫识别原理以及去话、来话、号码及状态分析过程。
- 任务执行、输出处理及多频信号和线路信号的处理。

3.1 呼叫接续的处理过程

在开始时，用户处于空闲状态，交换机对用户机进行扫描，监视用户线状态。用户摘机后就开始了处理机的呼叫处理，处理过程如下：

1. 主叫用户 A 摘机呼叫

(1)交换机检测到用户 A 的摘机状态。

(2)交换机调查用户 A 的类别，以区分其是同线电话、一般电话、投币电话机还是小交换机等。

(3)调查话机类别，弄清是按钮话机还是号盘话机，以便接上相应的收号器。

2. 送拨号音，准备收号

(1)交换机寻找一个空闲收号器以及它和主叫用户间的空闲路由。

(2)寻找一个空闲的主叫用户和信号音源间的路由，向主叫用户送拨号音。

(3)监视收号器的输入信号，准备收号。

3. 收号

(1)由收号器接收用户所拨号码。

(2)收到第一位号后，停拨号音。

(3)对收到的号码按位存储。

(4)对“应收位”和“已收位”进行计数。

(5)将号首送向分析程序进行分析(称为预译处理)。

4. 号码分析

(1)在预译处理中分析号首，以决定呼叫类别(本局、出局、长途、特服等)，并决定应该收几位号。

(2)检查这个呼叫是否允许接通(是否限制用户等)。

(3)检查被叫用户是否空闲,若不空闲,则予以示忙。

5. 接至被叫用户

测试并预占空闲路由,包括:

(1)向主叫用户送铃音路由。

(2)向被叫送铃流回路(可能直接控制用户电路振铃,而不用另找路由)。

(3)主、被叫用户通话路由(预占)。

6. 向被叫用户振铃

(1)向用户 B 送铃流。

(2)向用户 A 送回铃音。

(3)监视主、被叫用户状态。

7. 被叫应答和通话

(1)被叫摘机应答,交换机检测到后,停振铃和停回铃音。

(2)建立 A、B 用户间通话路由,开始通话。

(3)启动计费设备,开始计费。

(4)监视主、被叫用户状态。

8. 话终,主叫先挂机

(1)主叫先挂机,交换机检测到以后,路由复原。

(2)停止计费。

(3)向被叫用户送忙音。

9. 被叫先挂机

(1)被叫挂机,交换机检测到后,路由复原;

(2)停止计费;

(3)向主叫用户送忙音。

3.2 用户线扫描及呼叫识别

3.2.1 监视扫描

监视扫描的目的是收集用户线回路状态的变化,以确定是用户摘机、挂机,还是拨号脉冲计数等。用户电话机通或断称为用户线状态。用户线的状态可以由两条电话线之间阻值的大小确定,这个状态由电话机电路产生,摘机时为 600 Ω 左右,挂机时一般大于几万欧姆。当然,用户线阻值变化后,用户线上的电压、电流值也发生相应的变化。程控交换机的扫描工作是在监视扫描程序的控制下进行的,监视扫描程序是一个周期执行程序,即它每隔一段固定时间启动一次。对于用户摘机(或挂机)监视扫描程序,常用的周期是 100 ~ 200 ms。若周期过长会影响服务质量,周期过短将使扫描动作太频繁,影响处理机的工作能力。

对用户状态的扫描方法有以下两种：

1. 直接扫描方式

直接扫描方式的原理如图 3-1 所示。

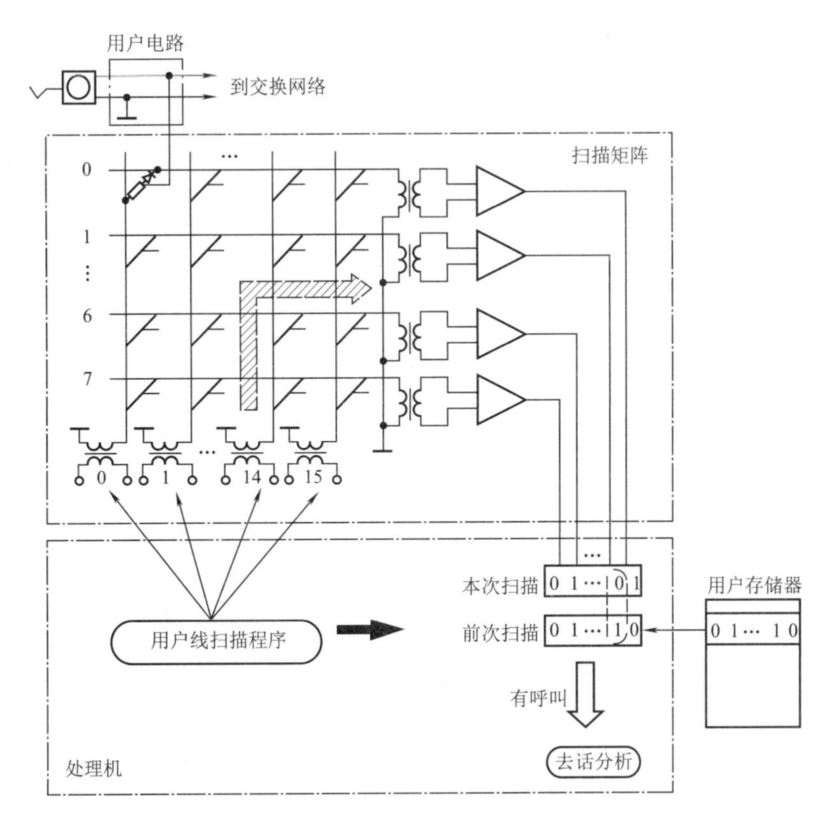

图 3-1　直接扫描方式的原理

这里所指的直接扫描方式是指当执行用户线监视扫描程序时，直接从扫描器扫入结果，并把扫到的每一行用户的扫描结果直接送到处理机去运算识别，因此，这种扫描方式完全是程控的。

图 3-1 所示的扫描器有 16 行，每行可接 8 个用户，故共可接 16×8 = 128 个用户。扫描器内的行数一般由用户机架容量的大小来决定，而每行所安排的用户数一般由处理机的位长来决定，图 3-1 采用的是 8 位机。对于大容量的交换机应有很多个这样的扫描器。在这种扫描方式中，用户线状态相当于一个按键，按键接通时为 600 Ω(相当于 0)，按键断开时为几万欧姆(相当于 1)，处理机在扫描某行(即一块用户电路板)时，该行地址码应为“0”，若用户挂机，该行为“1”，反之为“0”，将两次扫描结果相比较，即可得知该用户是否摘机。

这种扫描方法一般用于某些空分交换机，因为在这些空分交换机中的扫描矩阵只做用户摘机识别扫描，而对用户拨号脉冲的识别和用户挂机的识别是在相应的中继器或电路中进行的。当然，并非所有的空分交换机都采用直接扫描方式。

2. 二级扫描方式

二级扫描方式的原理如图 3-2 所示。

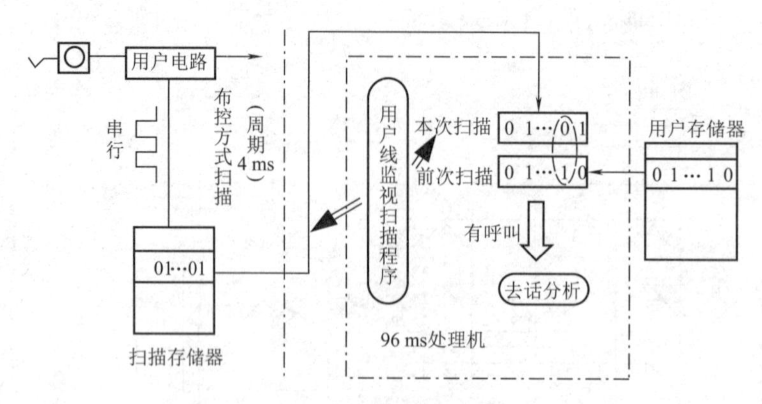

图 3-2　二级扫描方式

用程序可以完成某种功能,但某一种功能用程序来实现可能并非最佳方案。对于一个重复次数多、逻辑简单、不会改变的功能,用布线逻辑控制来实现可能更加方便、迅速,而布控与程控相结合可以既快速又完善地实现某项功能。

所谓二级扫描方式是用户电路的扫描点先用布控方式逐个扫描,其扫描结果以串行方式写入扫描存储器内,然后在执行用户线监视扫描程序时读出,并将其送到处理机进行运算识别。

由于这种扫描方法使用了布控单元,因而扫描更快速,并可方便地进行号盘脉冲及用户挂机识别,所有的用户状态变化都被定时地记录到了扫描存储器内,不同的程序读取这些值,就可以进行不同的识别处理。例如,摘、挂机识别程序每隔 96 ms 读取一次,拍叉簧识别程序每隔 8 ms 读取一次,因此布控扫描时的周期应小于 8 ms,一般定为 4 ms。这种扫描方式快速多用,且占用处理机时间较少。较新型的程控交换机,尤其是数字交换机几乎都采用了这种二级扫描方式。

3.2.2　呼叫识别

各类程控交换机,其呼叫识别原理如下:

(1)用户状态一般是以“0”表示摘机;“1”表示挂机。

(2)在内存中划出一个区域,称为用户存储器(Line Memory,LM),用来记录每个用户的忙闲状态,每个用户占用一位。用户存储器在执行扫描时存储着用户状态的前次扫描结果。

(3)本次扫描结果在执行用户线监视扫描程序时,从扫描存储器(SCNM)中读出,或从扫描矩阵扫入。

(4)识别主叫摘机的逻辑运算式为

$$\overline{\mathrm{SCN}} \wedge \mathrm{LM} = 1$$

若运算结果为“1”,表明该用户是呼出,其识别主叫摘机的原理如图 3-3 所示。由图可知,前一次扫描为“1”,本次扫描变为“0”,就是用户摘机。

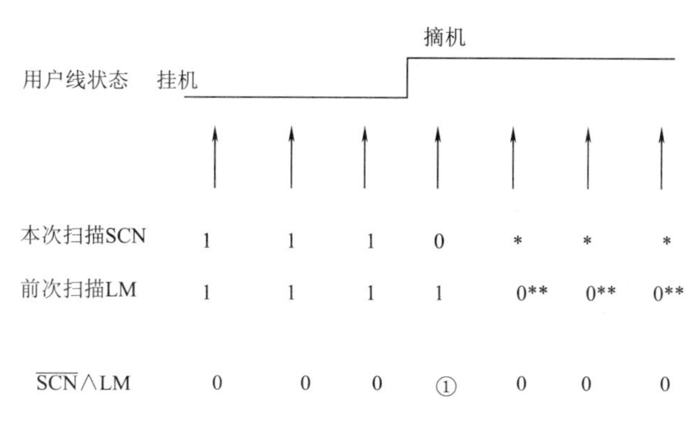

图 3-3 识别主叫摘机原理示意图

3.2.3 群处理

在各类程控交换中对用户线监视扫描和摘机识别都采用群处理方式。所谓群处理，就是每次扫描和识别不是一个个用户进行的，而是若干个用户同时进行的。例如，图 3-1 和图 3-2都是采用 8 个用户同时进行的。所谓群处理就是在字长的基础上进行运算，而不是逐位运算。假如处理机的运算器是 8 位的，数据线也是 8 位的，当然没有必要对单个用户进行识别，可以对 8 个用户状态同时进行处理。例如，可以从扫描存储器或扫描矩阵同时得到 8 位数据为 SCN 值，另从存储器得到 8 位数据为 LM 值，若

本次扫描结果 SCN 11000100

前次扫描结果 LM 10011100

$\overline{SCN}\wedge LM$ 00011000 该字节非零

就说明这 8 位数据代表的 8 个用户至少有一个用户呼出了，一般先找最右边一个 1，直到再也找不到为止。也就是说，在本例中 D3 位代表的用户将比 D4 位代表的用户优先被识别到。

3.2.4 用户扫描程序

各种交换机扫描安排方式和所用处理机是不同的，因此用户扫描程序的组成也不同，但其基本功能大都一致。

由执行管理程序安排执行的用户扫描程序框图如图 3-4 所示。图 3-4 表明，扫描周期时间一到，即由执行管理程序安排进入用户扫描程序。进入该程序后，首先将根据规定格式组合的扫描指令输出到扫描矩阵或扫描存储器，以获得某行用户的回路状态信息。然后进行呼叫识别的逻辑运算，若有呼出，则寻找最右边的“1”，根据该“1”的位置组成用户设备号，即该用户电路所对应的硬件编号，接下来的这一次呼叫的处理由其他程序完成，用户扫描程序只需登记上该用户的设备号即可。当然，若还有“1”则应重复处理，其他各行的所有用户也都要接受扫描。

需要说明的是,若所有用户还未扫描完一遍,而必须执行其他程序,则剩余的用户在下一个扫描周期再进行扫描。

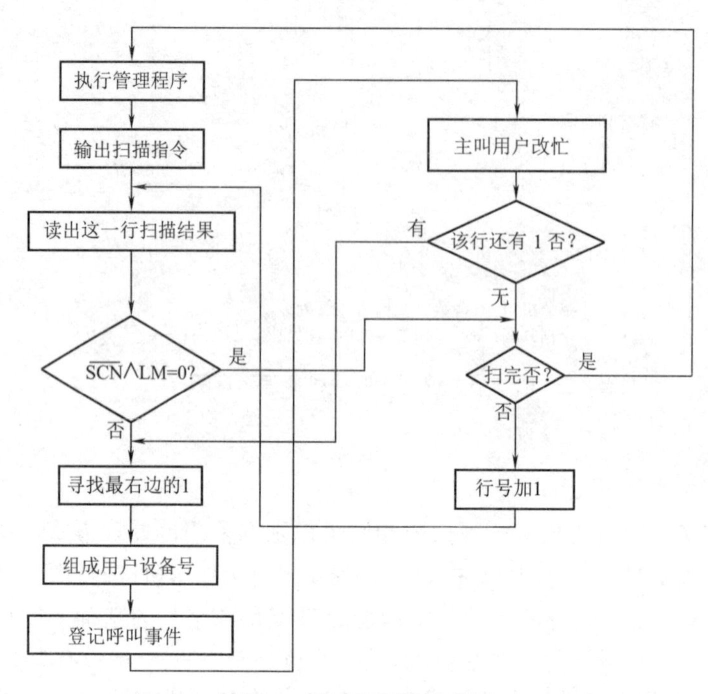

图3-4　用户扫描程序框图

3.3　分析处理

分析处理就是对各种信息进行分析,从而决定下一步应该干什么。分析处理由分析程序负责执行。分析程序没有固定的周期,因此属于基本级程序。按照要分析的信息,分析处理可分为去话分析、号码分析、来话分析和状态分析。

各种分析功能如图3-5所示。

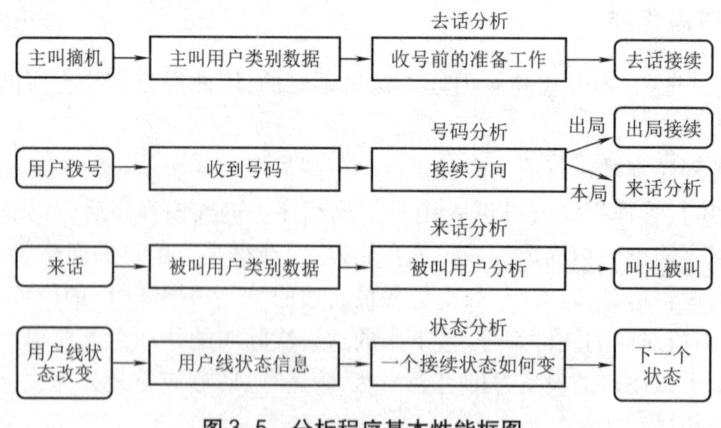

图3-5　分析程序基本性能框图

3.3.1 去话分析

1. 供分析的数据来源

去话分析的主要信息来源是主叫用户数据，用户数据大概包括以下几类：

(1)用户状态：包括现在该用户的状态，如去话拒绝、来话拒绝、去话来话均拒绝、临时接通等。

(2)用户类别：包括单线用户、投币用户、测试用户、集团用户、数据传真等。此外，还可以进一步分类，如投币话机可以按计费方式分为单式计费、复式计费等。

(3)出局类别：指用户能够呼叫的范围，如只允许本区内部呼叫、允许市内呼叫、允许国内长途呼叫、允许国际长途呼叫等。

(4)话机类别：是按钮话机还是号盘话机。

(5)用户的专用情况类别：例如，是否是热线电话、是否为优先用户、优先级别是什么、能否做国际呼叫、被叫等。

(6)用户的服务类别和服务状态：包括缩位拨号、呼叫转移、电话暂停、缺席服务、呼叫等待、三方呼叫、叫醒服务、遇忙暂等、密码服务。

(7)用户计费类别：包括自动计费、专用计数器计次、免费等。

(8)各种号码：包括用户电话簿号、用户内部号、用户所在局号、呼叫转移电话簿号、热线电话簿号、呼叫密码等。

不同用户的用户电路各不相同，如普通用户电路、带极性倒换的用户电路、带直流脉冲计数的用户电路、带交流脉冲计数的用户电路、投币话机专用用户电路等。这些内容也要在用户类别数据中得到反映。

2. 分析程序流程图

去话分析程序主要是对上述有关主叫用户的情况逐一进行分析，然后做出正确判断。去话分析程序流程图如图3-6所示。

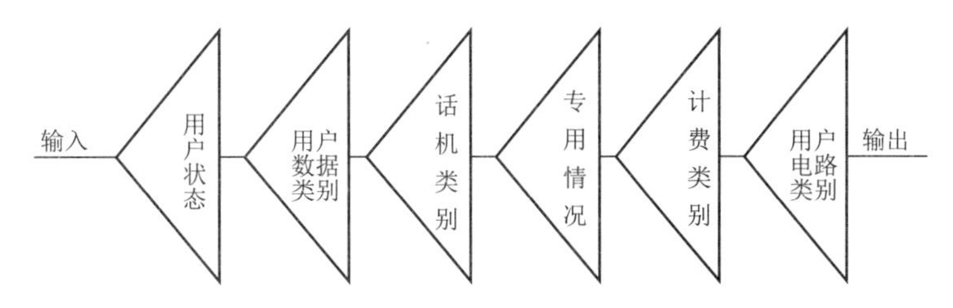

图3-6 去话分析程序流程图

3. 分析方法

由于用户数量多，情况复杂，为了节省存储器容量，往往采用逐次展开法。

各类相关数据装入一个表中，各表组成一个链形队列，然后根据每级分析结果逐步进入下一表格。逐次展开分析方法，如图3-7所示。

在图3-7中，F为标志位。F=1表示存在下级表；F=0表示不存在下级表。

4. 分析结果处理

分析后要将结果转入输出处理程序，执行相应任务。例如，分析结果表明允许呼叫，则向其送拨号音,并根据话机类别接上相应收号器;若结果表明不允许呼出,则向其送忙音。又如,若表明为热线用户,则应立即查出被叫号码,转入来话分析处理程序。

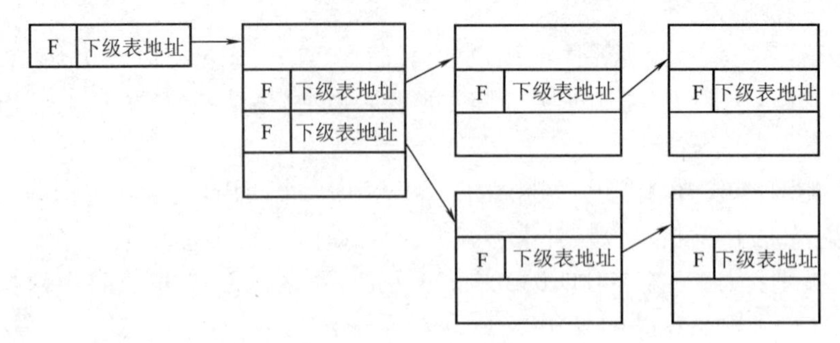

图 3-7 逐次展开分析方法

3.3.2 号码分析

1. 分析数据来源

号码分析的数据来源是用户所拨的号码,它可能直接从用户话机接收下来,也可能通过局间信令传送过来,然后根据所拨号码查找译码表进行分析。

译码表的寻址是根据用户所拨号码,即电话簿号编排的。译码表包括以下内容:

(1)号码类型:包括市内号、特服号、国际号等。

(2)剩余号长:即还要收几位号。

(3)局号。

(4)计费方式。

(5)重拨号码:包括在选到出局线以后重拨号码,或者在译码以后重拨号码。

(6)录音通知机号。

(7)电话簿号。

(8)规定的用户数据区号。

(9)特服号码索引:包括火警、匪警、呼叫局内操作员等各项特服业务。

(10)用户业务的业务号:包括缩位拨号登记、缩位拨号使用、缩位拨号撤销;呼叫转移登记、呼叫转移撤销;叫醒业务登记、叫醒业务撤销;热线业务登记、热线业务撤销;缺席服务登记、缺席服务撤销等。

2. 分析步骤

号码分析可分为两步:

(1)预译处理。在收到用户所拨的“号首”以后,首先进行预译处理,分析用户提出什么要求。预译处理所需用的号首一般为 1 ~ 3 位号。例如,用户第一位拨“0”,表明为长途全自动接续;用户第一位拨“1”表明为特服接续。如果第一位号为其他号码,则根据不同局号,可能是本局接续,也可能是出局接续。如果“号首”为用户服务的业务号(如叫醒登记),就要按用户服务项目进行处理。

号位的确定和用户业务的识别也可以采用逐步展开法,形成多级表格。

(2)拨号号码分析处理。拨号号码分析处理是对用户所拨的全部号码进行分析,可以通过译码表进行,分析结果决定下一个要执行的任务,因此译码表应转向任务表。图 3-8 所示为号码分析程序流程图。

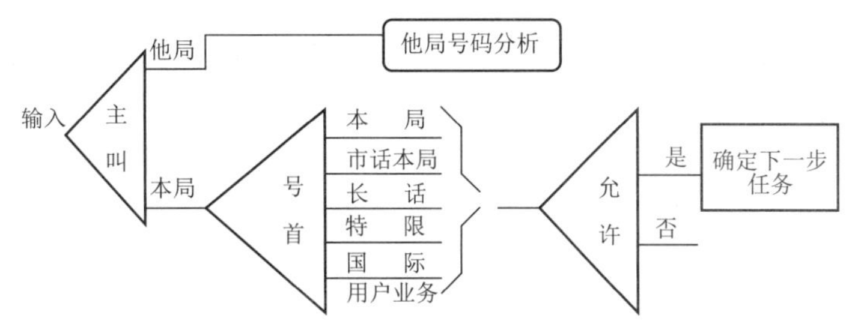

图 3-8　号码分析程序流程图

3.3.3　来话分析

来话分析的数据来源是被叫方面的用户数据以及被叫用户的用户忙闲状态数据。此外,对于被叫用户还有专门的类别数据,这些数据按照电话簿号码寻址。

来话分析数据包括:

(1)用户状态:如去话拒绝、来话拒绝、来去话均拒绝、临时接通等。

(2)用户设备号:包括模块号、机架号、板号和用户电路号。

(3)截取呼叫号码。

(4)恶意呼叫跟踪。

(5)辅助存储区地址。

(6)用户设备号存储区地址等。

用户忙闲状态数据包括:

(1)被叫用户空。

(2)被叫用户忙,正在呼叫。

(3)被叫用户忙,正在被叫。

(4)被叫用户处于锁定状态。

(5)被叫用户正在测试。

(6)被叫用户正在检查等。进行来话分析时还要采用用户的其他数据,如计费类别数据、服务类别和服务状态数据等。来话分析流程图如图 3-9 所示。来话分析也可采用逐次展开法。

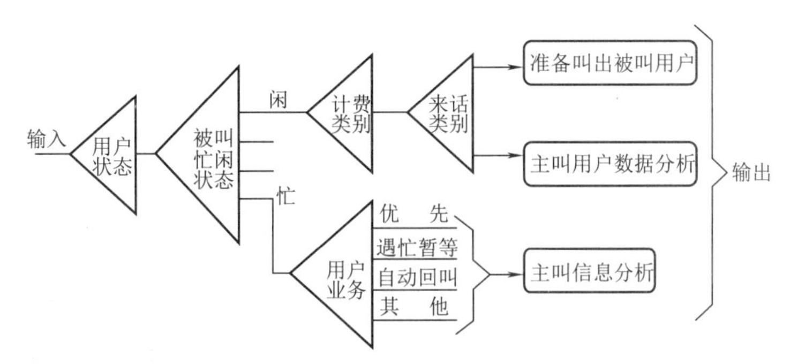

图 3-9　来话分析程序流程图

3.3.4 状态分析

状态分析的数据来源是稳定状态和输入信息。用户处于某一稳定状态时,CPU 一般是不处理数据的,会等待外部信息。当外部信息提出处理要求时,CPU 才能根据现在的稳定状态来决定下一步应该做什么,要转移到何种新状态等。

因此,状态分析的依据应该是:

(1)现在稳定状态(如空闲状态、通话状态)。

(2)输入信息:这往往是电话外设的输入信息或处理要求,如用户摘机、挂机等。

(3)提出处理要求的设备或任务:如在通话状态,挂机用户是主叫用户还是被叫用户等。

状态分析程序根据上述信息经过分析以后,确定下一步任务。例如,在用户处于空闲状态时,从用户电路输入摘机信息(从扫描点检测到摘机信号后),经过分析后,下一步任务应该是去话分析,于是就转向去话分析程序。如果上述摘机信号来自振铃状态的用户,则应为被叫摘机,下一步任务应该是接通话机。

输入信息也可能来自某一“任务”。所谓任务,就是内部处理的一些“程序”或“作业”,与电话外设无直接关系。例如,忙闲测试(用户忙闲测试、中继线忙闲测试和空闲路由忙闲测试与选择等),CPU 只和存储区打交道,与电话外设不直接打交道。调用程序也是任务,也有处理结果,而且也影响状态转移。例如,在收号状态时,用户久不拨号,计时程序送来超时信息,导致状态转移,输出送忙音命令,并使下一状态变为“送忙音”状态。

状态分析程序的输入信息大致包括:

(1)各种用户挂机,包括中途挂机和话毕挂机。

(2)被叫应答。

(3)超时处理。

(4)话路测试遇忙。

(5)号码分析结果发现错号。

(6)收到第一个脉冲(或第一位号)。

(7)优先强接。

(8)其他。

状态分析程序也可以采用表格方法来执行,表格内容包括:

(1)处理要求,即上述输入信息。

(2)输入信息的设备(输入点)。

(3)下一个状态号。

(4)下一个任务号。

前两项是输入信息,后两项是输出信息。图 3-10 所示为状态分析流程图。

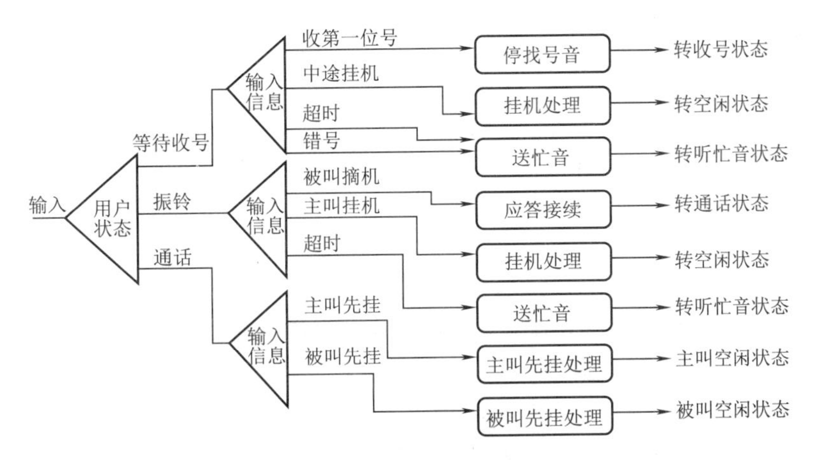

图 3-10 状态分析流程图

3.4 任务执行和输出处理

在进行分析处理后，分析程序给出结果，并决定下一步要执行的任务号码。任务的信息来源于输入处理，任务的执行就是要完成一个交换动作。

3.4.1 任务执行

任务执行分为 3 个步骤：

1. 动作准备

首先要准备硬件资源，即要启动的硬件和要复原的硬件。启动前在忙闲表上示忙，编制启动或复原硬件设备的控制字（控制数据），准备状态转移。所有这些均在存储器内进行。

2. 输出命令

根据编制好的命令进行输出处理。关于输出处理的具体内容将在 3.4.2 节介绍。

3. 后处理

硬件动作，转移至新状态后，软件又开始新的监视。下一步的执行要根据监视结果来决定。对已复原设备要在忙闲表中示闲。

任务执行也可采用表格方法，可组成若干任务表，由分析处理程序执行结果来选择相应的任务表。

任务表中列出各项具体任务，如话路管理任务、控制字编辑任务等，按顺序一一调用。

3.4.2 输出处理

上面已经讲过，执行任务、输出硬件控制命令属于输出处理。输出处理包括：

（1）通话话路的驱动、复原（发送路由控制信息）。

（2）发送分配信号（例如振铃控制、测试控制等信号）。

（3）转发拨号脉冲，主要是对模拟局发送。

(4)发线路信号和记发器信号。

(5)发公共信道信号。

(6)发计费脉冲。

(7)发处理机间通信信息。

(8)发送测试码。

(9)其他。

1. 路由驱动

路由驱动包括对用户级交换网络的驱动和对选组级交换网络的驱动。

数字交换网络接线器的驱动命令主要是编辑控制字,然后写入控制存储器,控制字还要反映双套交换网络和双套 CPU 的关系。

要驱动的路由包括通话话路、信号音发送路由和信号(包括拨号信号和其他信号)接收路由。

路由的复原只要向控制存储器的相应单元填入初始化内容(全 1 或全 0)即可。

2. 发送分配信号

分配信号驱动的对象可能是电子设备,也可能是继电器(如振铃继电器、测试继电器等)。这两者的驱动方法有区别,电子设备动作较快,不需要等待;继电器动作较慢,可能要等待几毫秒或十几毫秒时间。因此,CPU 在执行下一任务之前要适当地等待,即要等几毫秒(例如 20 ms)以后,确认继电器已动作完毕,才能转向下一步任务。

分配信息也要事先编制。例如,向用户振铃,要编制用户设备号,同时要参考用户组原先的状态,以免出现混乱。

3. 转发脉冲

对于模拟交换局有时需要转发直流脉冲。

在发送脉冲号码以前应把所需转发的号码按位存放在相应存储区内,由脉冲控制信号逐位移入“发号存储区”。

发号存储区存放应发号码(脉冲数),在发号过程中,每发一个脉冲发号存储区减 1,直到变零为止。

发号存储区还包括发号请求标志、节拍标志、脉串标志等内容。

脉冲转发的原理可由下例说明。

为了简单,假设设备发送的脉冲周期为 96 ms,脉冲断续比为 2∶1,即断(脉冲)64 ms,续(间隔)32 ms。这样做可以使转发脉冲程序每隔 32 ms 执行一次,以便简化时间表。

节拍标志由两位组成,如表 3-1 所示。

表 3-1　节拍标志

节　拍	F_1　F_2	动　作
节拍 0	0　0	送脉冲
节拍 1	1　0	不变(继续送脉冲)
节拍 2	0　1	停止送脉冲

脉串标志为1位。在送脉串期间为“1”，间歇期间为“0”。

脉串程序可以每隔96 ms(脉冲周期)执行一次。每次使发号存储区内应发号码减1，直至减到零时，将脉串标志变为零。这时就不再送脉冲，表示位间隔。位间隔的延时也可以在发号存储区中设一个计数器来控制。转发脉冲原理如图3–11所示。

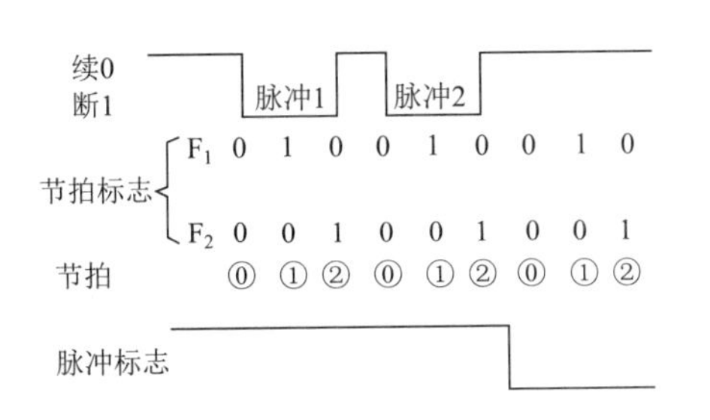

节拍	节拍标志 F_1	F_2	送脉冲
0	0	0	1
1	1	0	1
2	0	1	0

图3–11　转发脉冲原理

转发脉冲的工作过程如下：整个工作由转发脉冲程序(执行周期位32 ms)和脉串程序(执行周期为96 ms)控制执行。当要求转发脉冲时，就将转发的各位号码放入发号存储区内，然后将“发号请求标志”置“1”，表示要求转发脉冲，并把要发号的位数放入号位计数器。

(1)脉冲程序发现号位计数器不为零，并且发号请求标志为“1”，表示要转发脉冲，于是就将脉串标志置“1”，代表开始转发脉冲。

(2)转发脉冲程序每32 ms(一个节拍)将节拍标志修改一次。例如，在图3–11中，一开始节拍为0，即$F_1=0$、$F_2=0$，就把“送脉冲信号”置“1”，启动硬件送出“1”，并修改节拍标志，使$F_1F_2=10$。

(3)下一次转发脉冲程序发现$F_1F_2=10$，则保持送脉冲信号为“1”状态，继续送出脉冲，同时置$F_1F_2=01$，并将脉冲计数器减1，表示已送出一个脉冲。

(4)再转发脉冲程序发现$F_1F_2=01$，表示应送脉冲间隔或者一串脉冲结束。这时先检查脉冲计数器是否为零，若为零，表示一串脉冲结束，下面应送位间隔，不送脉冲间隔，这留给脉冲程序解决。若脉冲计数器内容不为零，表示要送脉冲间隔，这时就把“送脉冲信号”置“0”，硬件送出“0”(脉冲间隔)，修改节拍标志使$F_1F_2=00$。

(5)脉串程序检查脉冲计数器内容，若为零，则将脉冲串标志置为“0”。这时即使F_1F_2变化也不受影响，即转发送脉冲信号为常“0”。这个时间由计数器控制，保证位间隔大于300 ms。同时，把下一个号移入发号存储区，并将号位计数器减1。如果检查脉冲计数器内容不为零，表示不需要送位间隔，则可以不予理睬。

300 ms以后脉冲标志为“1”，重复上述过程，直到号位计数器为零，表示转发完毕。

3.4.3　多频信号和线路信号的处理

1. 多频信号的发送

多频信号的发送与发脉冲方法相似，但多频信号的发送和接收分为以下4个节拍：

(1)发端发送前向信号。

(2)终端收到前向信号后，发后向信号。

(3)发端收到后向信号后,停前向信号。

(4)终端发现停前向信号后,停后向信号。

发端发现停后向信号后,发下一个前向信号,开始下一个循环。这4个节拍是发端和终端各占2拍。

(1)发端:

①发现停后向信号后,发下一个前向信号。

②收到后向信号后,停发前向信号。

(2)终端:

①收到前向信号后,发后向信号。

②发现停前向信号后,停后向信号。

因此在发送程序中要考虑这个问题。

此处,多频信号的发收可能采用“互控”方式,因此下一个要发的信号与收到的信号有关,处理起来麻烦一些。

2. 线路信号的发送

线路信号的发送可由硬件实现,处理机只发有关控制信号。公共信道信号的处理将在第6章专门讨论。

本章小结

(1)程控交换机的呼叫处理是用程序控制的。

(2)程控交换机对用户监视扫描和摘机识别采用群处理方式,即每次扫描和识别不是一个个用户进行的,而是若干个用户同时进行的。

(3)分析处理是对各种信息进行分析,决定下一步做什么。分析处理分为去话分析、号码分析、来话分析和状态分析。

(4)任务执行是进行分析处理后要完成的一个交换动作,执行任务、输出硬件控制命令属于输出处理。

思考与练习

一、填空题

1. 呼叫接续处理过程的第一步为(　　　　)。

2. 呼叫接续处理的第三步为(　　　　)。

3. 用户线扫描分为(　　　　)和(　　　　)。

4. 去话分析的主要信息来源是(　　　　)。

5. 去话分析后的结果转入(　　　　)。

6. 号码分析可分为:(　　　　)和(　　　　)。

7. 任务的执行分为3个步骤:(　　　　)、(　　　　)和(　　　　)。

8. 输出处理包括(　　　　　)、(　　　　　)和(　　　　　)。

二、判断题

1. 号码分析中的号首分析用来决定呼叫类别。 (　　)
2. 停止计费发生在被叫或主叫先挂机前。 (　　)
3. 用户电话机通或断称为用户线状态。 (　　)
4. 所谓“群处理”是对若干个用户同时进行的。 (　　)

三、选择题

1. 呼叫接续的处理有(　　)处理过程。
   A. 主叫用户摘机　　B. 送拨号音准备收号
   C. 号码分析　　D. 向被叫用户振铃
2. 分析处理可分为(　　)。
   A. 去话分析　　B. 号码分析
   C. 来话分析　　D. 状态分析

四、简答题

1. 一个呼叫处理的过程可分为几大步骤?
2. 用户线扫描有几种方式?
3. 二次扫描有何优点?
4. 什么是群处理?
5. 分析处理分为哪几个步骤?
6. 简述号码分析的数据来源。
7. 任务执行分几个步骤?

五、分析题

1. 画出对用户扫描的流程图,要区别它们的摘、挂机状态变化,并分别送入“摘机队列”和“挂机队列”中(采用群处理方法)。

2. 试利用逐次展开法设计图 3-5 中各项分析程序的任务表。

3. 利用图 3-11 设计断续比为 1:1(断续各为 48 ms)的转发脉冲程序,并画出流程图。

六、简述题

1. 简述 4 种分析程序的基本功能及数据来源。
2. 简述输出处理的基本功能。

第4章

数字交换网络

内容提要

- T形接线器和S形接线器。
- 数字交换网络的构成，包括TST形、STS形交换网络以及串/并交换原理及应用。
- 无阻塞交换网络，介绍了无阻塞交换网络的基本概念及组成。

4.1 T形接线器和S形接线器

数字交换网络可以包含时分接线器(T形接线器)，也可以包含时分接线器和空分接线器(S形接线器)。

4.1.1 时分接线器(T形接线器)

时分接线器的功能是完成一条PCM复用线上各时隙间信息的交换，它主要由话音存储器和控制存储器组成，如图4-1所示。

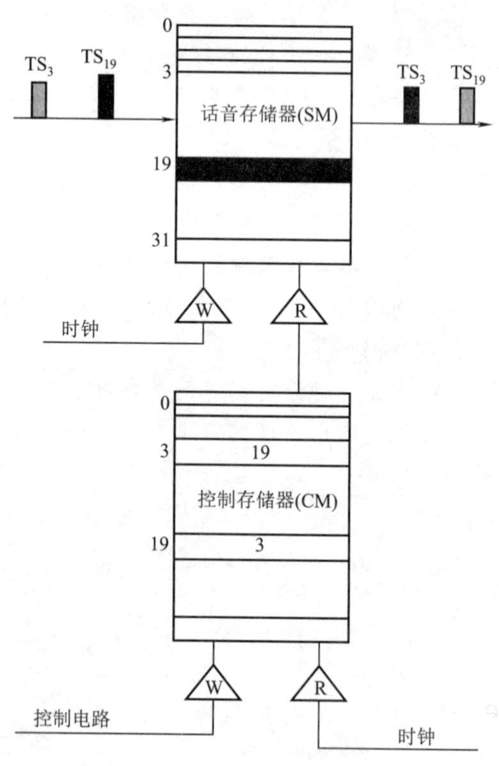

图4-1　T形接线器结构原理图

话音存储器(SM)是用来暂时存储话音脉冲信息的，故又称“缓冲存储器”。控制存储器(CM)是用来寄存话音时隙地址的，又称“地址存储器”或“时址存储器”。时分接线器的工作方式有两种：一种是“顺序写入控制读出”方式；另一种是“控制写入顺序读出”方式。此处，“顺序写入和顺序读出”的“顺序”是指按照话音存储器地址的顺序，可由递增计数器来控制；而“控制读出和控制写入”的“控制”是指按照控制存储器中已规定的内容(即话音存储器的地址)来读或写话音存储器。至于控制存储器的内容则是由处理机根据呼叫处理程序在来话分析被叫摘机后写入，在双方挂机后清除。这也是程控交换机程序控制电话交换的核心内容。

以“顺序写入控制读出”方式为例，时分接线器的工作原理如下：设图 4-1 中的 T 形接线器的输入和输出线为同一条有 32 个时隙的 PCM 复用线。如果占用 TS_3的用户 A 要和占用 TS_{19}的用户 B 通话，在 A 讲话时，就应该把 TS_3的话音脉冲信息交换到 TS_{19}中。在计数器 A 产生的地址信息的控制下，在 TS_3时刻把输入线上的 8 位码写入 SM 内的地址 3 的存储单元，即用户 A 的话音脉冲信息在 TS_3被暂存到了 SM 的第 3 个单元中。而脉冲信息的读出是受 CM 控制的，在 TS_{19}时刻，由于计数器的作用，CM 的 19 单元要起作用，其内容是“3”，表示在该时刻要从 SM 的第 3 单元中读取信息到输出 PCM（脉冲编码调制）复用线上。这样，通过在 TS_{19}时刻用 CM 的数据输出“3”去控制 SM 的地址选通，用户 A 的话音脉冲就被读出在 PCM 复用线上，并且这个话音脉冲信息经过 T 接线器后占用了 TS_{19}。由于 TS_{19}是被分配给用户 B 的，于是就完成了用户 A 到用户 B 方向的话音交换。同理，用户 B 讲话时，应该把 TS_{19}的话音脉冲信息交换到 TS_3中，这一过程和上述过程相似，只是写入 SM 的时刻是 TS_{19}，读出的时刻是 TS_3，暂存话音脉码的 SM 单元号是 19。

在时分接线器进行时隙交换的过程中，话音脉码信息要在 SM 中暂存一段时间（这段时间小于 1 帧）。这说明在数字交换中会出现时间延迟，另外也可得知，PCM 信码在时分接线器中需每帧交换一次，如果用户 A（TS_3）和用户 B（TS_{19}）的通话时间为 2 min，上述时隙交换就要进行 96 万次之多。

对于“控制写入顺序读出”方式的工作情况，读者可自行推导。

SM 和 CM 的存储单元数相同，都是由输入或输出 PCM 复用线内每帧的时隙数所决定的，两者数量相同。SM 的每个单元的位数取决于每个时隙中所含的码位数。图 4-1 所示为 30/32 路系统，每个时隙 8 位码，所以 SM 共有 32 个单元，每个单元长为 8 位。CM 的单元需存储 SM 的地址数，因此在本例中只需 5 位长，因为 $2^5=32$，用 5 位二进制数即可区分 32 个 SM 单元。

应当指出，对于时分接线器，无论哪一种工作方式，都是将属于不同时隙的信码存入到不同位置的 SM 单元中，即把在时间上区分的信码存入到不同位置的 SM 单元中，也就是把时间上区分的信码转化为空间上区分的信码，这意味着时分接线器是由空间的改变来实现时隙交换的，所以可以说时分接线器是按空分方式工作的。

目前，时分接线器中的存储器可采用通用高速 RAM，交换的时隙数可高达 4 096 个。中大容量交换机一般采用数字交换集成芯片，以扩大容量、提高效率、增强可靠性并降低成本。

4.1.2　空分接线器（S 形接线器）

由于数字交换机的容量一般很大，故也需要很大的交换网络。这时如果仅采用 T 形接线器来构成交换网络，则要求 T 接线器的速度很高，这在以前是不能实现的。通常人们采用空分接线器（S 形接线器）来扩大交换网络的容量。

图 4-2 为 S 形接线器的结构示意图。S 形接线器主要由两部分组成：一是交叉接点，它由电子开关矩阵组成，共有 n 个输入端和 n 个输出端，形成 $n\times n$ 矩阵；二是控制存储器，共有 n 个控制存储器，每个有 n 个单元。

控制存储器也有输入控制和输出控制之分。所谓输出控制工作方式，就是每个控制存储器控制一条同号输出线上的所有交叉点，如图 4-2 所示，其中 n 号存储器控制第 n 条输出线。输入控制存储器控制的是一条同号输入线上的交叉点，图 4-2 所示的 S 形接线器是以输出控制方式工作的。

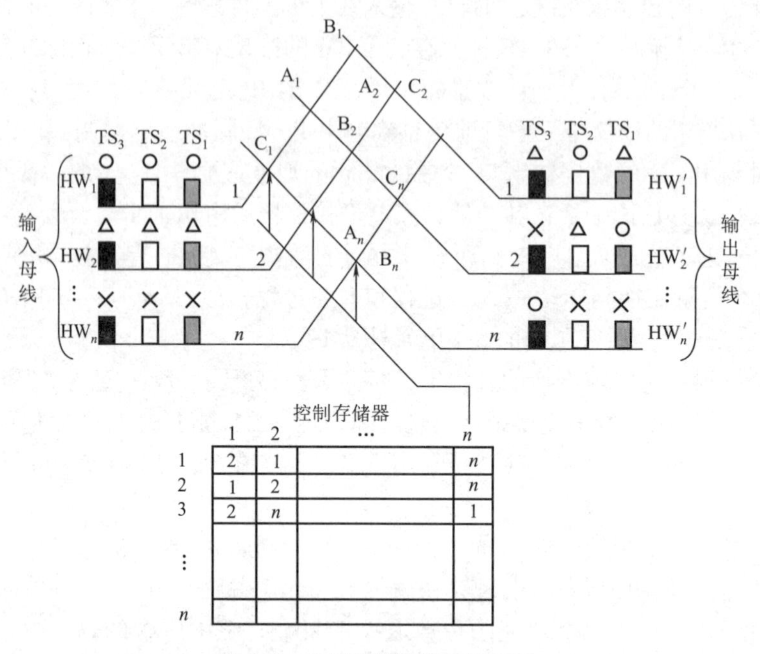

	1	2	…	n
1	2	1		n
2	1	2		n
3	2	n		1
⋮				
n				

图 4-2　S 形接线器结构示意图

下面举例进一步说明。

现在假定每条母线上有 n 个时隙，要求在时隙 1 接通 A_1、B_1 等点；在时隙 2 接通 A_2、B_2 等点。现在的问题是如何在控制存储器的合适位置填上合适的内容，以控制交叉接点的正确接通。

为使读者理解起来比较简单，将图 4-2 中的控制存储器分为纵向和横向，每一纵列代表一个控制存储器，共有 n 个单元，这个控制存储器的序号就是输出线号。因此，可以说，横向的序号代表输出线号；纵向的序号即为控制存储器的单元号，对应时隙号；而在控制存储器的单元内所填的内容代表输入线号。例如，在第 k 个时隙希望 1 号输入线与 m 号输出线接通，就是在第 k 行、m 列的单元内填上 1。控制存储器的工作方式和以前一样，为"控制写入顺序读出"方式。S 形接线器的具体控制过程如下：

(1) CPU 根据路由选择结果在控制存储器内写入如图 4-2 所示的内容。

(2) 控制存储器按顺序读出，在 TS_1 读出各个控制存储器 1 号单元的内容，即：

1 号控制存储的 1 号单元内容为 2，表示 2 号入线与 1 号出线接通；

2 号控制存储的 1 号单元内容为 1，表示 1 号入线与 2 号出线接通；

……

n 号控制存储的 1 号单元内容为 n，表示 n 号入线与 n 号出线接通。

在控制存储器的控制下，A_1、B_1 等接点在 TS_1 接通，则：

HW_1 的 TS_1 中话音信号通过交叉点送至 HW_2' 的 TS_1；

HW_2的 TS_1 中话音信号通过交叉点送至 HW'_1的 TS_1；

……

HW_n的 TS_1 中话音信号通过交叉点送至 HW'_n的 TS_1。

(3)TS_2时，按控制存储器 2 号单元的内容控制交叉点的接通。

由以上过程可以看出，S 接线器的每一个交叉点只接通一个时隙，下一个时隙其他交叉点接通，因此这里的 S 接线器是按时分工作的。

4.2 数字交换网络

在大型程控交换机中，一开始的时候，由于集成电路技术达不到要求，只用 T 形接线器或 S 形接线器不能实现大容量的交换网络，要将它们组合起来才能达到要求。现今的趋势倾向于采用单 T 形交换网络，因为现在 T 形接线器中已能做到 32k×32k。对现在已投入使用的交换机来说，一般采用 T 形接线器和 S 形接线器的组合。下面来看两个三级组合交换网络的例子，看看如何利用 T 形接线器和 S 形接线器组合成大容量的数字交换网络。

4.2.1 TST 形交换网络

TST 形网络结构如图 4-3 所示。假设有 3 条母线(HW)，每条母线有 32 个时隙。因此 A、B 两级话音存储器各有 32 个单元，各级控制存储器也各有 32 个单元。

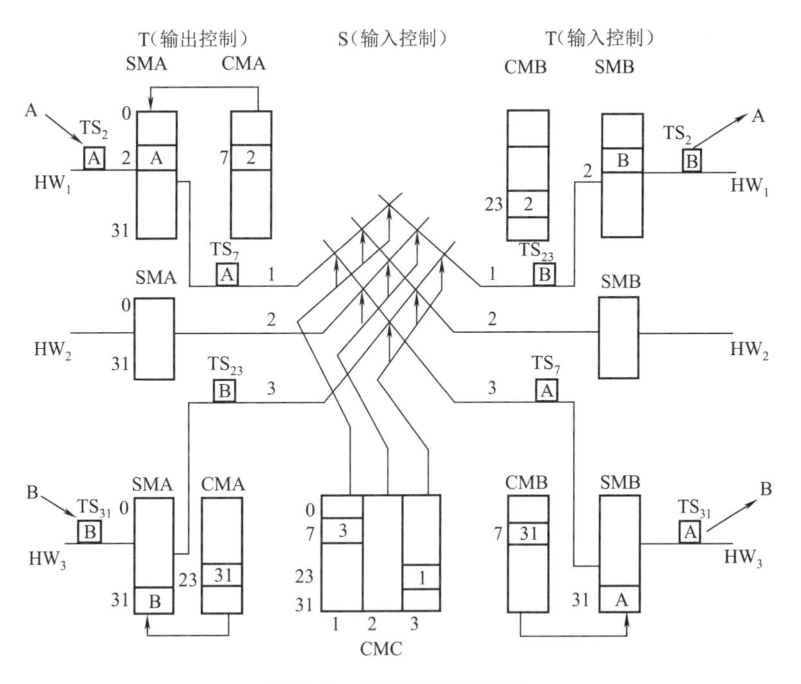

图 4-3 TST 形网络结构

各级的分工及工作方式如下：

(1)A 级 T 形接线器负责输入母线的时隙交换，输出控制。

(2)S 级接线器负责母线之间的空间交换,输入控制。

(3)B 级 T 形接线器负责输出母线的时隙交换,输入控制。

因此 3 条输入母线就需要有 3 个 A 级 T 形接线器;3 条输出母线需要 3 个 B 级 T 形接线器;而负责母线交换的 S 形接线器矩阵就必须是 3×3,因此也有 3 个控制存储器。

这里着重指出的是两级 T 形接线器的工作方式必须不同,这样有利于控制。而哪个是输入控制,哪个是输出控制都可以。图 4-3 中的 S 接线器用什么方式控制均可,在此例中采用的是输入控制方式。

假定 A 话音占用 HW_1 母线的 TS_2,B 话音占用 HW_3 母线的 TS_{31}。下面首先讨论用户 A 的话音是如何送到用户 B 的。

CPU 在存储器中找到一条空闲路由,即交换网络中的一个空闲内部时隙,假设此空闲内部时隙为 7。这时 CPU 在 3 个控制存储器内分别设置相应内容如下:

(1)HW_1 的 CMA 的 7 号单元送“2”,以实现时隙 2 到时隙 7 的交换。

(2)HW_2 的 CMB 的 7 号单元送“31”,以实现时隙 7 到时隙 31 的交换。

(3)1 号 CMC 的 7 号单元送“3”,以实现 1 号输入线到 3 号输出线的交换。

根据以上控制存储器的内容,即可正确实现交换。第一步,在 A 级 T 形接线器上实现时分交换,SMA 按顺序写入;在 TS_2 时将 A 的话音信号写入到 HW_1 的 SMA 的 2 号单元中;在 TS_7 时,顺序读出 CMA 的 7 号单元内容为“2”,作为 SMA 的读出地址。于是就把原来在 TS_2 的 A 话音信号转换到了 TS_7。第二步,由 S 接线器实现空分交换,1 号 CMC 读出时,控制 1 号输入线和 3 号输出线接通,这样就可以把 A 话音信号送至 B 级 T 形接线器。第三步,由 B 级 T 形接线器实现时分交换,将内部时隙的话音交换到输出母线上的输出时隙上,3 号线上的 SMB 在 CMB 的控制下将 TS_7 中的 S 话音信号写入到 31 号单元中,在 SMB 顺序读出时,TS_{31} 读出 A 话音信号并送给 B。

交换网络还必须建立双向通路,即除了 A→B 方向之外,还要建立 B→A 方向的路由。B→A 方向的路由选择通常采用“反向法”,即两个方向相差半帧。本例中一帧为 32 个时隙,半帧即为 16 个时隙,A→B 方向选定 TS_7,则 B→A 方向就选定了 TS_{23}($16+7=23$)。

这样做使得 CPU 可以一次选择两个方向的路由,避免了 CPU 的二次路由选择,从而减轻了 CPU 的负担。

B→A 方向话音传输与 A→B 方向相似,只是内部时隙改为 TS_{23}。在话终拆线时,CPU 只要把控制存储器相应单元的内容清除即可。

4.2.2 STS 形交换网络

STS 形网络结构示意图如图 4-4 所示,其工作原理如下:

设图中的 A 级 S 形接线器(SA)为输出控制,B 级 S 形接线器(SB)为输入控制;A 级和 B 级 S 形接线器共用一个控制存储器,即每条内部链路由一个控制存储器控制;T 形接线器为输出控制方式。

假定 A 信号占用 HW_1 的 TS_2,B 信号占用 HW_3 的 TS_{31}。CPU 要选择空闲路由,这时要选择的是空闲链路,即空闲的 T 形接线器。假设选定 SM_3,则 CPU 便在 CMT_3 的 2 号单元写入“31”,31 号单元写入“2”。由于 CPU 已选定 3 号内部链路,因此 CPU 也必须向 3 号控制存

储器 CMS_3 写入控制信息;2 号单元写入“1”,31 号单元写入“3”。

话音传送的过程如下:

(1) TS_2 时,在 CMS_3 的控制下,两个 A 点接通,即:

SA:1 号入线和 3 号链路接通;

SB:3 号链路和 1 号出线接通。

在定时信息控制下,在 TS_2 内将 3 号链路话音写到 SM_3 的 2 号单元(A),同时通过 CMT_3 读 31 号单元的内容(B)。

(2)在 TS_{31} 时,两个 S 接线器的 B 点接通,即:

SA:3 号入线和 3 号链路接通;

SB:3 号链路和 3 号出线接通。

同样在 CMT_3 的控制下,将 SM_3 中 2 号单元的 A 话音信号通过 B 点,并在 TS_{31} 送给 B。在输入端,B 信号在 TS_{31} 通过 B 点,并顺序写入 SM_3 的 31 号单元。

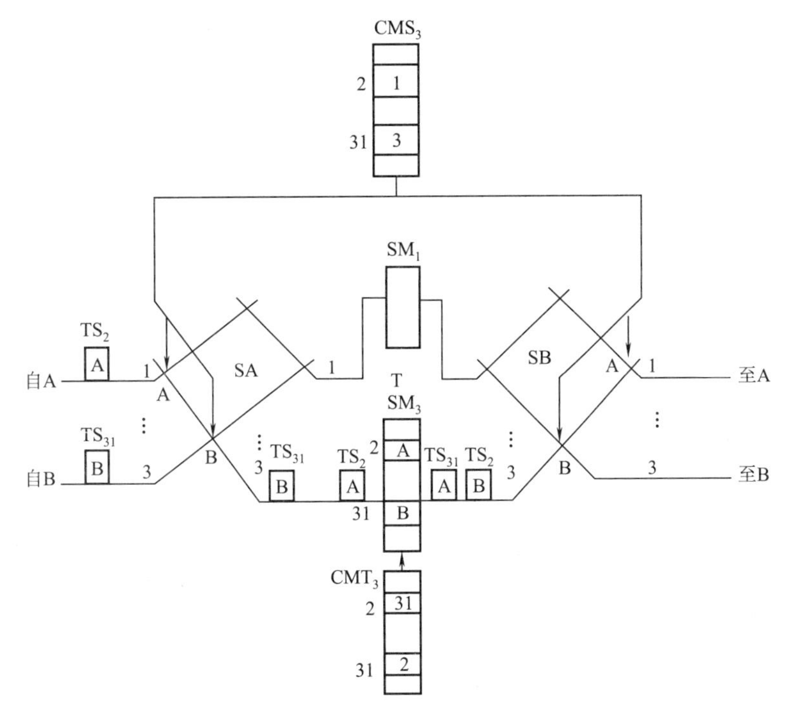

图 4-4 STS 形网络结构示意图

以上过程循环往复,直至通话结束。

其他类型的交换网络,如 TSST、TSSST、TSSSST、SSTSS 等网络都是以 TST 和 STS 网络为基础的,它们的工作原理类似。

4.2.3 串/并变换原理及其应用

在经济技术条件许可的情况下,一般都尽可能地提高进入交换网络的时分复用线的复用度,以扩大交换网络的容量,提高 T 形和 S 形接线器的效率。

假设串/并变换电路的输入端接的是 8 条母线，所需的定时脉冲和位脉冲如图 4-5 所示。

从图 4-5 中可知，CP 的脉冲和间隔宽度均为 244 ns，和 32 路 PCM 每时隙的一位脉冲宽度相同(488 ns)。这样定时脉冲 $A_0 \sim A_7$的不同组合就各占 488 ns。而位脉冲 $TD_0 \sim TD_7$的脉冲宽度为 488 ns，然后间隔 7 个脉冲宽度，因此它标志了每一个时隙中的某一位。

串/并变换电路的变换波形如图 4-6 所示，其电路的功能框图如图 4-7 所示。图中移位寄存器是 8 位串入并出移位寄存器，它在 CP 控制下将每个时隙中的 8 位串行码变成 8 位并行码。因此，移位寄存器的输出端有 $D_0 \sim D_7$，共 8 条线。但是，在移位寄存器输出端 $D_0 \sim D_7$的 8 位码不是同时出现的，而是在 CP 控制下一位一位出现的。因此，在下一级加一个锁存器，由$\overline{CP} \wedge TD_7$控制。也就是说，在时隙最后一位($D_7$)的 CP 后半周期($\overline{CP}$)时才把已经变换就绪的 8 位并行码送入锁存器。

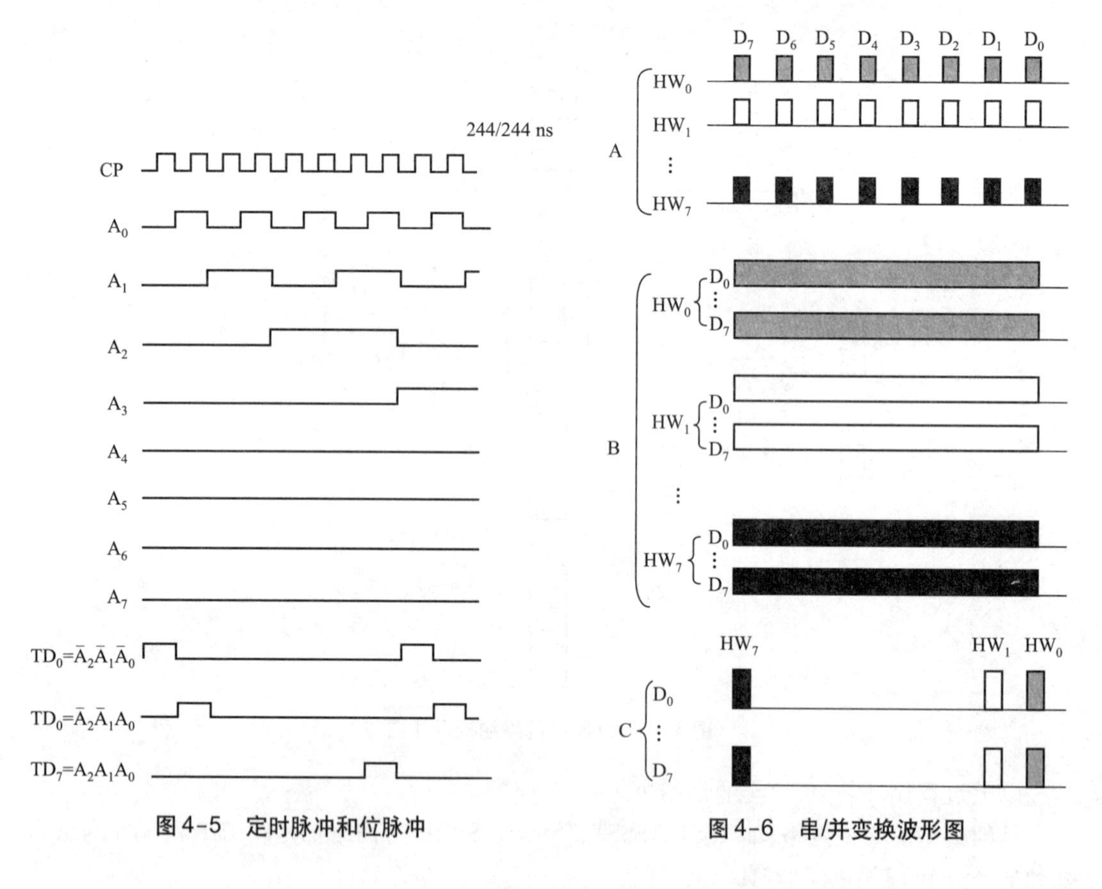

图 4-5　定时脉冲和位脉冲

图 4-6　串/并变换波形图

锁存器中的数据和输入端串行脉冲的数据在时间上已经延迟了一个时隙。当下一个 CP 脉冲到来时，8 位并行码即可经 8-1 电子选择器输出送至话音存储器。8-1 选择器的功能是把 8 个 HW 的 8 位并行码按一定次序进行排列、合并。图 4-8 所示为串/并变换电路的输入/输出端波形图。

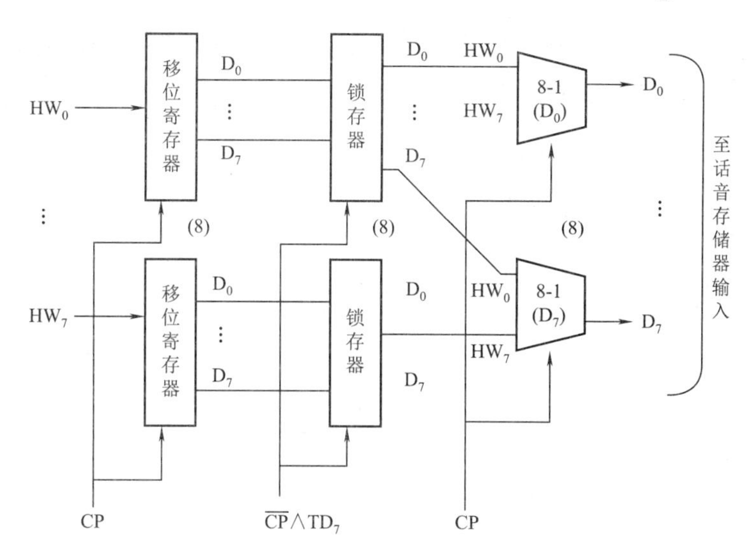

图 4-7　串/并变换电路的功能框图

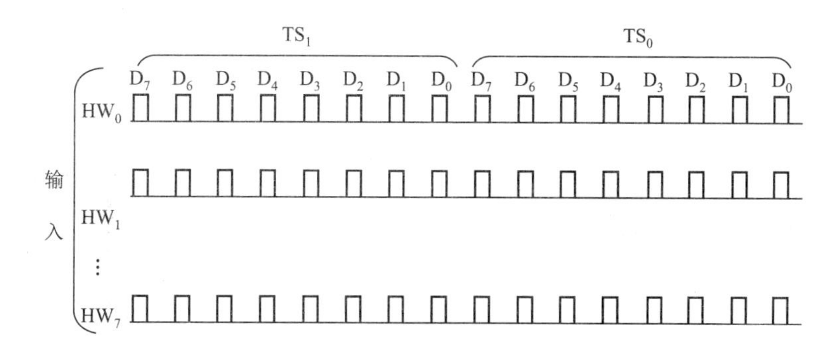

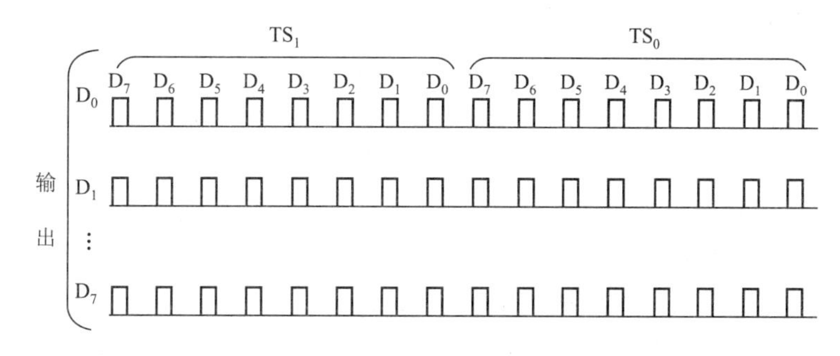

图 4-8　串/并变换电路的输入/输出信息波形图

图 4-9 所示为并/串变换电路的功能框图。并/串变换电路由锁存器和“并入串出”8 位移位寄存器组成。

在位脉冲 $TD_0 \sim TD_7$的控制下，可以将 8 个 HW 的 $D_0 \sim D_7$分别写入到锁存器 0～7。即 HW_0的 $D_0 \sim D_7$写入锁存器 0，HW1 的 $D_0 \sim D_7$写入锁存器 1，依次类推。

在下一时隙的 TD_0时，CP 脉冲的前半周期将移位寄存器的置位端 S 置“1”，这时移位寄存器只置位，不移位，于是就将 $D_0 \sim D_7$送入。下一个 CP 到来时，$TD_0 = 0$，因此 S 端为 0，移位寄存器不置位只移位，按 CP 的节拍一位一位往外送出。直到下一时隙的 TD_0 出现时再置位一次，循环下去就可将并行码变换成串行码。

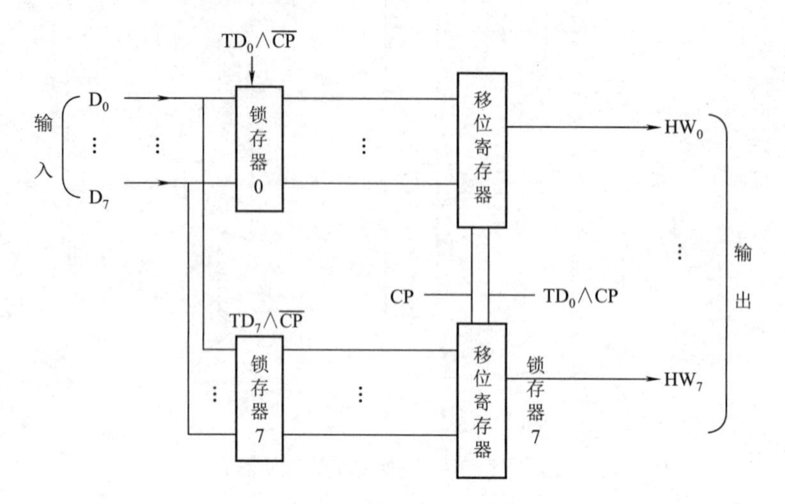

图 4-9　并/串变换电路的功能框图

4.2.4　时分、空分接线器的空分等效

在设计一个程控交换机时，总是要使交换网络的容量满足一定阻塞概率的要求。这里不对这个问题进行详细讨论，只讨论如何将数字交换网络等效到空分网络的形式。以便用传统的话务理论来讨论数字交换网络的话务量和阻塞概率。

由数字交换网络转换为等效空分多级链路系统的关键在于掌握把一个数字时分接线器转换为等效的空分交换网络和把一个空分接线器转换为等效的空分交换网络的方法。

一个具有 N 条入线和 N 条出线，每线有 C 个时隙的空分接线器，它的交叉矩阵为 $N \times N$。由于这个交叉点矩阵是按时分方式工作的，所以一个 $N \times N$ 的 S 接线器实际上相当于 C 个 $N \times N$ 矩阵。这样一个容量为 $N \times N$ 的空分接线器将等效于 $N \times N$ 空分交换网络的 C 倍。

一个具有 C 个时隙的时分接线器，可以把任意一个时隙转换为另外任意一个时隙或不改变时隙。这相当于有 C 条入线和 C 条出线的全利用度线束。因此，一个包含 C 个时隙的时分接线器等效于一个 $C \times C$ 矩阵的空分交换网络。

根据以上空分接线器和时分接线器转换成等效的一般空分交换网络的原理，任何结构的数字交换网络都可以表示成一个与之等效的空分链路系统。下面就以 TST 形网络为例加以说明。如图 4-10 所示为 TST 网络，输入 T 级和输出 T 级各有 32 个接线器，中间 S 级为 32×32 交叉点矩阵。每个 T 接线器的输入时隙为 512，内部时隙也是 512，S 级交叉点的时分复用度也是 512。

图 4-10 可化为等效空分网络，如图 4-11 所示。在等效空分网络中，每个时隙用一条实线表示。按 512 个时隙串行工作的 32×32 空分接线器等效成 512 台 32×32 的等效空分网络，每台相当于一个时隙的 32×32 交换。

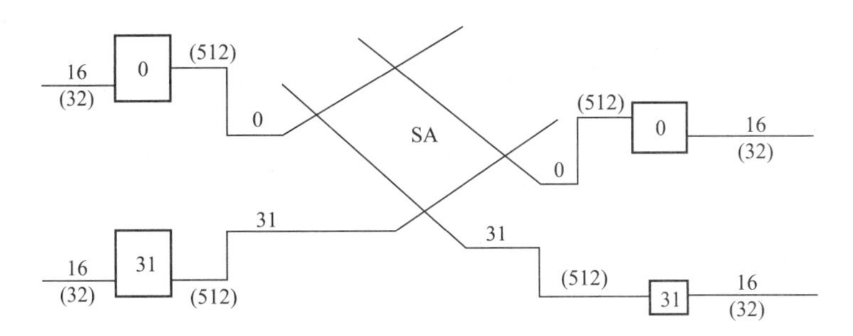

图 4-10 TST 形数字交换网络

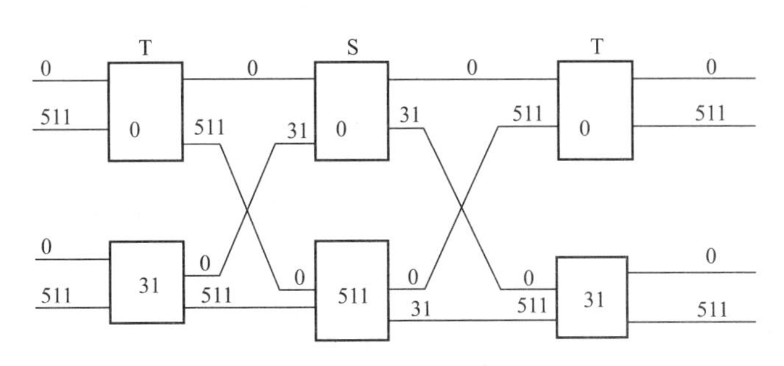

图 4-11 TST 形空分网络

4.3 无阻塞交换网络

无阻塞交换网络是指一个交换网络不会因为内部链路的阻塞而使呼叫损失掉。一般来说,为使交换网络中形成实际上的无阻塞服务等级,交换网就需要有足够的链路数。下面以三级网络为例说明无阻塞的原理。

图 4-12 所示为一个三级无阻塞网络。N 条入线被分为 N/n 组,接到 N/n 个第一级接线器上,每个第一级接线器有 n 条入线。每个第一级接线器都是由 $n\times(2n-1)$ 的阵列构成的。同样,N 条出线也分成 N/n 组并接到 N/n 个第三级接线器上,它们每一个接线器也是由 $(2n-1)\times n$ 的阵列所构成的,至于第二级接线器则一共有 $2n-1$ 个,每个都是由 $(N/n)\times(N/n)$ 的阵列所构成的。各级之间的链路连接方法为:一个第二级接线器的 N/n 条输入线分别接到 N/n 个第一级接线器的一条输出线上,而一个第二级接线器的 N/n 条输出线则分别接到 N/n 个第三级接线器的输入线上。

上述的连接称为链路连接,而由链路连接所构成的网络称为链路系统。这个三级交换网络是无阻塞的。因为即使在最不利的情况下,即有 $n-1$ 个第二级接线器已被某指定的第一级接线器的 $n-1$ 条入线所占用,而另外 $n-1$ 个第二级接线器也已被某个第三级接线器的 $n-1$ 条出线所占用,在该第一级接线器的最后一条入线和该第三级接线器的最后一条出线之间仍然能够建立连接。

由此可见,一个三级链路系统构成无阻塞的条件是第二级接线器的台数 $\geq(2n-1)$。

对于有阻塞的交换网络的计算较为复杂,这里不进行讨论。

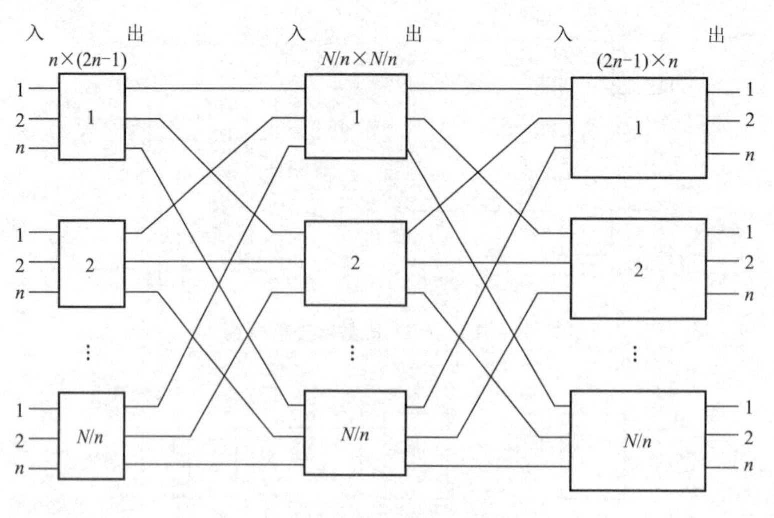

图4-12　三级无阻塞网络

本章小结

（1）交换网络是交换机的核心部件。T形和S形接线器是构成数字交换网络的基本单元，能组成不同类型的各种数字交换网络。

（2）TST和STS是两种最基本的数字交换网络。TST网络的使用更为广泛。

（3）在数字交换网络中使用复用器可以提高交换速度，但复用度太高时，常采用串并变换来扩大交换网络的容量，提高T形和S形接线器的效率。

（4）由数字交换网络转换为等效空分多级链路系统的关键在于掌握把一个数字时分接线器转换为等效的空分交换网络和把一个空分接线器转换为等效的空分交换网络的方法。

思考与练习

一、填空题

1. 数字交换网络包含（　　　　）和（　　　　）。

2. T形接线器的工作方式有（　　　　）和（　　　　）。

3. SM用来暂存（　　　　）。

4. CM用来寄存（　　　　）。

5. 时分接线器无论是哪种工作方式，都是将属于（　　　　）的信码存入到（　　　　）的SM单元中。

6. S形接线器完成（　　　　）之间的信码交换。

7. 采用S形接线器的目的是为了扩大（　　　　）。

8. 所谓输出控制，是指每个控制存储器控制一条同号（　　　　）线上的所有交叉点。

9. 所谓输入控制方式，是指每个控制存储器控制一条（　　　　）线上的所有交叉点。

二、判断题

1. 数字交换网络的基本单元为T形接线器。（　　）
2. 数字交换网络的基本单元为S形接线器。（　　）
3. 数字交换网络的基本单元为S形接线器和T形接线器。（　　）
4. 时分接线器的功能是完成不同PCM复用线上各时隙间信息的交换。（　　）
5. 话音存储器也称为“地址存储器”。（　　）
6. 控制存储器也称为“缓冲存储器”。（　　）
7. T形接线器由控制存储器和交叉矩阵组成。（　　）
8. S形接线器由SM和CM组成。（　　）
9. 控制存储器组的每一行代表一个控制存储器。（　　）
10. 交换网络的阻塞率是指呼叫不通的概率。（　　）

三、选择题

1. PCM信号属于（　　）。
   A. 抽样信号　　B. 模拟信号
   C. 滤波信号　　D. 数字信号
2. 以下（　　）组合属于数字交换网络。
   A. TST　　B. TTS　　C. STT　　D. SST
3. 以下（　　）为T形接线器的工作方式。
   A. 顺入控出　　B. 输入控制　　C. 输出控制　　D. 输入/输出控制
4. 以下（　　）为S形接线器的工作方式。
   A. 输入控制　　B. 顺入控出　　C. 控入顺出　　D. 顺入/顺出

四、简答题

1. 数字交换网络分为几种？
2. T形接线器有哪几种工作方式？功能是什么？
3. S形接线器有哪几种工作方式？功能是什么？

五、分析题

1. 某一T形接线器共需进行256时隙的交换，现要进行$TS_{16} \rightarrow TS_{225}$的信息交换，试在图4-13中的相应单元内填上相应内容，并说明其工作过程（分“顺入控出”和“控入顺出”两种工作方式）。

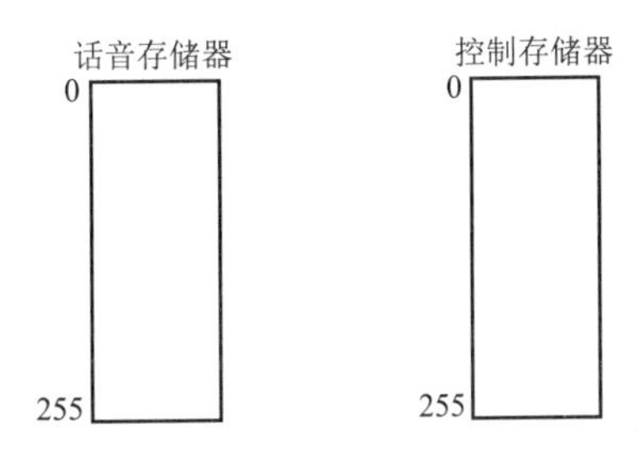

图4-13　分析题第1题图示

2. 有一空间接线器，如图 4–14 所示，有 8 条输入母线和 8 条输出母线，每条母线有 256 个时隙，要求在时隙 7 接通 A 点，时隙 30 接通 B 点，时隙 150 接通 C 点，试在控制存储器相应单元添上相应内容。

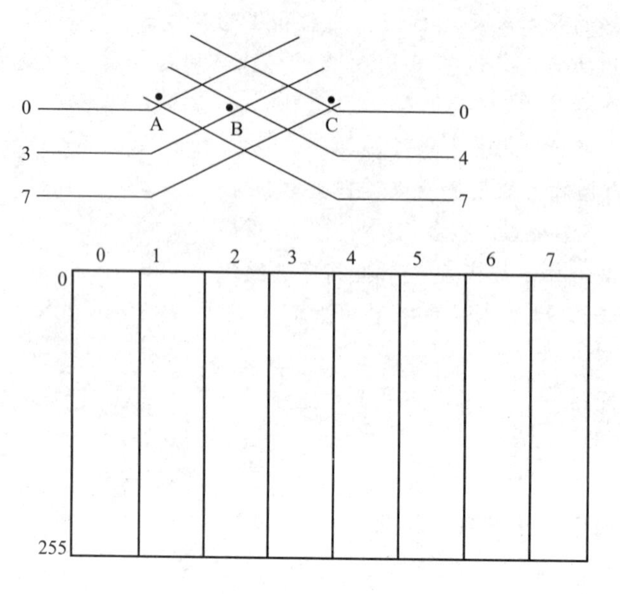

图 4–14　分析题第 2 题图示

3. 在图 4–5 中，根据 $A_0 \sim A_7$ 可以确定什么？

4. 图 4–4 中，交叉矩阵为输出控制方式，若要变为输入控制方式，应如何改动？

5. 有一 T 接线器如图 4–15 所示，设话音存储器有 512 个单元，现要进行时隙 TS_5、TS_{20}。试在问号处填入适当数字（分输入控制和输出控制两种情况进行）。

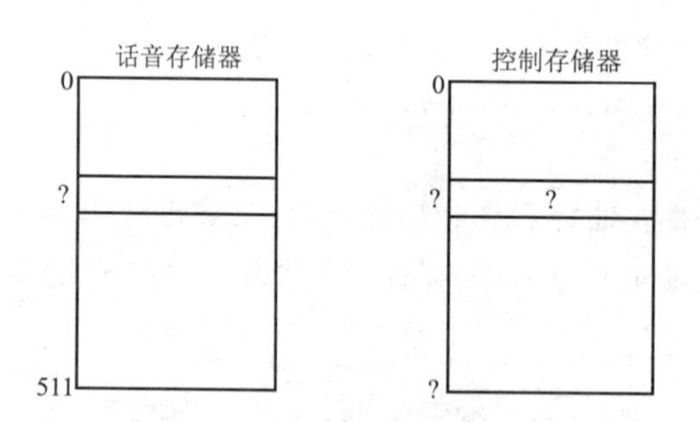

图 4–15　分析题第 5 题图示

6. 某 TST 网络有 3 条输入母线和 3 条输出母线，每条母线有 1 024 个时隙，现要进行以下交换：输入母线 3 的 TS_{12}→内部 TS_{38}→输出母线 1 的 TS_5，试画出网络构造图并回答以下问题：

（1）SMA、SMB、CMA、CMB、CMC 各需多少单元？

（2）按以下两种情况分别写出上述存储器中各单元应填上什么内容？

SMA	SMB	S 接线器
输入控制	输出控制	输入控制
输出控制	输入控制	输出控制

(3)用反向法求出反向情况下各存储器的内容。

7. 某 STS 网络有 3 条输入母线和 3 条输出母线，每条母线有 512 个时隙，现要进行输入母线 3 的 TS_{12} 与输出母线 1 的 TS_5 的信息交换，试画出网络构造图并完成相关存储器的内容填写（输入级 S 采用"输入控制"方式，T 采用"输入控制"方式）。

第5章 C&C08数字交换机实例

内容提要

- C&C08 交换机的系统性能及特点。
- C&C08 的硬件系统结构,主要介绍了该交换机的硬件系统的模块结构及其各部分功能。
- C&C08 的管理和通信模块(AM/CM),介绍了管理和通信模块的结构和组成。
- C&C08 的交换模块(SM),主要介绍了 SM 的主控单元结构及功能原理,以及 SM 的接口单元结构。
- C&C08 的软件系统,主要介绍了 C&C08 软件系统的组成及其功能。

C&C08 数字交换机为国产大容量数字程控交换机。它是集交换、光通信和计算机网络技术于一体的开放系统平台。C&C08 交换机在标准 10 000 门配置(10 240 用户/1 260 中继)时的 BHCA(忙时呼叫尝试)值可达 110 万次。

C&C08 采用先进的软、硬件技术,完全符合国际电信联盟(ITU)和新国标《邮电部电话交换设备总体技术规范书》的要求,具有丰富的业务提供能力和灵活的组网能力,不仅适用于公共电话交换网(PSTN)的本地网端局、汇接局、长途局等的建设,也可以作为各种专用通信网(如铁路、电力、军队、公安、石油、煤矿)中的各级交换设备。

5.1 C&C08 数字交换机系统的性能及特点

5.1.1 模块化硬件结构

C&C08 数字交换机的硬件系统具有模块化结构。它由 4 个等级组成,最低层是各种电路板;第二层是由若干电路板组成的完成特定功能的功能机框单元层;第三层是由各种功能机框组合构成的各种模块,后者可以独立地实现特定功能;最高层为交换系统,它是由不同模块按需组合而成的,具有丰富的功能和接口。这种模块化的结构提高了交换系统在安装、扩容或增加新设备上的灵活性。

C&C08 数字交换机整个交换系统由一个管理/通信模块(AM/CM)和多个交换模块(SM)组成,如图 5-1 所示。

各 SM 以积木堆砌的方式通过光纤链路(OFL)接口或 E1 接口与 AM/CM 相连,彼此独立,互不影响。AM/CM 完成模块间的通信,具有分布式交换网络,可构成大容量交换系统,整个系统的容量可以从 16 线平滑扩容到 20 万等效用户线。

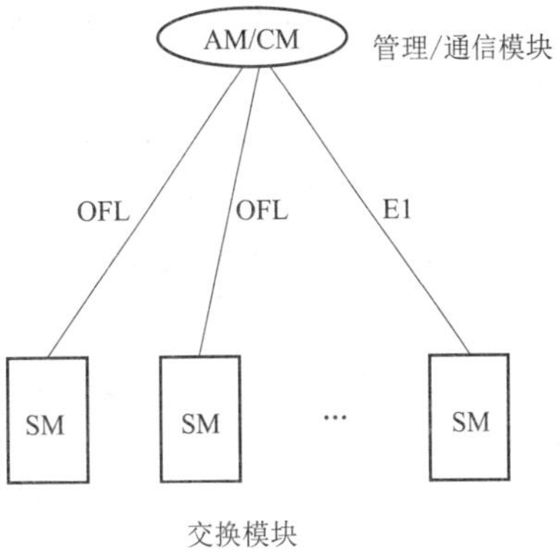

图 5-1 C&C08 数字程控交换系统的系统结构

5.1.2 高可靠性设计

为了提高系统的可靠性,C&C08 在硬件设计、软件设计、系统负荷控制等诸多方面采取了大量的措施,如分布式控制、多处理机冗余技术、软件容错设计、系统负荷分级控制等,根据业界通用做法,采用可靠性预计方法估计,C&C08 的平均无故障运行时间(MTBF)达到 79 955 h(3 331 天),系统年平均中断时间为 3.285 min。

5.1.3 高处理能力

在 C&C08 中,单个 SM 模块的最大忙时试呼次数(BHCA)值达 200 k,整个系统的 BHCA 值达 2 000 k,话务量处理能力为 16 000Erl。

此外,C&C08 的号码存储和分析能力均达到 24 位,可满足各种位长的呼叫对交换机呼叫分析能力的要求。

5.1.4 低功耗特性

C&C08 广泛采用超大规模集成电路技术以及多 CPU 集成技术,用户电路采用智能化的供电技术,通过增加可控智能调节器,使每个用户电路的功率只有 0.35 W,且内发热只有 0.03 W。

综合起来,考虑到公共部件的功耗特性,平均每线用户电路的功率仅为 0.40 W,以一个容量为 4 000 线的交换模块计算,其整机功率(估算)$\leqslant 0.40\ \text{W} \times 4000 = 1.6\ \text{kW}$。

5.1.5 丰富的业务提供能力

C&C08 全面符合《邮电部电话交换设备总技术规范书》及其相关补充规定的技术要求,不仅可以全面提供满足国标规定的 PSTN、ISDN、Centrex 等基本业务、承载业务或补充业务,而且还能为运营商量身定做多种功能和增值业务,如酒店接口功能、Centrex 话务台功能、校园卡业务等。

5.1.6 强大、灵活的组网方式

强大、灵活的组网方式主要体现在以下几方面:

(1)提供 E1、E&M、载波中继等各种数字与模拟中继接口,支持中国一号信令、电话用户部分(TUP)等多种信令,具有强大的组网能力,适用于 PSTN 网络的本地网端局、汇接局、长途局等的建设，也可作为各种专用通信网（如铁路、电力、军队、公安、石油、煤矿等）中的各级交换设备。

（2）提供标准的 V5.1/V5.2 接口，支持多厂家接入网设备的接入。

（3）提供 BRI、PRI、PHI、V.35、V.24 等数字或数据接口，支持 TCP/IP、X.25 等多种信令或协议，可接入分组交换公众数据网（PSPDN）、数字数据网（DDN）、Internet 等数据网络或多媒体通信网络。

（4）提供光纤链路（OFL）、内部数字中继（IDT）、远端数字中继（RDT）等内部数字接口，支持多种远端组网解决方案，用户可根据需要灵活选择远端交换模块（RSM、SMⅡ、RSMⅡ等）、远端用户模块（RSA、RSP 等）等远端组网设备，适用于各种复杂情况下的本地网组网。

5.1.7 维护操作方便实用

C&C08 在设计上采用了人机语言（Man Machine Language，MML）命令行和图形用户界面（Graphic User Interface，GUI）相结合的操作维护系统，提供基于 MML 的业务图形终端，操作可靠，使用直观、方便。

此外，C&C08 还提供通俗易懂、内容翔实的联机帮助系统，使维护人员在操作时更加得心应手，从而可方便地实现数据配置、设备维护、状态跟踪、性能统计、故障监测、用户管理等多种操作维护功能。

5.1.8 支持软件补丁功能

C&C08 支持软件在线打补丁功能。当需要对主机程序进行一些适应性和排错性修改时，可以利用补丁生成工具，将用于修改软件缺陷的一个或多个补丁组织起来，及时生成基于某个软件版本的补丁文件。维护人员只需要执行简单的 MML 命令，就可以将软件补丁在线打入到设备中修改错误，在不影响系统业务的情况下实现对系统的在线升级。

软件补丁不但可以用来解决软件故障，而且可以提供一些新增功能，支持一些新业务。

5.1.9 C&C08 具有无线本地环路

C&C08 提供多种无线接入系统：跨段双工无线集群系统 ETS450/150、同段双工无线集群系统 ETS450、800 MHz 多功能集群通信指挥调度电话系统 ETS800 和基于 DECT（欧洲数字无绳电话系统）技术的数字蜂窝系统 ETS1900。

5.1.10 C&C08 具有 V5 接口

C&C08 交换机与接入网间具有 V5 标准接口。C&C08V5.1 接口支持 2 Mbit/s 速率的接入方式；C&C08V5.2 接口支持 $n \times 2$ Mbit/s（$n = 2 \sim 16$）速率的接入方式。

5.1.11 C&C08 支持 ISDN 业务

C&C08 交换机提供 3 种 ISDN 接口：2B + D 基本速率接口、30B + D 基群速率接口以及分组处理接口。

C&C08 ISDN 支持电路交换和分组交换方式的承载业务，支持 ISDN 的各种补充业务及用户终端业务。它可应用于会议电视、实况转播、桌面会议系统、多用户屏幕共享、快速文件传送、局域网的扩展与互连、因特网的接入、G4 传真机、远程诊断以及作为 DDN 专线的备用等领域。

5.1.12 支持智能网(IN)业务

智能网(IN)是在原有通信网络的基础上为快速提供新业务而设置的附加网络结构。其目的在于使电信经营者能经济有效地提供用户所需的各类电信新业务，使用户对网络有更强的控制能力，灵活方便地获取所需的信息。

C&C08 交换机可兼备智能网业务交换点(SSP)的功能，其软件含有呼叫控制功能(CCF)与业务控制功能(SCF)，可配合业务控制点(SCP)完成业务逻辑的执行。它支持智能网(IN CS-1)的 13 种独立业务构件(SIB)及若干自定义 SIB，含有专用资源功能(SRF，即收号器、通知音、会议桥接电路、语言识别、语言合成、协议转换等)，也可外接 IP。提供过渡阶段非 SSP 接入的汇接电路。

5.1.13 支持商业网业务

C&C08 商业网是基于 ISDN 技术、IN 技术、光通信技术及计算机技术，满足用户对语音、数据、图像通信的需求，从电信网角度解决电信网、计算机网、有线电视网(CATV)三网合一的综合业务网络。

5.1.14 支持用户光纤接入网

接入网(AN)是指交换局到用户终端间的所有机械设备。C&C08 的综合业务用户光纤接入网(HONET)以同步光纤环网为干线，以链状和环状两种组网方式，实现光纤到路边(FTTC)和光纤到大楼(FTTB)的综合业务接入网。HONET 可综合 CATV、双绞铜线和无线本地环路等接入方式，提供电话、高速数据、模拟 CATV、数字图像以及不同应用层次的视像点播(VOD)等综合业务的接入。

5.1.15 专业的网络管理系统

C&C08 电信管理网系统包括交换网网管子系统、传输网网管子系统、接入网网管子系统、移动网网管子系统、信令网网管子系统等一整套专业网管系统，可对网上的各种设备实现故障管理、配置管理、账务管理、性能管理和安全管理等功能。

5.2 C&C08 数字交换机硬件系统结构

C&C08 在硬件上采用模块化的设计思想，整个交换系统由一个管理/通信模块和多个交换模块组成，其体系结构如图 5-2 所示。

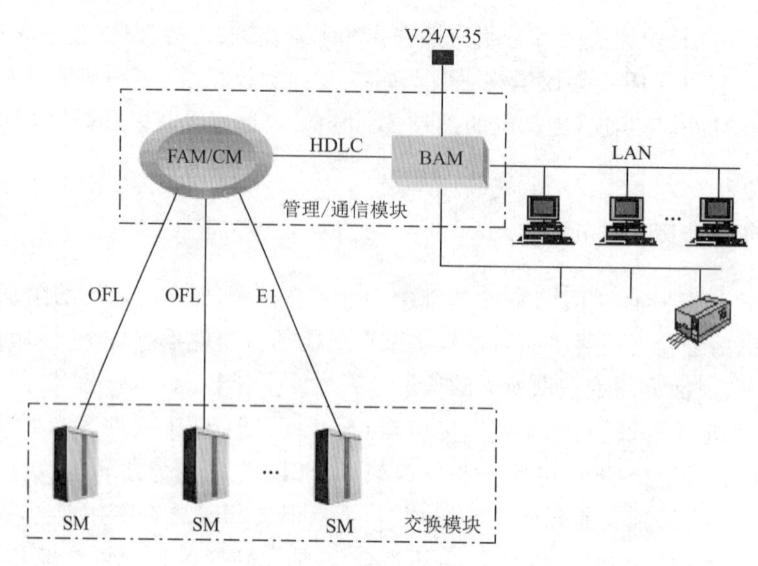

图 5-2　C&C08 的硬件体系结构

5.2.1　管理/通信模块

管理/通信模块(AM/CM)是管理模块(AM)、通信模块(CM)的总称,主要完成核心控制与核心交换功能,是 C&C08 的枢纽部件。此外,AM/CM 还提供交换机主机系统与外部计算机网络的接口,在终端操作维护及管理(OAM)软件的支持下,完成对交换机的操作、维护、管理、计费、告警、网管等功能。

(1)管理模块由前管理模块(FAM)和后管理模块(BAM)两部分组成,主要负责模块间呼叫的接续管理与控制,并提供交换机主机系统与外部计算机网络的接口。

①前管理模块:负责整个交换系统模块间呼叫接续的管理与控制,完成模块间信令转发、内部路由选择等功能,并负责处理网管数据传输、话务统计、计费数据收集、告警信息处理等与实时性较强的管理任务。FAM 在硬件上与 CM 结合在一起,合称为 FAM/CM。FAM 面向用户,提供业务接口,完成交换的实时控制与管理,也称主机系统。

②后管理模块:负责提供交换机主机系统与外部计算机网络的接口,通过安装并运行终端管理软件,完成对交换机的操作、维护、管理、计费、告警、网管等 OAM 功能。BAM 在硬件上为一台工控机或服务器,通过 HDLC 链路与 FAM 相连,通过以太网接口与外部计算机网络相连,是外部计算机网络访问交换机主机系统的通信枢纽。BAM(后台)面向维护者,完成对主机系统的管理与监控,也称终端系统。

(2)通信模块由中心交换网、信令交换网和通信接口组成,主要负责 SM 模块间话路和信令链路的接续,完成核心交换功能。

综上所述,AM/CM 的分层结构如图 5-3 所示。

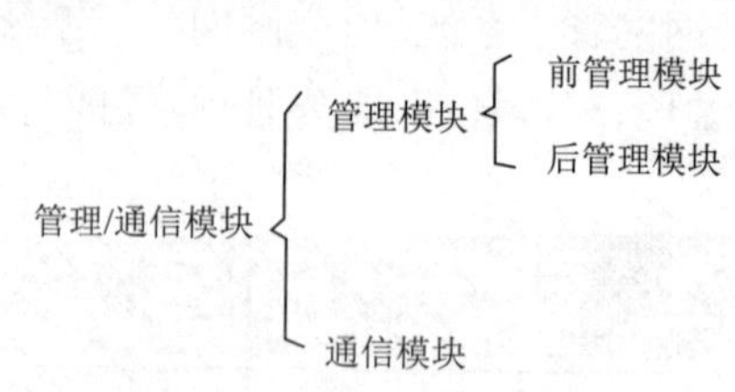

图 5-3　AM/CM 的分层结构

5.2.2　交换模块

交换模块(SM)具有独立交换功能,主要用于实现模块内用户的呼叫及接续的全部功能,并配合 AM/CM 完成模块间的交换功能。SM 在功能上独立于 AM/CM,可提供分散数据库管理、呼叫处理、维护操作等各种功能,是 C&C08 数字程控交换系统的核心部件之一。

在 C&C08 交换机中,90% 的呼叫处理功能和电路维护功能由交换模块完成。在交换机所提供的功能中,用于呼叫处理的功能包括:对呼叫源的描述、信号音发生器以及号码接收与分析、呼叫监视。SM 的终端可以是模拟用户、模拟中继、数字用户和数字中继。SM 中的单 T 交换网可独立完成本模块的交换功能,并能配合 AM/CM 中的中心交换网络完成 SM 间的交换功能。

根据 SM 所处的位置和完成功能的不同,SM 可分为本地(局端)、远端等类型。远端交换模块(RSM)可装于距局端 50 km 的地方。对于一些用户较少的社区,安装 RSM 比新建交换局更经济。局端 SM 与 AM/CM 位于同一处,作为远端模块留在母局内的部分可以为一个或多个远端模块(RSMII、RSA、RSU)提供远端接口。

SM 也可作为独立的交换局使用,它主要由模块通信及控制单元、模块交换网络和接口单元 3 部分组成,如图 5-4 所示。

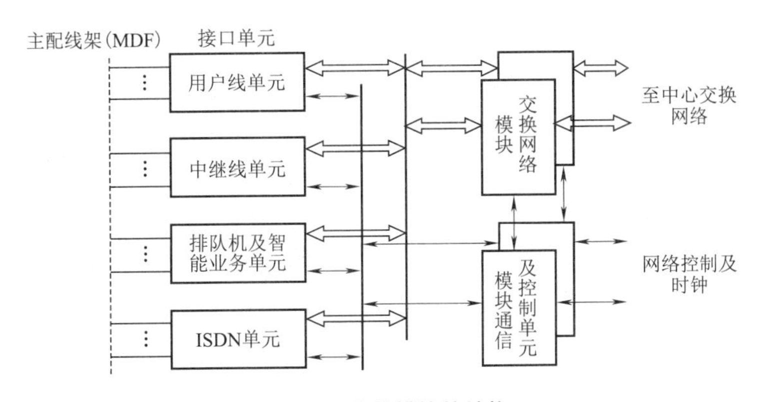

图 5-4　交换模块的结构

1. 通信及控制单元

通信及控制单元主要控制 SM 的运行,具有各种音信号的产生及检测、测试功能和特殊的呼叫处理功能,如对 3 方、60 方通话等业务的控制。

SM 通过两对光纤链路与 AM/CM 相连,完成 SM 与 AM/CM、SM 与 SM 间的通信,同时为与 BAM 之间的维护测试信号提供传输通道。SM 作为独立局使用时,还具有信令及协议处理等局间通信功能。

2. 模块交换网络

模块交换网络可完成本 SM 内部两个用户间的交换,同时还可以和中心交换网络一起实现不同 SM 用户间的交换。

3. 接口单元

不同的接口单元适用于不同的通信业务和终端,包括各类用户线、中继线接口等。

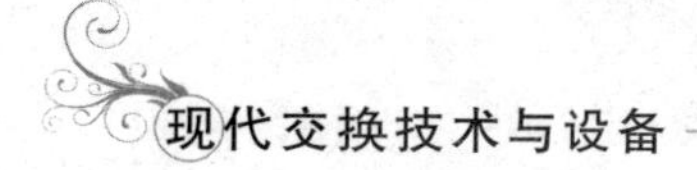

5.3 管理和通信模块的构成

C&C08 数字交换机的管理和通信模块主要由通信与控制单元、中心交换网络单元和光接口单元三大部分组成,如图 5-5 所示。

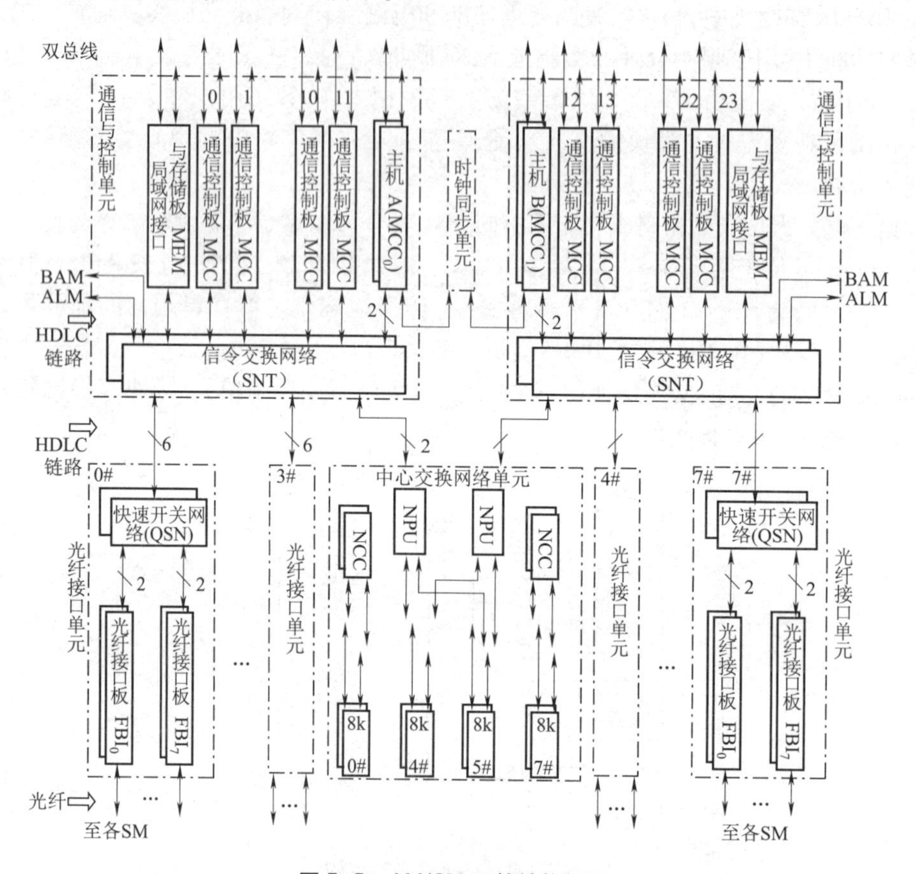

图 5-5　AM/CM 硬件结构框图

5.3.1　通信与控制单元

通信与控制单元主要由通信控制板(MCC)、信令交换板(SNT)和局域网接口与存储板(MEM)等电路板构成,各电路板均采用双备份配置。

MCC_0 和 MCC_1 作为 AM/CM 的主处理机经 SNT 实现对 BAM、时钟同步单元和 ALM 的通信和控制,其余的 MCC 经 SNT 与光纤接口单元配合实现 AM/CM 与 SM 之间的通信。

控制线路采用了 3 种通信方式:

(1)所有的 MCC 之间通过邮箱在总线上通信,每个平面的总线为主备两条。

(2)$MCC_{0\sim1}$ 与 ALM、BAM、MCC 与中心交换网络单元、MCC 与各个交换模块之间经信令交换网(SNT)通过 HDLC 高速链路连接。由于 MCC 与各个交换模块之间的连接距离较远,还要通过光纤接口单元由光纤传输。

(3) $MCC_{0\sim1}$与时钟同步单元,ALM与告警箱之间则通过RS422串口传递信息。

1. 模块间的通信

C&C08交换机各模块间相互通信的数据通路由AM/CM中的主机($MCC_{0\sim1}$)及模块通信板(MCC)和SM中的主机(MPU)及模块通信板(MC2)组成。模块间通信的信息主要有:管理数据、呼叫处理信息、维护测试信息、计费和话务统计信息等。

SM中MPU与MC2的通信和AM/CM中$MCC_{0\sim1}$与MCC的通信均是通过双端口RAM(邮箱)进行的,而MC2与MCC的通信及MCC间的相互通信均是通过HDLC进行的。MCC板之间的HDLC可通过直接相连实现,而MC2与MCC之间的连接则需要借助光纤及光纤接口板(OPT/OLE、FBI/FLE)。OPT与OLE、FBI与FLE的功能相同,只是采用的光器件不同,驱动能力不同。

每个SM中有两块MC2板,分别与两块MCC通信,以增强可靠性。两块MCC板以负荷分担方式工作,分工互助。正常工作时,各承担工作量的一半,若有一条链路故障,另一条链路负担全部工作。

2. 信令交换网络

信令交换网络(SNT)用以完成各模块间控制信号和内部信令信息的交换,并为主机向各个模块加载提供通道。SNT是各模块信令交换的中心。通过软件配置,SNT可以灵活地分配各模块间的通信链路,完成各模块的交叉连接。

SNT板的主要功能如下:

(1)完成2 k×2 k时隙的交换及对网的测试。

(2)完成对HW和时钟的驱动。

(3)提供一条与MCC板相连的HDLC链路。

图5-6为SNT与各个部分的连接示意图。

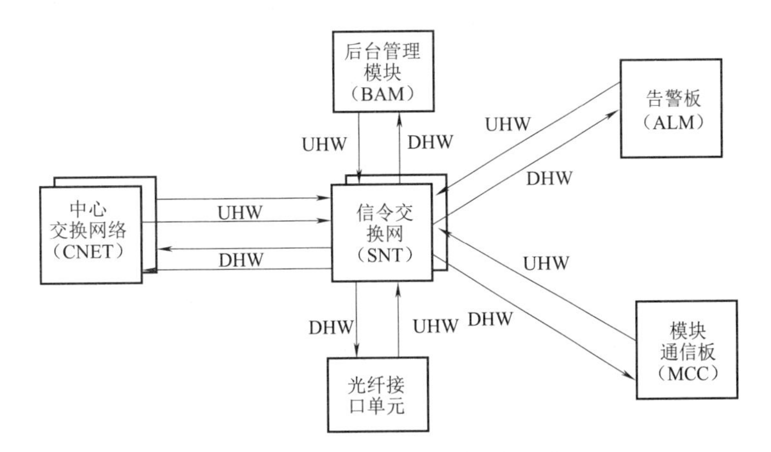

图5-6 SNT与各个部分的连接示意图

5.3.2 中心交换网络单元

中心交换网络单元包括中心交换网络和其控制部分,参见图5-5。中心交换网络单元由8对8 k网板组成。每对8 k网板由主备的两块8 k网板组成。4块中心网络单元通信板

(NCC)和两块中心网络单元控制板(NPU)控制整个交换网络。NCC 板和两块 NPU 板通过总线与 8 k 网板连接。每两块 NCC 板(主备关系)控制 4 块 8 k 网板的接续,并对 8 块 8 k 网板进行监视和倒换控制。两块 NPU 板与所连接的总线一起构成主备控制关系,完成对整个交换网络的时隙分配。NCC 板还担负中心交换网络单元与其他电路及单元之间的通信。

中心交换网络单元主要完成交换模块之间的时分交换。

5.3.3 光纤接口单元

光纤接口单元由快速开关网(QSN)和光纤接口板(FBI)组成。

QSN 是光纤接口单元的主控制板,它通过串口监控 FBI 板,并将这些控制和状态信息通过一个 2 Mbit/s 的 HW 送往通信与控制单元。QSN 具有 3 个功能:

(1)提供 2 k×2 k 的交换网络和两个 RS422 串口。

(2)将 16 条速率为 32 Mbit/s 的 HW 复合成 1 条速率为 512 Mbit/s 的 HW。

(3)将 1 条速率为 512 Mbit/s 的 HW 分解成 16 条速率为 32 Mbit/s 的 HW。

FBI 板提供两路独立的光接口。每路光接口的功能是:将一个 2 Mbit/s 的 HW 上的信令数据与一个 32 Mbit/s 的业务数据以及定时同步码合成为一个 40 Mbit/s 的数据流送至光纤,传送到各个交换模块。同时,将交换模块通过另一根光纤送来的 40 Mbit/s 的数据流分解成一个 2 Mbit/s HW 上的信令数据与一个 32 Mbit/s HW 上的业务数据。

5.4 交换模块的构成

C&C08 数字交换机的交换模块由模块通信及控制单元、模块交换网络和接口单元 3 部分组成。前两部分称为主控单元或主控框。主控单元对于所有的 SM 来讲都是相同的。SM 的主控单元具有分级控制结构,关键部件均采用主备热备份的工作方式,以提高系统的可靠性。

SM 的主控单元主要由主处理机(MPU,简称主机)、模块内部主控制点(NOD,简称主节点)、模块通信板(MC2)、光纤接口板(OPT)、模块内交换网板(NET)、数据存储板(MEM)等构成。各电路均为双备份方式配置。

5.4.1 模块交换网络

C&C08 交换机的 SM 中的模块交换网络是一个由 4 片 2 k×2 k 网络芯片组合而成的 4 k×4 k 网络,其交换速率为 2 Mbit/s,如图 5-7 所示。

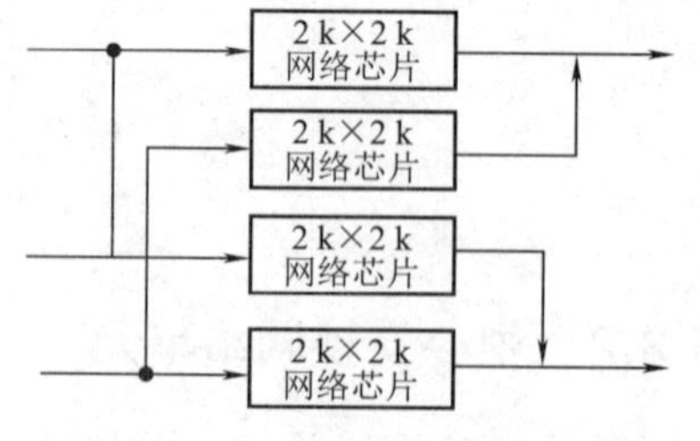

图 5-7　4 k×4 k 模块交换网络

模块交换网络除了完成基本的话音交换功能以外,还支持 64 时隙的会议电话、32 时隙的主叫号码识别显示(包括 CID-I 振铃状态显示主叫号码和 CID-II 通话状态显示主叫号码,并向主叫送呼叫等待音),以及 64 时隙的信号音。模块交换网络结构如图 5-8 所示。

5.4.2 模块通信与控制单元

SM 的模块通信与控制单元主要由 MPU、NOD 和双机倒换板(EMA)3 部分组成。

SM 内采用 3 级控制:MPU,然后是 NOD 和从控制点(CPU)。MPU 是模块内的中央处理机。通过双机热备份工作方式提高系统的可靠性。

EMA 监视主、备 MPU 的工作状态,协调双机数据备份,控制双机倒换,完成模块主处理机的热备份功能。

NOD 是 MPU 与各功能从节点之间的通信桥梁,它转发 MPU 给各从节点的命令,并向 MPU 报从节点的状态。

MPU、NOD 和从控制点之间的关系如图 5-9 所示。

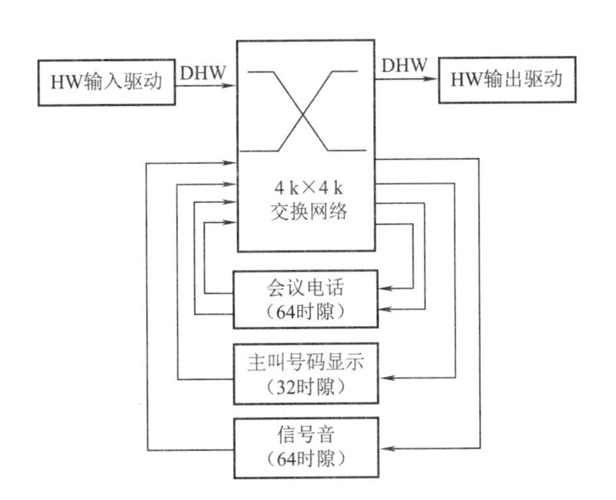

图 5-8 模块交换网络结构

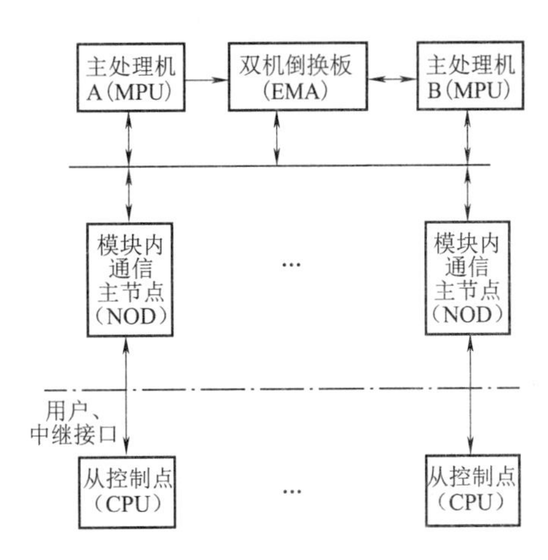

图 5-9 MPU、NOD 和 CPU 之间的关系

5.4.3 模块间的通信

C&C08 交换机各模块之间相互通信的数据通路,由 AM/CM 中的主机($MCC_{0\sim1}$)及其模块通信板(MCC)和 SM 中的 MPU 及其模块通信板(MC2)组成,如图 5-10 所示。

模块间通信的主要信息有:管理数据、呼叫处理信息、维护测试信息、计费和话务统计信息等。

根据不同情况,通信可按不同方式进行:

(1)模块内部主机和其模块通信板之间(如在 AM/CM 中,$MCC_{0\sim1}$ 和 MCC 之间;在 SM 中,MPU 和 MC2 之间)的通信是通过双端口 RAM(邮箱)进行的。

(2)各模块之间(MCC 与 MC2 之间)的通信是采用 HDLC 链路通过光纤和光纤接口进行的。

(3)在 AM/CM 内,MCC 之间的通信是采用 HDLC 链路通过直接连接实现的。

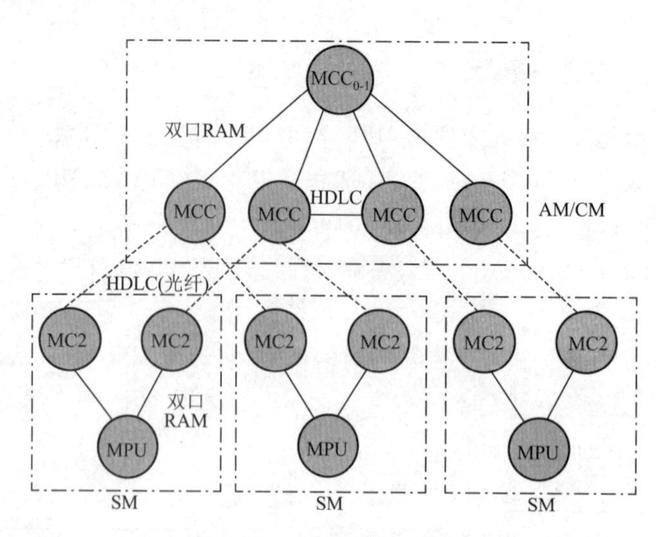

图 5-10　模块间通信示意图

5.4.4　模块接口单元

主控单元配上不同的接口单元构成 C&C08 交换机的不同 SM，提供不同的业务功能：

(1)配上用户线单元可构成用户交换模块(USM)。

(2)配上中继线单元可构成中继交换模块(TSM)。

(3)用户线单元与中继线单元混合配和可构成用户—中继混合交换模块(UTM)。

(4)配上排队机及智能业务单元可构成智能交换模块(ISM)，提供自动呼叫分配服务、语音信箱服务、114 电话号码查询等业务。

(5)配上 ISDN 接口单元可提供 2B + D 数字用户线、30B + D 接口、V5.2 接口、分组处理接口等，实现公众电话交换网(PSTN)与综合业务数字网(ISDN)、接入网(AN)、分组交换公用数据网(PSPDN)等网络的互通。

(6)配上无线设备的用户接口，可提供无线业务。

1. 用户交换模块及接口单元

C&C08 的用户交换模块(USM)为具有独立交换功能的纯用户线接口模块，其结构如图 5-11所示。一个 USM 的用户接口单元由 22 个基本用户单元构成，每个基本用户单元由 19 块用户板组成，模拟用户板(ASL)每板 16 线，数字用户板(DSL)每板 8 线，因此，每个基本用户单元的容量为 304 模拟用户线或 152 数字用户线。而整个 USM 满容量可达 6 688 模拟用户线，共占 4 个标准机柜。

从控制结构来看，USM 的三级分散控制依次由主备方式工作的 MPUA、B→NOD→双音驱动板(DRV)承担。每个基本用户单元由分工互助的两个主节点控制，这两个主节点选自不同的 NOD 板，以提高可靠性。两块 DRV 板同样以分工互助的方式完成基本用户单元的驱动和双音收号功能。如图 5-12 所示，每块 DRV 板有 16 套双音多频(DTMF)收号器。USM 作为纯用户线模块不需要配局间信号处理板(MFC、LAP 等)。

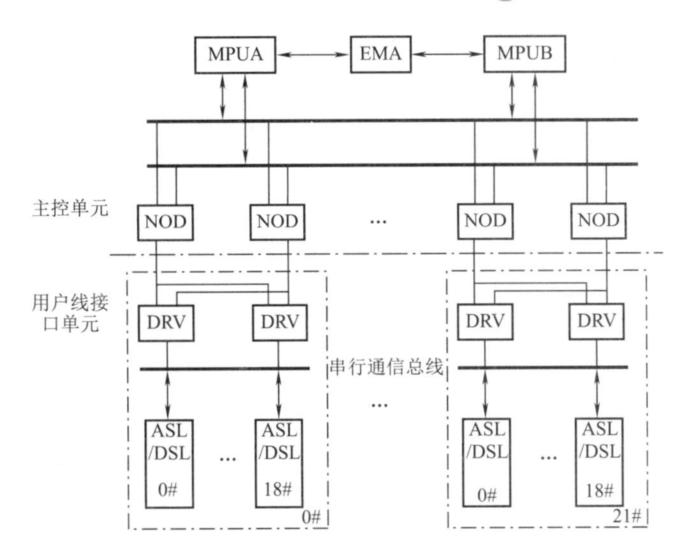

图5-11　用户交换模块(USM)控制结构框图

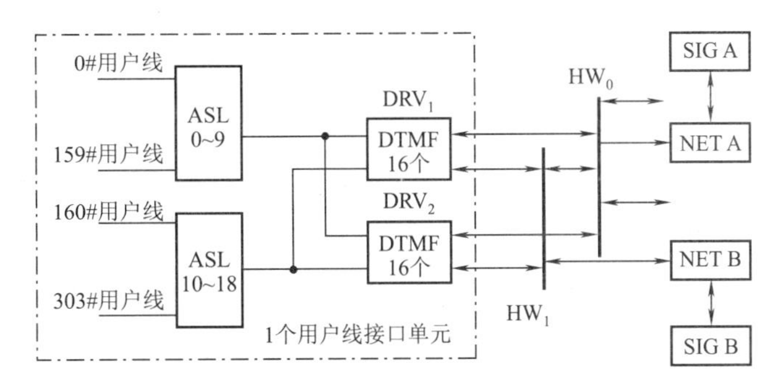

图5-12　基本用户单元

从网络结构来看,模块交换网络(NET)向每个基本用户单元分配两条HW作为时隙交换的通路。NET的HW线还分配给音信号板(SIG)和用户线测试板(TSS),并用于同AM/CM上的中心交换网络(CNET)通信,共同完成模块间信息的交换。每608路用户线需配一块TSS板。

从电路结构来看,USM用户线接口单元由ASL和(或)DSL、DRV以及TSS等基本单元板组成。需要配语音邮箱时,可用语音邮箱接口板(AVM)替换ASL板,每16路AVM占1个ASL板位。

C&C08交换机可以向远端用户提供与近端用户相同的性能和服务,实现的方法有3种,即通过设远端交换模块(RSM)、远端用户模块(RSA)或远端用户单元(RSU)来实现。其中,RSM与USM具有完全相同的结构和配置,只是在RSM与AM/CM通信时要采用远距离光接口板。而RSA是通过PCM复用线拉到远端的用户线接口单元(不含主控单元)的,RSU则只需通过双绞线拉到远端的用户板。

2. 中继交换模块及接口单元

C&C08交换机的中继模块(TSM)为具有独立交换功能的纯中继线接口模块。一个TSM的典型配置为1 440路数字中继(DT),以480路DT为基本容量单元,占半个中继机框(TMB),由 8 块数字中继板(DTM)组成。DTM 每板 60 路 DT,占用 1 个主节点,2 条 HW。

可根据需要配置一定比例的模拟中继(AT),根据交换网络板(NET)HW 线及主节点板(NOD)的数量,每 60 路 DT 可换配 64 路 AT。

C&C08 交换机可提供多种模拟中继接口:环路中继 AT0、实线中继 AT2、载波中继 AT4 及 E/M 中继等。

纯中继交换模块由于不存在用户线接口,因而其主控单元不需要配音信号板(SIG)。此外,根据局间配合采用的信令方式不同,TSM 主控单元可灵活选配 MFC 板或 LAP-NO.7 板。

将 TSM 稍加改动就可以作为纯中继独立局(汇接局)使用。

时钟框是为交换系统提供同步时钟的功能机框,其母板为 C801CKB,包括电源板(PWC)、二级时钟板(CK2)、频路合成板或三级时钟板(CK3)、时钟集中监控板(SLT)。

3. 用户/中继混合交换模块

用户/中继混合交换模块(UTM)是一种具有独立交换功能的用户、中继混装模块,其典型容量为:4 256 用户线 +480 路 DT +64 路 AT。它是由 14 个基本用户单元、1 个数字中继基本单元、1 个模拟中继基本单元和 1 个主控单元组成的,共占 3 个机柜。在该配置下,主控单元需配 9 块 NOD 板,即 36 个主节点,其他配置同 USM 一样。

作为独立局,UTM 的主控单元不需要配模块间通信电路(MC2、OPT)。与 TSM 类似,UTM 加配时钟框(CKB)和简化后的管理模块(SAM)后,可作为用户/中继混装独立局使用。SAM 可单独使用,也可选择配后台终端系统的方式。后台终端系统对交换机的维护分近端和远端两种。

独立局有 3 种典型配置:5 168 路用户线 +480 路 DT +64 路 AT(共 4 个机柜);3 648 路用户线 +480 路 DT +64 路 AT(共 3 个机框);1 824 路用户线 +480 路 DT +64 路 AT(共 2 个机框)。

根据交换网络板(NET)HW 线及主节点板(NOD)的数量,每 60 路 DT 或 64 路 AT 可换配 304 路用户线。

4. 排队机及智能业务模块

C&C08 交换机的排队机与智能业务模块(ISM)主要为电话号码查询系统 114、故障告警申告系统 112、无线寻呼系统 128、信息服务系统 160 等需要人工介入的特种服务系统提供自动呼叫分配(ACD)功能,使中继、座席等资源能够得到高效、充分的利用,也可为 160、166、168 等声讯业务提供自动报音和留言服务,还可以为实现 200 号业务提供大容量的存储空间。

ISM 由主控单元、中继单元、座席接口单元、集中收号单元、语音处理单元(VP)及业务台构成。由于 ISM 一般作为独立局使用,所以应增加时钟同步单元和 SAM,其主控单元不需要配模块间通信电路(MC2、OPT)。OPT 的位置换成配线转换板(HWC),以便将内部 HW 线引出至 VP 台。另外,ISM 通常需要存储板(MEM)。

业务台同样可通过 SAM 或 MEM 上的网卡互连成以太网,也可以通过 ALM 板上的 RS232 串口与其他服务台相连。

5. ISDN 接口单元

C&C08 交换机的突出特点在于它具有丰富的业务接口,如 ISDN 的 2B + D 接口、30B + D 接口,AN 的 V5.2 接口,PSPDN 的 PHI 接口,为各种网的互通和各种业务的接入提供了可能。这些接口的实现在硬件结构上与前面介绍过的用户线接口和中继线接口没有本质区别。2B + D 接口由数字用户板(DSL)提供,而 30B + D 接口、V5.2 接口和 PHI 都是由配专用固件的数字中继板(DTM)和协议处理板(LAP)来实现的。不论主控单元还是接口单元在硬件构成上都无异于 USM 和 TSM,但在软件设计上,主机软件、接口软件及协议处理软件则是截然不同的。如前所述,LAP 板有 2 组 HDLC 链路,每组 4 路 64 kbit/s 的 HDLC 链路,分别由两个通信处理机控制,加载不同的协议处理软件,可分别生成单板。

5.5 C&C08 数字交换机软件系统简介

C&C08 数字交换机的软件系统是按照软件工程的要求设计的。它采用自顶向下和分层模块化的设计方法,实施严格的文档控制,以保证目标软件的可控性。软件系统主要采用 C 语言作为编程语言。

C&C08 的软件系统主要由主机(前台)软件和终端 OAM(后台)软件两大部分构成,其体系结构如图 5-13 所示。

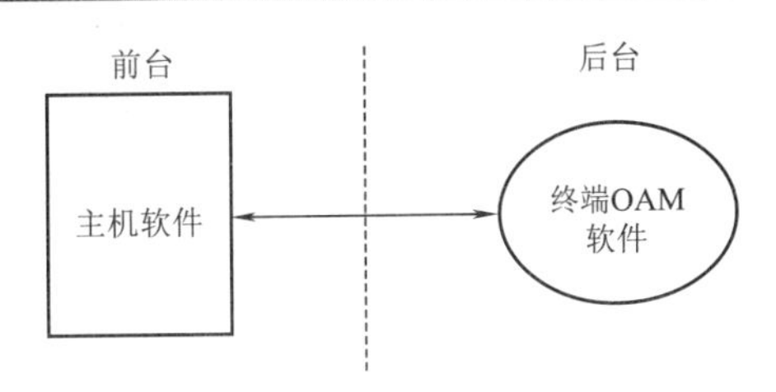

图 5-13 C&C08 的软件体系结构

5.5.1 主机软件

主机软件是指运行于交换机主处理机上的软件,它采用自顶而下和分层模块化的程序设计思想,主要由操作系统、通信处理模块、资源管理模块、呼叫处理模块、信令处理模块、数据库管理模块、维护管理模块等七部分组成。其中,操作系统为主机软件的内核,属系统级程序;其他软件模块则为基于操作系统之上的应用级程序。主机软件的组成如图 5-14 所示。

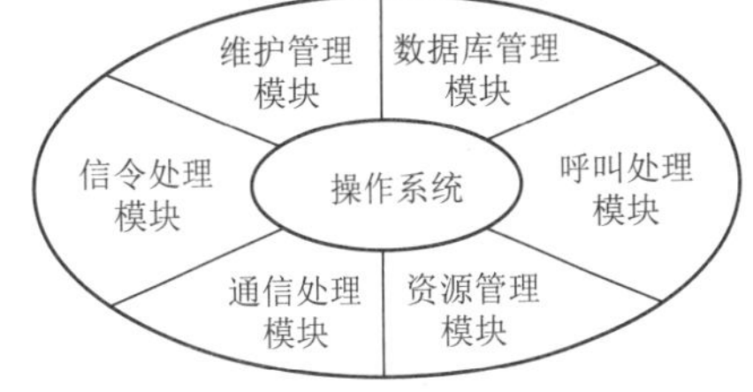

图 5-14 主机软件的组成

若从虚拟机的概念出发,可将 C&C08 的主机软件分为多个级别,较低级别的软件模块同硬件平台相关联,较高级别的软件模块则独立于具体的硬件环境,各软件模块之间的通信由操作系统中的消息包管理程序负责完成。整个主机软件的层次结构如图 5-15 所示。

1. 操作系统

C&C08 的主机软件采用嵌入式实时操作系统,主要执行任务调度、内存管理、中断管理、外设管理、补丁管理、用户接口管理等功能,是各应用级程序正常运行的基础和平台。

2. 通信处理模块

通信处理模块主要完成模块处理机之间及模块处理机同各二级处理机之间的通信处

理功能，如主/备用处理机间的通信、模块间的通信、主/从节点间的通信、前/后台间的通信等。

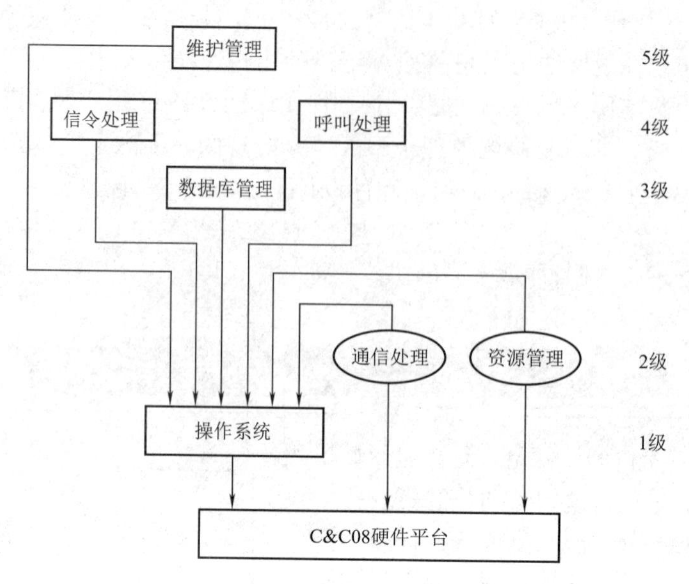

图 5-15　主机软件的层次结构

3. 资源管理模块

资源管理模块主要完成对交换系统中各种硬件资源的初始化、申请、释放、维护和测试等功能，这些资源包括交换网络、信号音、双音多频收号器（DTMF）、多频互控信令（MFC）记发器、会议电话时隙、FSK 数字信号处理器等。

4. 呼叫处理模块

呼叫处理模块是基于操作系统和数据库管理模块之上的一个应用软件系统，它在资源管理模块和信令处理模块的配合下，主要完成号码分析、局内规程控制、被叫信道定位、计费处理等功能。

5. 信令处理模块

信令处理模块主要负责在呼叫接续过程中处理各种信令或协议，包括各种用户-网络接口（UNI）协议和网络-网络接口（NNI）协议，如用户线信令、中国一号信令、No. 7 信令、DSS1 信令、V5 协议等。

信令处理模块配合呼叫处理模块完成各种类型的呼叫的接续控制，是交换系统实现各种通信业务的重要软件基础。

6. 数据库管理模块

数据库管理模块的主要功能如下：

（1）响应呼叫处理模块的数据查询响应呼叫处理模块的数据查询请求，完成呼叫处理过程中对主机数据库所有数据（如设备数据、路由数据、中继数据、用户数据、网管数据以及计费数据等）的检索功能。

（2）响应终端 OAM 软件的数据维护请求，完成对主机数据库所有数据的增加、删除、修改、查询、存储、备份和恢复等维护功能。

7. 维护管理模块

维护管理模块的主要功能如下：

（1）负责监视交换设备的运行状况，及时发现系统的异常或故障现象，并产生告警和故障报告，驱动相应的硬件设备发出可闻、可视信号以警示维护人员；在紧急情况下还可自动执行复位、倒换等操作，以保证系统的安全可靠运行。

（2）执行或响应来自后台（终端 OAM 软件）的操作维护指令或请求，支持维护人员完成系统维护、数据管理、告警管理、测试管理、话单管理、话务统计、环境监控等功能。

5.5.2 终端 OAM 软件

终端 OAM 软件是指运行于 BAM 和工作站上的软件，它与主机软件中的维护管理模块、数据库管理模块等密切配合，主要用于支持维护人员完成对交换设备的数据维护、设备管理、告警管理、测试管理、话单管理、话务统计、服务观察、环境监控等功能。

终端 OAM 软件采用客户机/服务器模型，主要由 BAM 应用程序和终端应用程序两部分组成。其中，BAM 应用程序安装在 BAM 端，是服务器；终端应用程序装在工作站端，是客户机。

1. BAM 应用程序

BAM 应用程序运行于 BAM 上，集通信服务器与数据库服务器于一体，是终端 OAM 软件的核心。

各种操作维护任务均以客户机/服务器方式执行，BAM 应用程序作为服务器，支持远/近维护终端多点同时设置数据以及其他维护操作。BAM 将来自终端的维护操作命令转发到主机，将主机响应信息进行处理并反馈到相应的终端设备上，同时完成主机软件、配置数据、告警信息、话单等的存储和转发，维护人员通过 BAM 的处理，完成与交换机主机的交互操作任务。

BAM 应用程序基于 Windows NT 操作系统，采用 MS SQL Server 为数据库平台，通过多个并列运行的业务进程来实现终端 OAM 软件的主要功能，其与操作系统、数据库平台的层次关系如图 5-16 所示。

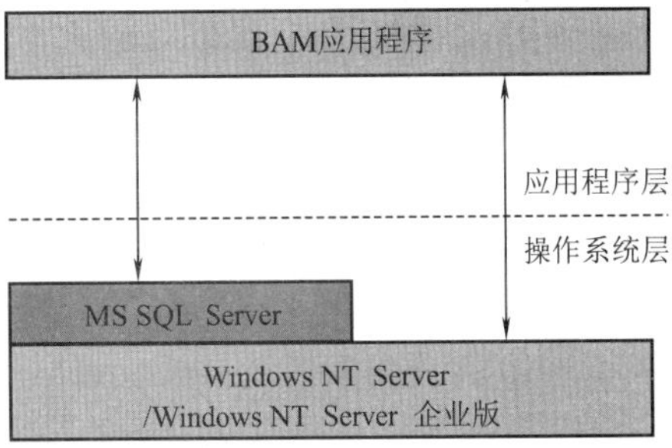

图 5-16 BAM 各软件的层次关系

2. 终端应用程序

终端应用程序运行于工作站上，作为客户机/服务器方式的客户端，与 BAM 连接，提供基于 MML 的业务图形终端，可以实现系统所有的维护功能。

5.5.3 数据库

C&C08 机的数据库采用分布式结构。数据分布在多个模块中，各模块负责维护本模块的数据库，它们具有相对的独立性。多个模块数据库的相互协作共同完成全局数据库的功能。模块数据库由数据库本身、数据库管理系统和应用程序接口组成。

本章小结

(1)C&C08 的硬件系统具有模块结构,包括管理模块、通信模块和交换模块。

(2)管理模块和通信模块在硬件上基本合为一体,合称为管理和通信模块。它主要由通信与控制单元、中心交换网络单元和光接口单元三大部分组成。

(3)交换模块为 C&C08 交换功能实现的主要部分,90% 的呼叫处理功能和电路维护功能由它完成。交换模块主要由通信及控制单元、模块交换网络和接口单元构成。

(4)C&C08 的软件系统由主机(前台)软件和终端 OAM(后台)软件、数据库管理类任务等构成。

思考与练习

一、填空题

1. C&C08 数字交换机可从 256 线平滑扩容到(　　　　)线。
2. C&C08 数字交换机的硬件系统具有(　　　　)结构。
3. C&C08 数字交换机的硬件有(　　　　)个等级组成。
4. C&C08 数字交换机硬件系统最低层是(　　　　)。
5. C&C08 数字交换机的硬件系统最高层为(　　　　)。
6. C&C08 交换机提供(　　　　)种 ISDN 接口。
7. C&C08 数字交换机主要由(　　　　)、(　　　　)和(　　　　)组成。
8. C&C08 交换机管理模块分为(　　　　)和(　　　　)组成。
9. C&C08 交换机光纤接口单元完成(　　　　)。
10. C&C08 数字交换机的软件采用(　　　　)和(　　　　)的设计方法。
11. C&C08 数字交换机软件系统主要采用(　　　　)作为编程语言。
12. C&C08 数字交换机的数据库采用(　　　　)结构。

二、选择题

1. C&C08 交换机的硬件系统由(　　)个等级组成。

A. 4　　B. 5　　C. 6　　D. 7

2. 以下(　　)为 C&C08 交换机的管理模块。

A. CM　　B. AM　　C. FAM　　D. BAM

三、简答题

1. C&C08 交换机有哪些特点?
2. C&C08 交换机的硬件系统分为哪几个模块? 各模块的主要作用分别是什么?
3. 如图 5-5 所示,C&C08 交换机的 AM/CM 模块硬件结构特征有哪些?
4. C&C08 交换机的软件系统由哪几部分组成?

第6章 信令系统

内容提要

- 信令的基本概念及信令分类。
- 用户信令，主要介绍了用户状态信令、地址信令及各种信号音。
- 局间信令，主要介绍了局间线路信令和多频记发器信令。
- 公共信道信令，介绍了随路信令和公共信道信令的优缺点、No.7信令系统的结构、消息传递部分、信令连接控制部分。

6.1 概　述

在通信过程中，要正常完成通信任务，必须有完整的信令系统，信令的技术规程由国际电报电话咨询委员会（CCITT）负责制定。目前CCITT已经建议的信令系统有1、2、3、4、5、5bis、6、7号系统以及R1和R2等。

（1）CCITT No.1信令系统是在国际人工业务中使用的500/20 Hz信令系统。

（2）CCITT No.2信令系统是用于国际半自动业务，允许二线电路的600/750 Hz音频系统。但这个系统在国际业务中从未被使用过。

（3）CCITT No.3信令系统是应用有限的2 280 Hz单音频系统，它只在欧洲和其他几个地方得到有限的使用。新的国际电路都不使用此系统。

（4）CCITT No.4信令系统采用双音频（2 040 Hz +2 400 Hz）组合脉冲方式。它是带内信号，是以端到端方式传送的模拟信号。这个系统没有分开的记发器信令。它原本打算用于卫星电路，但由于地址信息传送较慢，因此在卫星电路上也未能使用。目前在欧洲还有不少地区采用No.4信令系统。

（5）CCITT No.5信令系统用于国际通信，是CCITT于1964年建议的一种模拟式信令系统。它具有分开的线路信令和记发器信令。线路信令是双音频（2 400 Hz +2 600 Hz），带内、组合频率和单一频率的连续信号，并且是逐段转发的。记发器信令是6中取2的多频信号，也是逐段转发的，并且只有前向信号没有后向信号。这个系统适合于3 kHz和4 kHz话路带宽的海底电缆、陆上电缆、微波和卫星电路。

（6）CCITT 5bis系统是作为No.5信令系统的变形而提出的。为了减少拨号后的等待时间,此系统完全按交替方式工作。但由于 No.5 信令系统已为大多数国际电路所采用,具有令人满意的用户国际直拨业务,没有理由用 5bis 系统代替现有的 No.5 系统。因此 5bis 系统没有得到广泛应用。

(7)CCITT No.6 信令系统是一种模拟型公共信道信令系统,后来为了适合数字网的需要,补充了一些数字形式,但仍不能全部适合 ISDN 的要求。尤其在 CCITT No.7 信令系统出现以后,人们愿意采用后者,使得 No.6 信令系统的进一步发展遇到了困难。目前仍有部分地区采用 No.6 信令系统。

(8)CCITT No.7 信令系统是适合通信网最新发展的系统。它有一系列的优点,发展前景也十分看好。本章 6.4 节将专门介绍 No.7 信令系统。

(9)CCITT R1 信令系统实质上是美国贝尔系统的 R1 记发器信号和 SF 线路信号的结合。它是模拟系统,可用于模拟和数字两种通信网。

(10)CCITT R2 信令系统为欧洲采用的 CEPT 的 R2 记发器信令和带外线路信令的结合。线路信令包括模拟和数字两种;记发器信令分前向信号和后向信号两种,均为 6 中取 2 频率。R2 系统应用范围很广,我国的 No.1 信令中的记发器信令就是从 R2 记发器信令沿袭而来的,只不过后向信号采用了 4 中取 2 频率而已。

此外,欧洲一些国家还采用了自己的信令系统。

6.1.1 信令的基本概念

所谓信令是指通信设备接续信号和维持其本身及整个网络正常运行所需要的所有命令。

以打电话为例,简述呼叫过程如下:首先,主叫方(要求通话的一方)拿起话筒,话机把摘机信号发给市交换局,交换局收到摘机信令后,先检查主叫方的类别(号盘话机、DTMF 话机、一般分机、投币电话、用户小交换机等),然后寻找空闲收号器和空闲链路(链路就是信号的通路),占用并接续后,向主叫方发出拨号提示音,交换机进入输入监视,准备收号状态,否则发出忙音信号。主叫方听到拨号提示音后开始拨号,交换机收到第一位号码后停发拨号音,并对首位号码进行号码分析,确定呼叫类型(本局呼叫、出局呼叫、长途或特服呼叫等);检查用户的权限级别(用户有权出局呼叫的范围,分为只允许内部呼叫不允许出局呼叫,只允许本地网呼叫、国内长途呼叫以及国内、国际长途呼叫等)及呼叫是否允许接通;同时对号码进行按位存储,并进行“已收位”与“应收位”的对比计数。交换机收号完成后,发出查询线路是否有空闲链路的信号,如果线路无空闲链路,交换局向主叫方发出忙音信号,如果线路有空闲链路,交换局向线路发出占用信号,链路占用成功后,完成路由(从信源即主叫方到信宿即被叫方的所有链路)选择。交换机检查被叫方的忙闲状态,如果被叫方忙,向主叫方发出忙音信号;如果被叫方空闲,向被叫方发出振铃信号,向主叫方发出回铃信号,同时监控主、被叫方的状态变化。被叫方摘机后,停发振铃信号和回铃信号,交换机建立主、被叫方的通话路由,通话开始,交换机启动计费设备,开始计费,同时监控主、被叫方的状态变化。通话结束时,主叫方或被叫方放下话筒,发出挂机信号。交换局根据其中一方的挂机信号,向线路发出拆线信号,释放路由,并向另一方发出忙音信号。

在上述的呼叫过程中,从主叫方摘机到通话结束后所发出的各种信号就是信令。该呼叫过程可以用呼叫处理状态转换图来表示，如图 6-1 所示。其中，各图形符号的含义如图 6-2 所示。

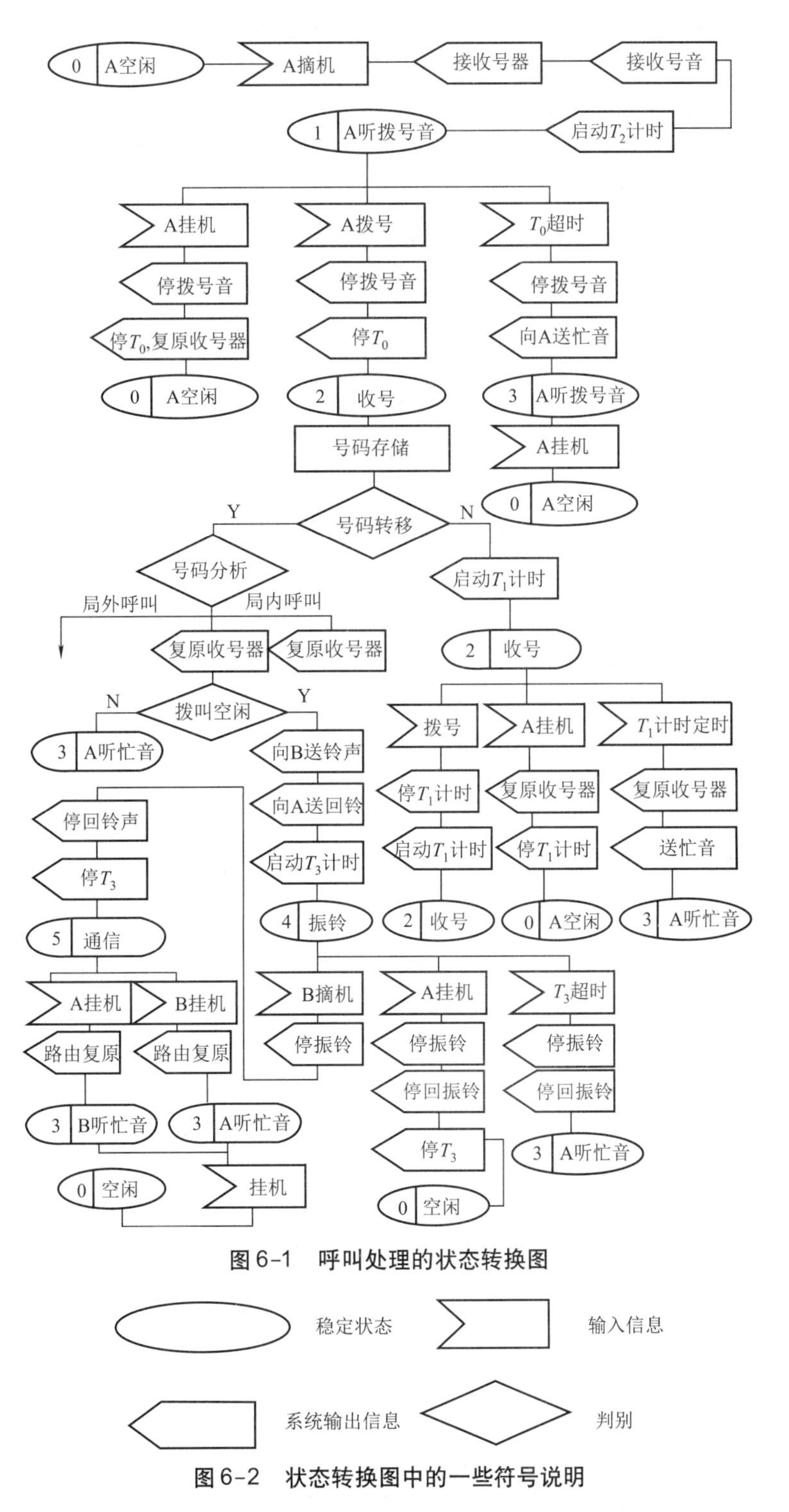

图 6-1　呼叫处理的状态转换图

图 6-2　状态转换图中的一些符号说明

作为信令，要满足以下要求：

(1)能提供通信设备完成通信任务所需要的所有信息。

(2)适应各种通信设备，使不同的通信设备相互配合工作。

(3)信令传输迅速且稳定可靠。

(4)信令与传送的信息相互独立，互不影响。

(5)信令设备简单。

(6)适合通信网发展的要求。

图6-3所示为链路与路由的关系，从图中可以看出该路由是3条链路组成的。链路不一定连接通信的两个终端，而路由包含了连接两个通信终端的所有通路。

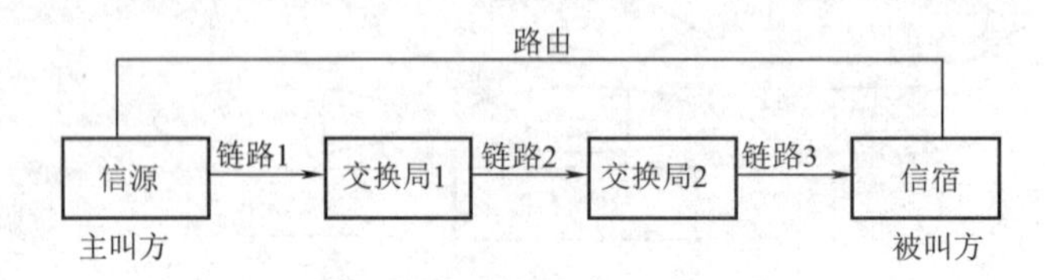

图6-3　链路与路由的关系

6.1.2　信令的分类

1. 随路信令和公共信道信令

随路信令就是在同一信道与话音信号一起传送的信令。步进制、纵横制及空分交换机采用随路信令。随路信令方式如图6-4所示。

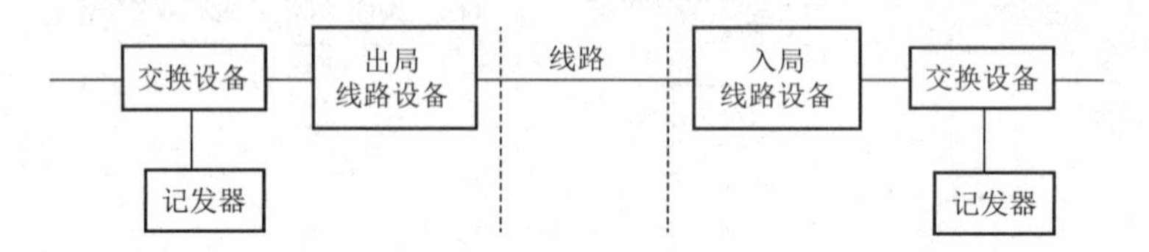

图6-4　随路信令方式示意图

公共信道信令是将话音信号与信令分开，用专门的信道传输的信令，如图6-5所示。

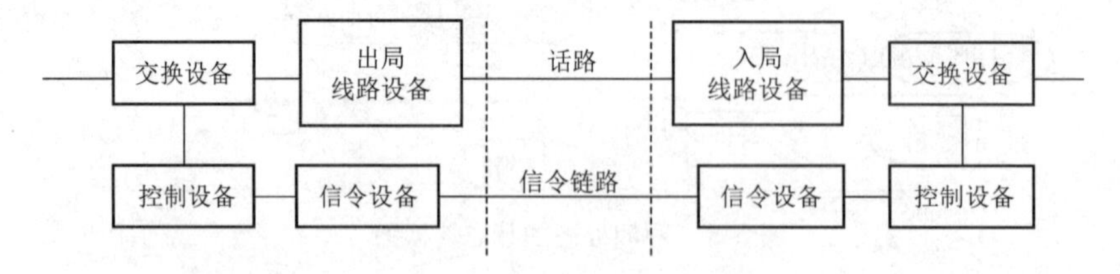

图6-5　公共信道信令方式示意图

2. 用户信令和局间信令

用户信令是用户话机与交换局之间传送的信令。用户信令包括用户状态信号和拨号信号，用户状态信号包含摘机和挂机信号，由话机叉簧产生，完成接通和切断用户线上的直流回路，向交换局传送摘机和挂机信息。拨号是主叫方选择被叫话机的过程，电话号码就是选择信令,也称地址信令。

局间信令是交换局之间、交换局与中继设备之间传递的信令,用来控制呼叫的接续和拆线,提供计费信息。

3. 前向信令和后向信令

前向信令是由发端局(主叫用户一侧的交换局)记发器或出中继电路发送和由终端局(被叫用户一侧的交换局)记发器或入中继电路接收的信令;后向信令则是向相反方向传送的信令。

4. 带内信令和带外信令

通过载波电路传送的信令可以在通路频带(300 ~ 3 400 Hz)范围内传送,也可以在通路频带范围外传送。前者叫作带内信令,后者叫作带外信令。与带外信令相比,带内信令可以利用话音频带。话音频带具有传送信令容量大,可以传送具有较高抗干扰性和速度较快的多频码等优点;缺点是和话音信号占用同一频带,易受话音信号干扰,且在通话期间不能传送。

5. 模拟信令和数字信令

模拟信令是将信令按模拟方式传送,它适用于模拟通路;数字信令是按数字方式编码的信令,它适合在数字媒介上传送。

6. 线路信令和记发器信令

线路信令和记发器信令都是局间信令。在线路设备间传送的信令叫作线路信令。记发器信令由记发器发送和接收,参见图 6-4。

6.2 用户信令

6.2.1 用户状态信令

用户状态信令是表示用户忙、闲两种工作状态的信令,由用户的叉簧或免提产生,其功能是接续或切断用户线直流回路。一般交换机将用户话机的直流馈电电流规定在 18 ~ 50 mA之间,所以用户摘机信号应该从无直流电流到有上述直流电流的变化。相反,用户挂机信号应该是从有上述直流电流至无直流电流之间的变化。

6.2.2 地址信令

地址信令发出的拨号信号,号盘话机发出的用户信号都是直流脉冲,即用户线直流回路断开的时间间隔(断)。而两个脉冲之间的间隔(脉冲间隔)又是用户线直流回路连通(续)的时间,它有脉冲速度、脉冲断续比和脉冲串间隔 3 个参数。脉冲速度就是拨号盘每秒发出的脉冲个数,对程控交换机规定为每秒 8 ~ 16 个脉冲;脉冲断续比就是上述脉冲宽度(断)和脉冲间隔宽度(续)之间的比值,要求断续比范围为 1∶1 ~ 3∶1;脉冲串间隔指的是两串脉冲(两位号码)之间的间隔,也叫位间隔,用以区别两位号码,一般不小于250 ms。另一种是按键式话机发出的双音频信号,这两个音频信号分别属于低频组和高频组,每组 4 个频率,每位号码在每组中各取其中 1 个频率(4 中取 1)来表示。图 6-6 所示为按键话机键盘示意图。

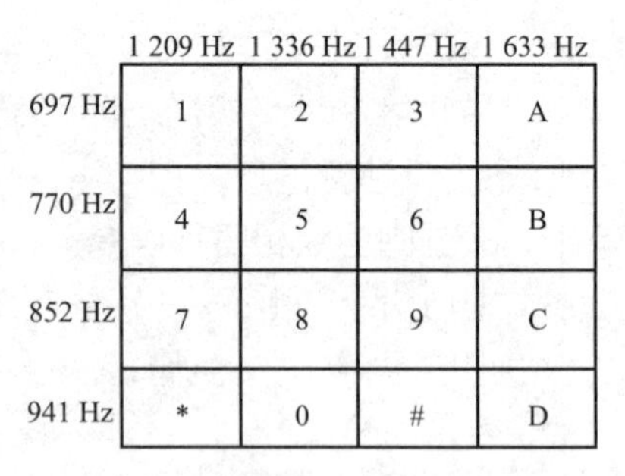

图 6-6　按键话机键盘示意图

6.2.3　各种信号音

铃流和信号音都是由交换局向用户话机发送的信号。各种信号音可以表示接续进行的阶段和动作的请求。各国对此有不同规定,我国规定如下:

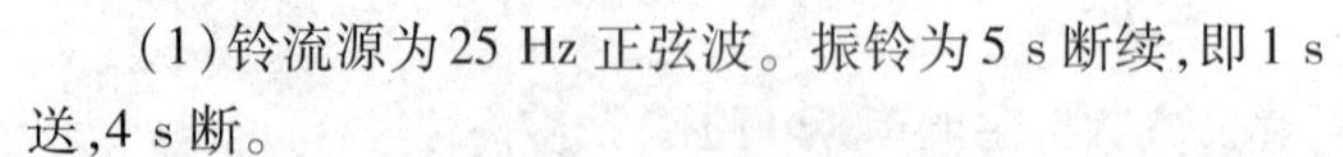

(1) 铃流源为 25 Hz 正弦波。振铃为 5 s 断续,即 1 s 送,4 s 断。

(2) 信号音源为 450 Hz 或 950 Hz 正弦波,需要时还可以有 1 400Hz 信号音源。各种信号音含义及结构如表 6-1 所示。

表 6-1　信号音表

信号音频率	信号音名称	含　义	结　构
450 Hz	拨号音	通知主叫用户可以开始拨号	连续信号音
	特种拨号音	对用户起提示作用的拨号音(例如,提醒用户撤销原来登记的转移呼叫)	400 ms　40 ms
	忙音	表示被叫用户忙	0.35 s　0.35 s　0.35 s
	拥塞音	表示机键拥塞	0.7 s　0.7 s　0.7 s
	回铃音	表示被叫用户处在被振铃状态	1 s　4 s
	空号音	表示所拨被叫号码为空号	0.1 s　0.1 s　0.1 s　0.4 s　0.4 s
	长途通知音	用于话务员长途呼叫市话的被叫用户时的自动插入通知音	0.2 s　0.2 s　0.2 s　0.6 s
	排队等待音	用于具有排队性能的接续,以通知主叫用户等待应答	可用回铃音代替或采用录音通知
	呼入等待音	用于"呼叫等待"服务,表示有第三者等待呼入	0.4 s　4.0 s
1 400 Hz	提醒用户音(三方通话提示音)	用于三方通话的接续状态(仅指用户),表示接续中存在第三者	0.4 s　4.0 s
950 Hz	证实音	由话务员自发自收,用于证实主叫用户号码的正确性	连续信号音
	催挂音	用于催请用户挂机	连续式,采用五级响度逐渐上升

6.3 局间信令

根据不同的传输媒介,局间线路信令可以分为局间直流线路信令、局间数字型线路信令和带内单频脉冲线路信令。当局间传输线路采用实线时,采用的线路信令就是局间直流线路信令;当局间传输线路采用PCM数字复用线、中继电路采用数字中继器时,线路信令就采用局间数字型线路信令;当局间传输媒介为载波电路时,线路信令就采用带内单频脉冲线路信令。

6.3.1 局间线路信令

1. 线路信令的作用

线路信令即为接续状态的监视信令,大致包括以下几种:

(1)占用信令:由发端局向终端局发送的一种前向信令。用来使终端局中继器由空闲状态转为占用状态。

(2)拆线信令:全程接续拆线时,由发端局向收端局发送的前向信令。在以下5种情况下送拆线信令:

①正常通话完毕,由主叫控制复原方式时,主叫用户挂机。

②在长途半自动接续中,发端长话局话务员进行拆线操作时。

③发端局收到接续遇忙等内容的后向记发器信号。

④在接续过程中,发端局记发器有故障或超时释放。

⑤被叫久不应答,或被叫挂机而主叫未挂机延时达90 s后。

(3)重复拆线信令:发端局出中继器送出拆线信令2~3 s内收不到释放监护信令时发送该前向信令。

(4)应答信令:由终端局向发端局送的后向信令,表示被叫用户摘机应答。

(5)挂机信令:由终端局向发端局送的后向信令,表示被叫用户话毕挂机。

(6)释放监护信令:拆线信号的后向证实信号,表示终端局的交换设备已经拆线。

(7)闭塞信令:由终端局入中继器发出的后向信令,表示该条中继线被闭塞。

(8)再振铃信令:由话务员发送的前向信令。当长途局话务员与被叫分机已建立接续且被叫应答后,如被叫用户先挂机而话务员仍需呼叫该用户时,发送再振铃信号。

(9)强拆信令:由话务员发送的前向信令。在允许强拆的接续中,当遇到被叫用户忙,需进行强拆时,送此信令进行强拆。

(10)回振铃信令:回叫主叫用户时所送的后向信令。

(11)强迫释放信令:在双向中继器中有时由于干扰而引起双向占用,这时可能两端同时虚占来话记发器,在15 s内如果收不到多频记发器信号,则一端送前向强迫释放信令(相当于拆线信令);另一端送后向强迫释放信令(相当于释放监护信令),使电路释放。

除以上信令外,还有请求发码信令、首位号码证实信令、被叫用户到达信令等线路信令。

2. 线路信令的结构

（1）在模拟信道上传送的有直流信令和交流信令两种。

①直流信令：在市话网和农话网中，如果未采用载波传输，线路信令可采用直流信令。如断开环路、闭合环路、单线接地、接电源负极或腾空、环路高阻和低阻的变化、电流反极等信号，不同的信号表示不同的内容。局间直流标志信令有多种，本书列举一种加以说明。

②交流信令：在长途网和用载波传输的农话网中、线路信令采用的是交流信号。我国使用的是带内单频 2 600 Hz 信号，由短信号单元、长信号单元、连续信号及长、短信号单元分别表示线路信令的不同意义。短信号单元的时长为 150 ms，长信号单元的时长为 600 ms，两个信号之间的最小间隔为 300 ms。具体信令如表 6-2 所示。

表 6-2　带内单频脉冲线路信令

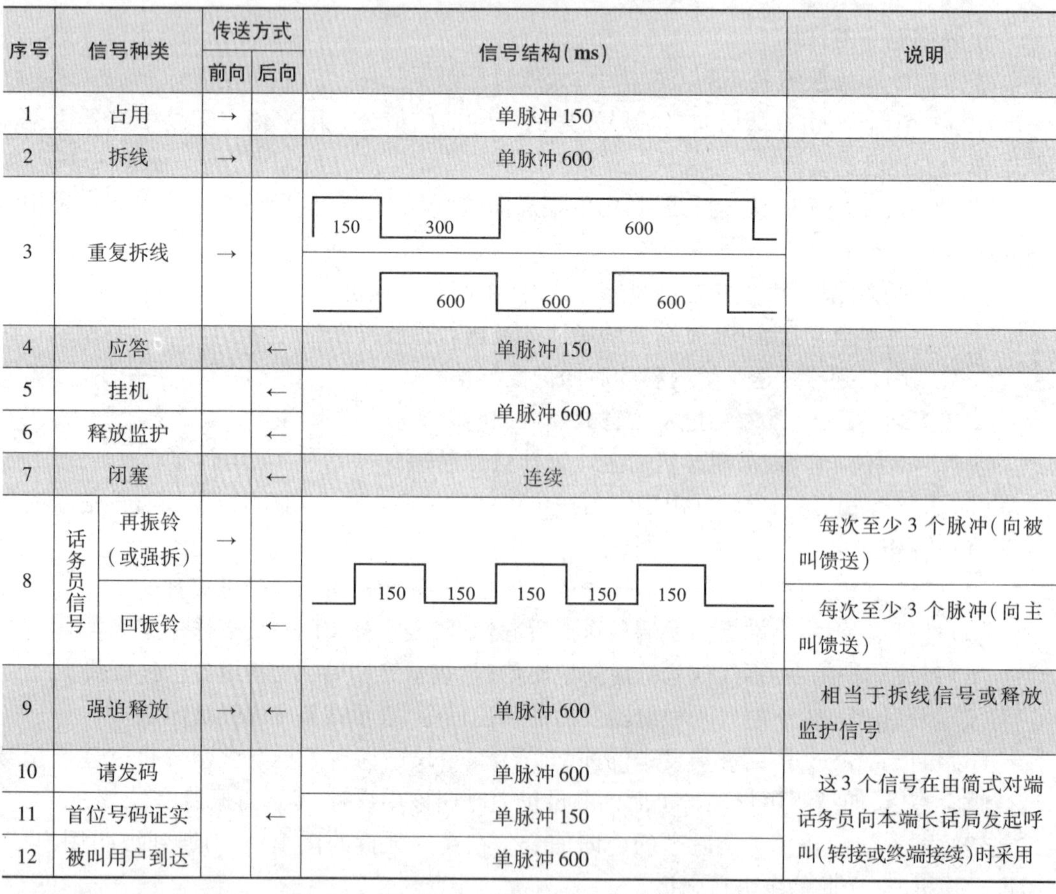

序号	信号种类	传送方式		信号结构（ms）	说明
		前向	后向		
1	占用	→		单脉冲 150	
2	拆线	→		单脉冲 600	
3	重复拆线	→		150　300　600 600　600　600	
4	应答		←	单脉冲 150	
5	挂机		←	单脉冲 600	
6	释放监护		←	单脉冲 600	
7	闭塞		←	连续	
8	话务员信号：再振铃（或强拆）	→		150　150　150　150　150	每次至少 3 个脉冲（向被叫馈送）
8	话务员信号：回振铃		←	150　150　150　150　150	每次至少 3 个脉冲（向主叫馈送）
9	强迫释放	→	←	单脉冲 600	相当于拆线信号或释放监护信号
10	请发码		←	单脉冲 600	这 3 个信号在由简式对端话务员向本端长话局发起呼叫（转接或终端接续）时采用
11	首位号码证实		←	单脉冲 150	
12	被叫用户到达		←	单脉冲 600	

（2）数字信道上传送数字型线路信令。由第 2 章内容可知，30/32 路 PCM 传输系统中的 30 条话路的线路信号是由时隙 TS_{16} 按复帧传送的。其中，每个话路用 4 bit（a、b、c、d）来传送信令。考虑目前电话网线路信令容量，我们只使用了其中的 a、b、c 三比特，a_f、b_f、c_f 为前向信令，a_b、b_b、c_b 为后向信令，未用的比特一般置为“1”。其基本含义如下：

①a_f 码表示发话交换局状态或主叫用户状态的前向信号。$a_f=0$ 为摘机占用状态，$a_f=1$ 为挂机拆线状态。

②b_f码向来话交换设备指示故障状态的前向信号。$b_f=0$ 为正常状态，$b_f=1$ 为故障状态。

③c_f码表示话务员再振铃或强拆的前向信号。$c_f=0$ 为话务员再振铃或进行强拆操作，$c_f=1$ 为话务员未进行再振铃或未进行强拆操作。

④a_b码表示被叫用户摘机状态的后向信号。$a_b=0$ 为被叫摘机状态（只有首位号码证实状态例外），$a_b=1$ 为被叫挂机状态（只有强拆信号例外）。

⑤b_b码表示受话局状态的后向信号。$b_b=0$ 为示闲状态，$b_b=1$ 为占用或闭塞状态。

⑥c_b码表示话务员回振铃的后向信号或是否到达被叫信号。$c_b=0$ 为话务员进行回振铃操作或呼叫到达被叫，$c_b=1$ 为话务员未进行回振铃操作或呼叫未到达被叫。

数字型线路信令有 13 种标志方式，即数标方式(1)至数标方式(13)[DL(1)～DL(13)]。在这里以数标方式(1)为例，如表 6-3 所示。

表 6-3　市话局间信令标志

<table>
<tr><th colspan="3" rowspan="3">接续状态</th><th colspan="4">编　码</th></tr>
<tr><th colspan="2">前　向</th><th colspan="2">后　向</th></tr>
<tr><th>a_f</th><th>b_f</th><th>a_b</th><th>b_b</th></tr>
<tr><td colspan="3">示闲</td><td>1</td><td>0</td><td>1</td><td>0</td></tr>
<tr><td colspan="3">占用</td><td>0</td><td>0</td><td>1</td><td>0</td></tr>
<tr><td colspan="3">占用确认</td><td>0</td><td>0</td><td>1</td><td>1</td></tr>
<tr><td colspan="3">被叫应答</td><td>0</td><td>0</td><td>0</td><td>1</td></tr>
<tr><td rowspan="16">复原</td><td rowspan="6">主叫控制</td><td>被叫先挂机</td><td>0</td><td>0</td><td>1</td><td>1</td></tr>
<tr><td rowspan="2">主叫后挂机</td><td rowspan="2">1</td><td rowspan="2">0</td><td>1</td><td>1</td></tr>
<tr><td>1</td><td>0</td></tr>
<tr><td rowspan="3">主叫先挂机</td><td rowspan="3">1</td><td rowspan="3">0</td><td>0</td><td>1</td></tr>
<tr><td>1</td><td>1</td></tr>
<tr><td>1</td><td>0</td></tr>
<tr><td rowspan="5">互不控制</td><td rowspan="2">被叫先挂机</td><td>0</td><td>0</td><td>1</td><td>1</td></tr>
<tr><td>1</td><td>0</td><td>1</td><td>0</td></tr>
<tr><td rowspan="3">主叫先挂机</td><td rowspan="3">1</td><td rowspan="3">0</td><td>0</td><td>1</td></tr>
<tr><td>1</td><td>1</td></tr>
<tr><td>1</td><td>0</td></tr>
<tr><td rowspan="5">被叫控制</td><td rowspan="2">被叫先挂机</td><td>0</td><td>0</td><td>1</td><td>1</td></tr>
<tr><td>1</td><td>0</td><td>1</td><td>0</td></tr>
<tr><td>主叫先挂机</td><td>1</td><td>0</td><td>0</td><td>1</td></tr>
<tr><td rowspan="2">被叫先挂机</td><td rowspan="2">1</td><td rowspan="2">0</td><td>1</td><td>1</td></tr>
<tr><td>1</td><td>0</td></tr>
<tr><td colspan="3">闭塞</td><td>1</td><td>0</td><td>1</td><td>1</td></tr>
</table>

目前我国的通信网中,存在程控数字交换机和模拟交换机,因此需要解决这两种交换机的接口配合问题。我国规定有两种接口配合方式:a、b 线接口配合方式和 E、M 线接口配合方式。

a、b 线接口配合方式是指交换局中继器与 PCM 系统中信号转换设备之间信号传送用 a、b 线连接方式,其接口配合中继方式如图 6-7 所示。采用 a、b 线接口配合方式时,交换局中继器与 PCM 基群信令信号系统间传送的是直流标志信号,要求高阻的标称值不小于 9 kΩ,极性标志电阻的标称值可根据需要选定,"-"为 -60V 电源,"+"为地,"0"为断路。

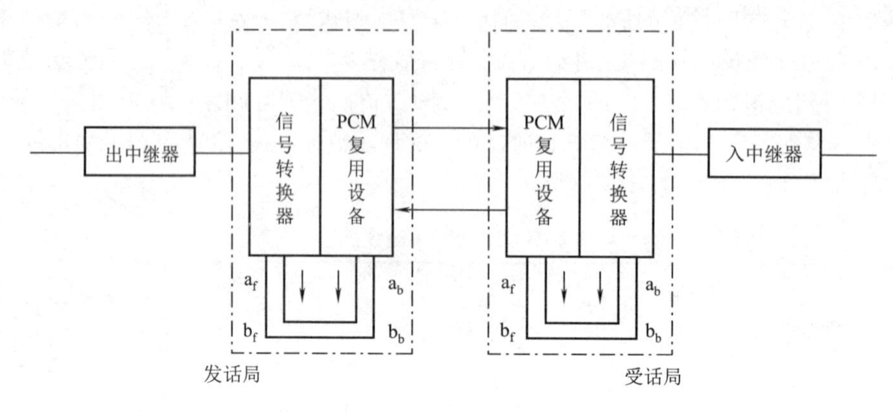

图 6-7　a、b 线接口配合中继方式

a、b 线接口配合方式的优点:当与其他设备配合时,不需要改动原有设备,只需要增加信号转换设备,便于实现,但需要一定费用。

E、M 线接口配合方式是指交换局中继器与 PCM 系统中信号转换设备之间的信号传送采用 E、M 线连接方式。这里的"E"是指接收(原意为耳朵 Ear),E 线为接收线;而"M"是指发送(原意为嘴巴 Mouth),M 线为发送线。E、M 线接口配合方式如图 6-8 所示。图中采用的是 2 条 E 线和 2 条 M 线(2E,2M)。它配合表 6-3 中所示的前向和后向信号均为 a、b 两位码的情况。在有些数标方式中前向或后向信号采用 a、b、c 三位码,这时可根据前向和后向信号的码位数目采用 2E、3M;3E、2M 或者 3E、3M。E、M 线和数字线路信号的对应关系为:数字信号为"1"对应 E,M 线无电流(不通);数字信号为"0"对应 E,M 线有电流。

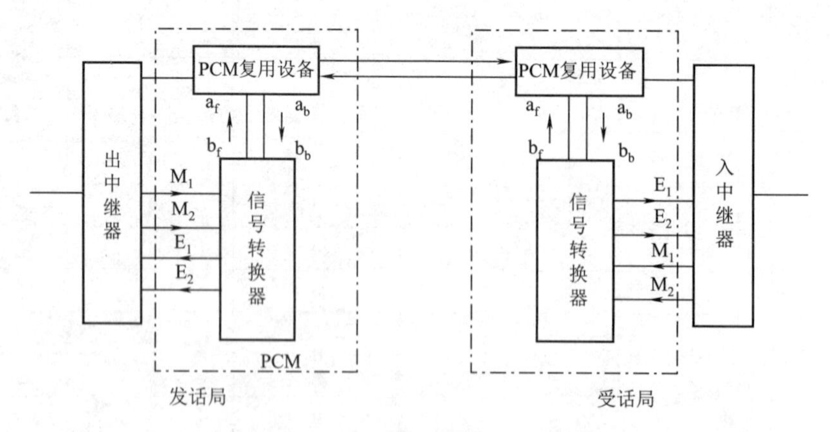

图 6-8　E、M 线接口配合方式示意图

交换局 E、M 中继器电源为 -60 V。E、M 信号向 PCM 信号转换设备的电源电压可根据实际情况决定。E、M 线工作电流一般不大于 80 mA。E、M 线接口配合方式经济可靠。

3. 线路信号传送

在电话通信网中,当通话需要经过一个或几个中间局转移时的接续称为多段接续。经多段接续所传递的信号方式有两种:端到端传送方式和逐段转发方式。

(1)端到端传送方式:指信号由发端局发出,不经过转接局转接,由端局直接接收。

(2)逐段转发传送方式:指信号由发端局发出,经转接局接收再转发出该信号,逐段转发直至终端局为止。

线路信号的传送方式采用的是逐段转发方式。

6.3.2 多频记发器信令

记发器信令由一个交换局的记发器发出、由另一个交换局的记发器接收。它的主要功能是控制电路的自动接续。为了保证有较快的传送速度和一定的抗干扰能力,记发器信令采用多频互控方式,因此称为"多频互控信号"。

所谓"多频"是指多频编码信号,即由多个频带组成的编码信号。在通信网中通话频率为 300 ~ 3 400 Hz,可以充分利用这个频带来传送多个频率。设有 n 个频率,每种信号固定取其中 m 个频率来组合($n > m$),则总共可以组成的信号种类数 nm 为从 n 个频率中取出 m 个的组合,目前不少国家(包括我国)喜欢采用这种"6 中取 2"的编码信号。这种方案有以下优点:

(1)每一种信号都是两种频率的组合,因此容易发现频率数多于或少于两个频率的错误信号。

(2)每个信号所包含的频率数相同,因此每种信号所传送的信号电平也相同。这就保证了载波电路在不过载的情况下可尽量提高信号电平,从而提高了信号传递的可靠性。

(3)信号传递速度快。每个信号传送时间只要 30 ~ 50 ms。

"6 中取 2"多频编码信号如表 6-4 所示。将 6 个频率分别给以编号,设为 0、1、2、4、7、11。要传送的某个数字为两个相应频率编号之和(10、14、15 除外)。信号也分为前向和后向两种,则它们的频率分别为:

前向信号:1 380 Hz、1 500 Hz、1 620 Hz、1 740 Hz、1 860 Hz、1 980 Hz。

后向信号:1 140 Hz、1 020 Hz、900 Hz、780 Hz、660 Hz、500 Hz。

我国的多频记发器信令也分为前向信号和后向信号两种。前向信号的频率组合也为表 6-4 所示的 1 380 ~ 1 980 Hz 的高频群;后向信号只用了表 6-4 中的低频群中的 2 种频率,即1 140 Hz、1 020 Hz、

900 Hz 和 780 Hz 按"4 中取 2"编码。从表 6-4 中可见,"4 中取 2"编码最多可有 6 种信号组合。

所谓"互控"是指信号传送过程中必须和对端发回来的证实信号配合工作。信号的发送和接收都有一个互控过程。每一个互控过程分为 4 个节拍。

第一拍:去话记发器发送前向信号。

第二拍:来话记发器接收和识别前向信号后,发后向信号。

第三拍:去话记发器接收和识别后向信号后,停发前向信号。

第四拍：来话记发器识别前向信号停发以后，停发后向信号。

表6-4 "6 中取 2"多频编码信号

数码	信号	频率/Hz					
		f_0	f_1	f_2	f_4	f_7	f_{11}
		1 380	1 500	1 620	1 740	1 860	1 980
		1 140	1 020	900	780	660	500
1	f_0+f_1	√	√				
2	f_0+f_2	√		√			
3	f_1+f_2		√	√			
4	f_0+f_4	√			√		
5	f_1+f_4		√		√		
6	f_2+f_4			√	√		
7	f_0+f_7	√				√	
8	f_1+f_7		√			√	
9	f_2+f_7			√		√	
10	f_4+f_7				√	√	
11	f_0+f_{11}	√					√
12	f_1+f_{11}		√				√
13	f_2+f_{11}			√			√
14	f_4+f_{11}				√		√
15	f_7+f_{11}					√	√

当去话记发器识别后向信号停发以后，根据收到的后向信号的要求，发送下一位前向信号，开始下一个互控过程，互控过程如图 6-9 所示。

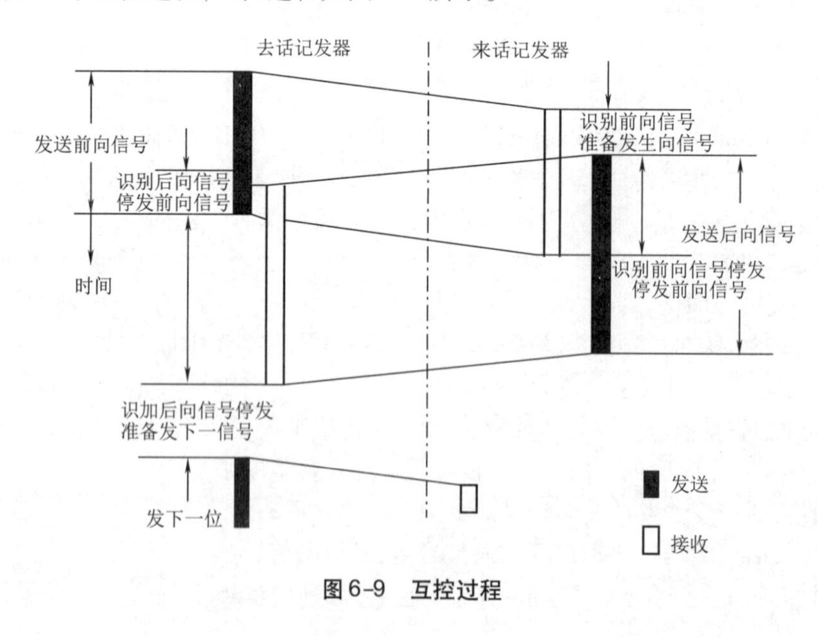

图 6-9 互控过程

6.4 公共信道信令

随着程控交换技术的发展,随路信令越来越不能满足通信的需要,产生了公共信道信令系统。在公共信道信令系统中,控制信号是由中速或高速的数据链路专门传送的,与话音信道分开,此数据链路可为数千个话路所共用。公共信道信令系统可以使程控交换机的接续速度更快、功能更多,更能适合各项通信业务的发展。

6.4.1 随路信令和公共信道信令的优缺点

1. 随路信令的缺点

在话路中传送随路信令方式存在以下缺点:

(1)信号传送速度较慢,会影响程控交换机某些新业务的应用。

(2)信息容量有限。

(3)信令的传输受到话务量的影响,当话务量较大时,信令的传输量将减少。

(4)兼容性较差,各种信令系统都是为特定应用条件而设计的,这就可能使得在同一网络中形成各种不同的系统,造成经济和管理上的困难。

(5)大多数信令系统都是按照每个话路配备信号设备的,所以价格比较昂贵。

程控交换机出现之后,由于处理机是以数字方式工作的,它和处理的对象——模拟型信号产生了一些矛盾,降低了处理机的效率。一个比较有效的方法是在两个处理机之间提供一条双向高速信令链路,通过这个链路以数字方式传送信令,即一群电路(几百条)以分时方式共享一条公共信道信令链路。这样一条与话音通路分开的公共信令链路的信令方式对于程控交换局来说十分适合。

2. 公共信道信令的优点

对用户的优点:

(1)减少了呼叫建立时间,尤其对于远距离长途呼叫,它可能使拨号后的延时减少到1 s以内。

(2)有利于新业务的发展。有的新业务需要有快速的信令方式和较多的信号内容,它们只有采用公共信道信令时才可能实现。

(3)由于信号速度快,在线路拥塞时可以采用重复测试和迂回路由而不至于使呼叫建立时间过多增加。

对网络管理的优点:

(1)统一了信令系统。过去随路信令系统往往是针对某一网络的专用信令,因此在网络连接时其接口转换较为复杂。公共信道信令就可以设计成一个通用的信令系统。

(2)有利于现代化通信网的管理。采用公共信道信令可以提供集中的线路测试、话路监视、计费等各种网管信号。

(3)降低了由于网络拥塞或被叫忙而引起的无效话务量。

例如,可采用预先测试被叫忙闲,给予经过好几个局来的呼叫的优先权或者直接在用户间寻找路由等复杂技术来达到提高接通率的目的。

6.4.2 No.7 信令系统的结构

1. No.7 信令系统 OSI 分层结构

(1)OSI。OSI(Open System Interconnection,开放系统互连)是用于连接各种计算机之间的数据通信的技术和体制,是由国际标准化组织(International Standardization Organization, ISO)研究开发出来的,目的是为了实现无论在何时、何地,人和计算机以及其他人都能互相通信的目标。

No.7 信令系统也是局间处理机之间的分组数据通信系统,也可以采用 OSI 参考模型。这里“开放”指的是“符合这个参考模型和相应标准的任何两个系统,均可相互连接的这个能力”。也就是说,这个“系统”对于共同运用适当的标准以进行信息交换方面是“开放”的。

OSI 以综合开发通信协议体系为目的。从系统转移数据直至对各系统中的文件、数据库及程序等资源的访问和调用的各种通信功能都作为它的标准化的对象。它追求系统间互连时宽广的开放性,并且确保在引入新的通信业务时能够十分容易地追加新的功能。

(2)OSI 分层结构。OSI 参考模型是一种分层结构,整个通信功能被划分为一些垂直层次的集合。在与另一系统通信时,每一层次需要执行这个功能的有关子集。它依赖于下一较低层次执行更基本的功能,它向一个紧接的较高层次提供服务,并且某一层进行某些修改时不影响其他的层次。这样就可以将一个通信过程分为若干个不同的细节,变为更易于处理的问题。CCITT 建议 No.7 信令系统结构分为 7 层,这 7 层分别是:

①物理层:这一层涉及传输的物理媒介(如电缆、光纤等),它研究物理媒介的机械、电器、功能和过程的特性。

②数据链路层:这一层保证对信息传输的可靠性,它包括差错检测和控制等功能。

③网络层:这一层的主要任务是在两个实体之间实现透明的数据传送,它使上层(传输层)无须知道任何有关下面的数据传输及用来连接系统的交换技术。

④传输层:这一层提供通信网开放系统之间端点到端点的信道,保证数据投送无差错、按顺序、没有遗失和重复。这一层的复杂程度和第三层有关。对于具有虚拟电路功能的可靠的第三层来说,其第四层很小;如果相反,其第三层不可靠,则第四层就要包括差错检测和校正。

⑤会话层:这一层对应用(进程)间的对话进行控制。会话层为两个应用进程提供一种手段,来建立并使用这个连接,叫作“会话”。它可以控制这类会话是“双向轮流”的或者“单向”的。它可以控制“恢复”,即当出现某种故障时可以重发有关数据。

⑥表示层:提供了语言数据结构的控制功能,以便使终端进程在通信时能够选择适当的数据结构来发送和接收数据。

⑦应用层:处理进程间接收和发送数据的信息内容。应用层对不同对象的业务规定了不同的协议和业务。

OSI 各层之间的关系如图 6-10 所示。从图中可以看出,对于通信网(交换和传输)来说,和它有关的只是 1、2、3 层;而对于终端来说则牵涉全部的 7 层。

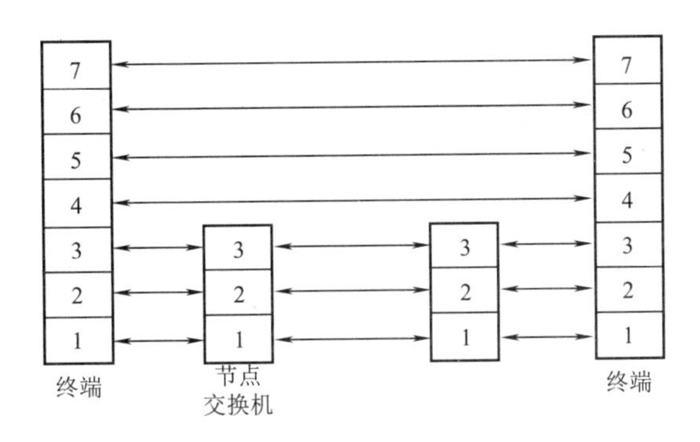

图 6-10 OSI 各层的关系

2. No.7 信令系统的功能级结构

No.7 信令系统的功能级结构如图 6-11 所示。从图中可以看出,No.7 信令系统的功能级结构分为三大部分。一是消息传递部分(Message Transfer Part,MTP);二是信令连接控制部分(Signalling Connection and Control Part,SCCP);三是用户部分(User Part,UP),该部分包括电话用户部分(Telephone User Part,TUP)和数据用户部分(Data User Part,DUP),用户部分简称为(ISDN User Part,ISDN);四是事务处理能力应用部分(Transaction Capabilities Application Part,TCAP)。

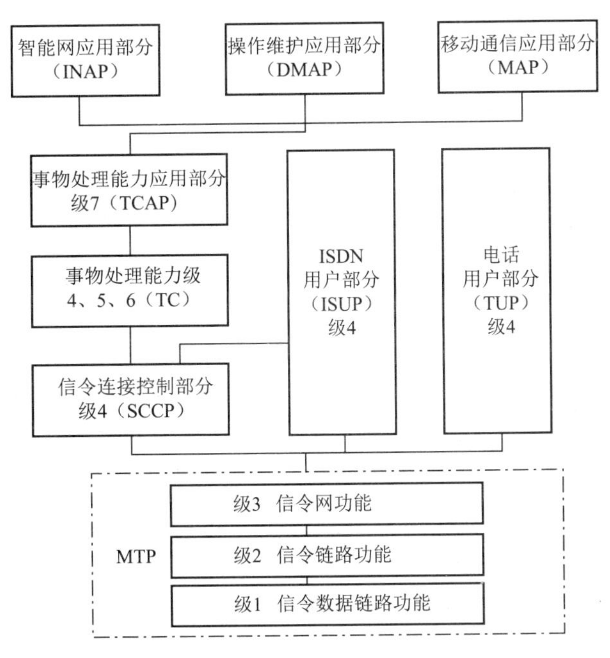

图 6-11 NO.7 信令系统的功能级结构

事务处理能力应用部分(TCAP)及事务处理能力(TC)是指通信网中分散的一系列应用在相互通信时采用的一组规约和功能。这是目前通信网提供智能网业务和支持移动通信网中与移动台游动有关的业务基础。TCAP 是在无连接环境下提供的一种方法,以供智能网应用,移动通信应用和维护管理应用在一个节点调用另一个节点的程序,执行该程序并

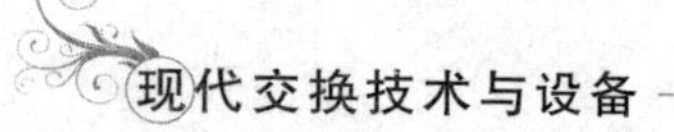

将执行结果返回调用节点。

TCAP 包括执行远端操作的规约和业务。TCAP 本身又分为两个子层:成分子层和事务子层。成分子层完成 TC 用户之间对远端操作的请求及执行结果的数据;事务子层用来处理包括成分在内的消息交换,为其用户之间提供端到端的连接。

以下简要介绍消息传递部分和信令连接控制部分,至于用户部分,由于篇幅所限,这里不再介绍。

3. 信号单元格式

No.7 信令系统中的信号单元采用可变长度的信号单元,它有消息信号单元(MSU)、链路状态信号单元(LSSU)和填充信号单元(FISU)3 种信号单元格式,如图 6-12 所示。

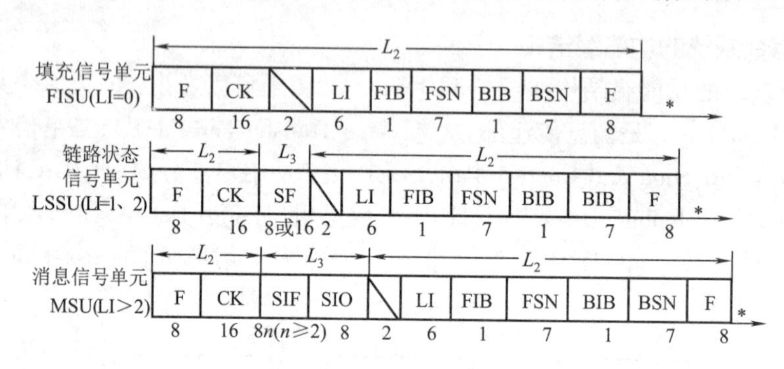

图 6-12 信号单元格式

*—首先发送的比特;F—开始标志码;BIB—后向表示语;LI—长度表示语;BSN—后向序号;SF—状态字段;FIB—前向表示语;SIF—信令信息字段;FSN—前向序号;SIO—业务信息字段;CK—校验位

每个信号单元都包含有开始标志码(F)、后向序号(BSN)、后向表示语(BIB)、前向序号(FSN)、前向表示语(FIB)、长度表示语(LI)、校验位(CK)和结束标志码(CK),这些字段用于消息传递的控制。标志码由固定的 8 位二进制数 01111110 表示。长度表示语由 6 位二进制数表示,其范围为 0 ~ 63,根据长度表示语的取值,可区分 3 种不同形式的信号单元。LI = 0 为填充信号单元,LI = 1 或 2 为链路状态单元。LI > 2 为消息信号单元。当消息信号单元中的信号信息字段(SIF)大于 62 个 8 位位组时,LI 的取值为 63。信号单元的固有部分由第 2 级信令链路功能处理。

开始标志码(F)表示一个单元的开始和结束。

后向序号(BSN)、后向表示语(BIB)、前向序号(FSN)、前向表示语(FIB)用在差错校正中,完成信令单元的顺序控制、证实和重发功能。

SIO:业务信息字段,该部分用以识别所传的 MSU 是哪一用户部分的信令单元。

SIF:信令信息字段,该部分由用户定义其内容,最长可达 272 个 8 位位组。

SF:状态字段,表示链路状态。

CK:校验位,每一个信令单元都有一个校验值,它是 16 比特的循环冗余码,用来进行差错检测。

(1)消息信号单元格式。图 6-13 和图 6-14 所示为消息信号单元格式的两个例子,它携带第 3 级和第 4 级的信号消息。业务信息 8 位位组(SIO)包括子业务字段(SSF)和业务表示语(SI)。子业务字段包括网络表示语(NI)和两位备用位。SIO 和路由标记由第 3 级的消息处理功能分析处理。各种信号信息字段(SIF)的格式和内容由用户部分规定,均包含路由标记和消息类型(标题码)。

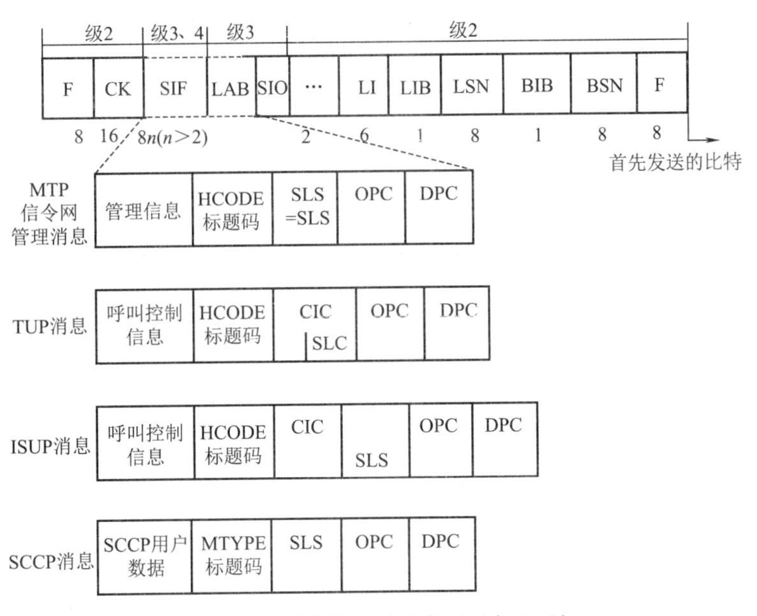

图 6-13 消息信号单元格式 1(LI >2)

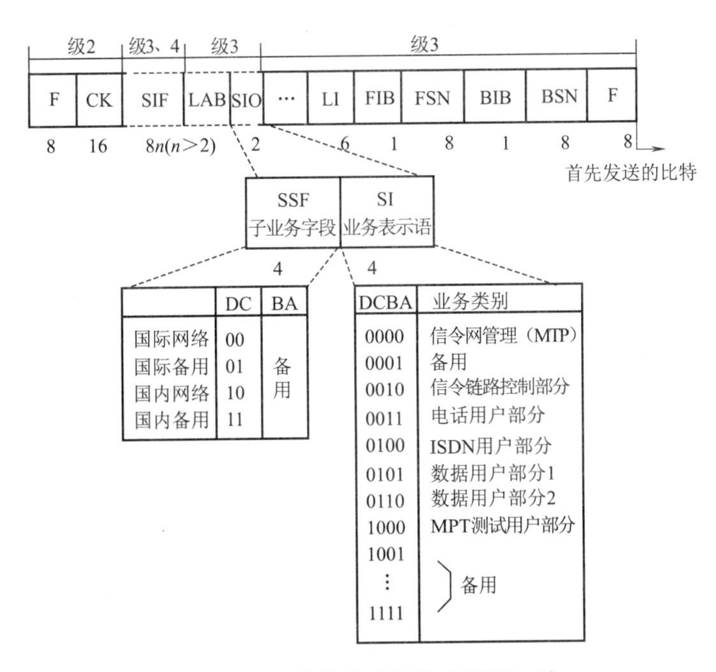

图 6-14 消息信号单元格式 2(LI >2)

(2)链路信号单元格式和填充信号单元格式。图 6-15 所示为链路状态信号单元格式,用于信令点之间信令链路的状态控制。信号单元中的状态域(SF)表明链路的状态,并由第

3 级信令链路管理功能控制。

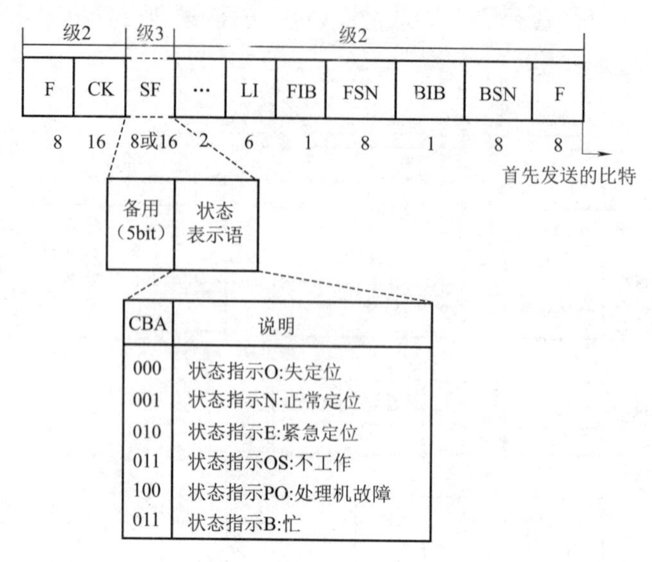

图 6-15　链路状态信号单元格式（LI = 1 或 2：FLSU）

在启动初始定位程序未收到状态指示 O、N 或 E 前，发送状态指示 O；本端正在发送状态指示 O 时，收到对端状态指示 O、N 或 E。N 表示正常定位，E 表示紧急定位。当达到某目的地仅有一条链路可用时采用紧急定位。信令链路定位后启动验证期，以检查链路可靠传送信号的能力。验证期分为正常验证期和紧急验证期，正常验证期和紧急验证期分别用于正常定位和紧急定位。若正常验证期检测到 4 个错误或在紧急验证期检测到 1 个错误，则取消该验证期，并重新启动新的验证期。若这种情况连续发生 5 次以上，该链路将再次处于故障状态，并发送状态指示 OS，再启动初始定位程序。

完成了验证期并收到填充信号单元后，信令链路进入工作状态，并启动信号单元误码监测器，以确定传输质量是否适合信令业务。每收到一个不正确的信号单元，监测器的计数器加 1，每收到 256 个信号单元（包括出错的信号单元），计数器减 1。如果计数器达到 64，说明链路已不能传送信令业务。状态指示 PO 表明高于第 2 级的处理机故障。状态指示 B 表示检测到拥塞，不能接收信号单元。

填充信号单元如图 6-16 所示，在无消息信号单元和链路状态信号单元时发送，用于传送前后向次序号以及校验位，以保持信令的正常工作。

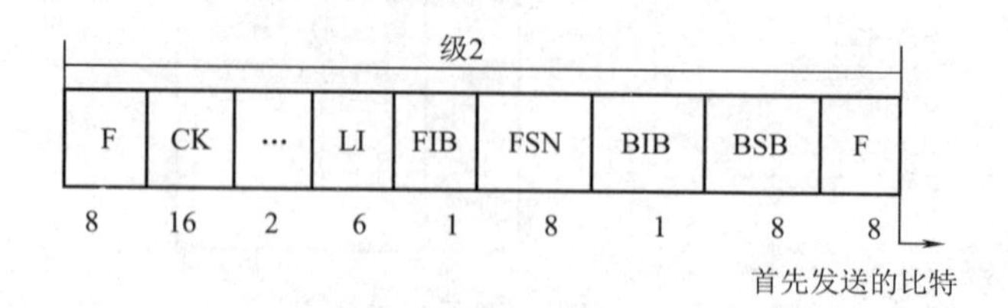

图 6-16　填充信号单元格式（LI = 0：FLSU）

6.4.3　消息传递部分

消息传递部分(MTP)由信令数据链路(第 1 级)、信令链路功能(第 2 级)和信令网功能(第 3 级)3 个功能级组成。消息传递部分是传递信令消息的公共传递系统,主要为各个用户功能提供通信,其功能框图如图 6-17 所示。

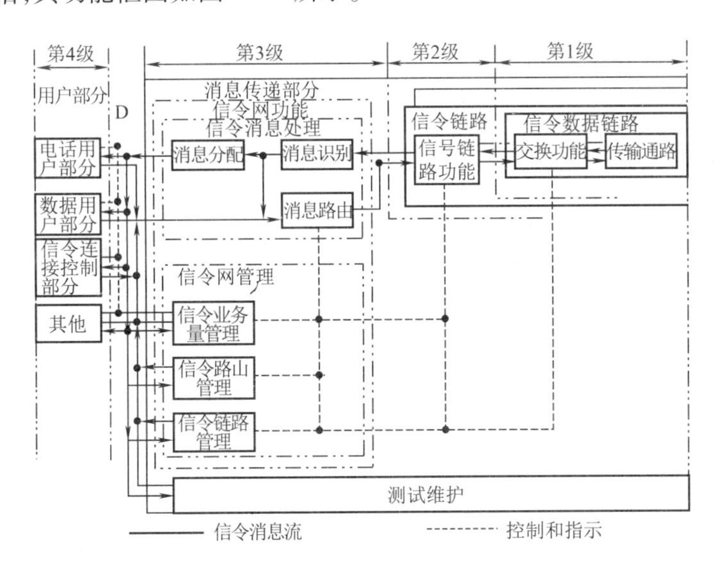

图 6-17　消息传递部分功能方框图

1. 信令数据链路

信令数据链路对应物理层,定义了信令数据链路的物理及电气功能特性,确定与数据链路的连接方法,是信令传递的物理介质(如电缆、光纤等)。在数字信令数据链路中,一般采用 64 kbit/s 的标准速率;在模拟信令数据链路中,采用高于或等于 4.8 kbit/s 的传输速率。随着业务发展的需要,2 Gbit/s 的高速率信令链路也正在开发之中。

2. 信令链路功能

信令链路功能对应于数据链路层,规定了信令消息在一条信令数据链路上传递的功能和程序,与第 1 级功能相配合,为两点间信令消息的传递提供一条可靠的信令链路。信令链路功能包括:信号单元分界、信号单元定位、差错检测、差错校正、初始定位、信令链路差错率监视和流量控制等。

根据 CCITT 的建议,有两种差错控制方法。第一种方法是基本差错控制(Basic Error Correction Method),当信号单元被正确地接收后,接收端分别由后向序号和后向表示语 bit(BIB)加该信号单元的前向序号和前向表示语 bit(FIB)。如果检测到某个信号单元有差错,接收端丢弃该信号单元,回送最后收到的正确信号单元的前向序号和反转的前向表示语 bit。发送端将发送后的消息信号单元保存在消息重发缓存区内,一直到确认消息已被正确接收为止。当发送端检测到后向消息的 BIB 与本端的 FIB 不一致时,则启动重发程序,并反转发送的前向表示语 bit。第二种方法是预防性循环重发(PCR)差错控制,预防性循环重发差错控制的程序是当没有新信号单元需要发送时,未被证实的可重发信号单元将被循环

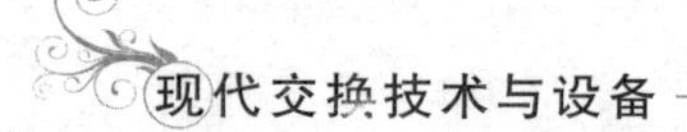

重发;当新信号单元需要发送时,将优先发送新信号单元;若既无新信号单元需要发送,也无可重发信号单元,则连续发送填充信号单元。该方法适用于长时延的信号传输系统(如卫星电路)。

另外,还有一种非 CCITT 的差错控制方法,称为修改的差错控制,该方法把所有的消息信号单元(MSU)发送两次。

3. 信令网功能

No.7 信令网的基本组成部件有信令点(Signaling Point,SP)、信令转接点(Signal Transfer Point,STP)和信令链路(Signaling Link,SL)。

信令点是处理控制消息的节点,产生消息的信令点为该消息的起源点,消息到达的信令点为该消息的目的地节点。任意两个信令点,如果它们的对应用户部分之间(例如电话用户部分之间)有直接通信的可能性,就称这两个信令点之间存在信令关系。

信令转接点是一些能将信令消息从一条信令链路转送到另一条信令链路的信令节点,它具有信令转发功能。信令转接点分为综合型和独立型两种。综合型(STP)除了具有消息传递部分(MTP)和信令连接控制部分(SCCP)的功能外,还具有用户部分(如 TUP、ISUP、TCAP、INUP)功能的信令转接点设备,独立型 STP 是只具有 MTP 和 SCCP 功能的信令转接点设备。

信令链路就是在两个信令点之间传送信令消息的链路。直接连接两个信令点的一束信令链路构成一个信令链组。由一个信令链组直接连接的两个信令点称为邻近信令点,非直接连接的信令点称为非邻近信令点。

信令网功能规定在信令点之间传递消息的功能和程序,该功能在信令链路和信令转接点有故障时,进行信令网的重新组合,以保证可靠地传送消息信号。信令网功能包括信令消息处理和信令网管理两部分。

(1)信令消息处理。信令消息处理是将实际需要传送的消息送至相应的信令链路或用户部分(如 TUP、ISUP 等)。信令消息处理由消息路由、消息识别和消息分配 3 部分组成。

消息路由的功能是根据网络表示语、目的地信令点编码(DPC)和信令链路选择字段(SLS)及合适的信令链路,以传递信令消息。图 6-18(a)所示为 CCITT 标准的 14 bit 位长信令点编码的路由标记格式,图 6-18(b)所示为我国 24 bit 位长信令点编码的路由标记格式。

SLS	OPC	DPC
信令链路选择编码	源信令点编码	目的地信令点编码
4	14	14

首先发送的比特

(a) CCITT标准No.7消息信号单元的路由标记

SLS	OPC	DPC
信令链路选择编码	源信令点编码	目的地信令点编码
4	24	24

首先发送的比特

(b) 我国No.7消息信号单元的路由标记

图 6-18　路由标记

目的地信令点编码(DPC)指出消息要到达的目的地;源信令点编码(OPC)指出消息的起源点;信令链路选择编码(SLS)是用于负荷分担的选择信令链路的编码,也就是说是信令路由选择编码。网络表示语(00国际网络、01国际备用、10国内网络、11国内备用,我国现在用做市话网络)指出目的地信令点所属的信令网络。

消息识别是在信令点收到一消息信号单元后,判断该信令点是否是信令消息的终点,如果信令点是信令消息的终点,则将该信令消息传送到消息分配功能,再发送到新选择的信令链路。

消息分配是信令消息到达终端点的处理功能,其功能是确定信令消息属于哪个用户部分,并把信令消息分配给相应的用户部分。

(2)信令网管理功能。信令网管理功能是在预先确定的有关信令网状态数据和信息的基础上,控制消息路由和信令网的结构,以便在信令网出现故障时,可以控制信令网的重新组合,维持及恢复正常传递消息信号单元的能力。故障形式包括信令链路和信令点不能工作或由于拥塞使可达性(利用度)降低。信令网管理功能包括信令业务管理、信令链路管理和信令路由管理3部分。

信令业务管理功能是当信令链路或信令路由出现故障时,控制将信令业务从一条不可用的信令链路或信令路由转移到一条或多条不同的信令链路式信令路由,或当拥塞产生时控制减少到拥塞信令链路或信令路由上的信令业务。信令业务管理功能包括倒换、倒回、强制重选路由、受控重选路由、管理阻断、信令业务流量控制和信令点再启动等程序。

①倒换:当信令链路由于故障、闭塞或阻断成为不可用时,倒换程序用来保证把该信令链路所传送的信令尽可能快地转移到另外一条或多条信令链路上,并且无消息丢失、重复或次序颠倒。

②倒回:倒回程序完成的行动与倒换相反,它是把信令业务尽可能快地由替换的信令链路倒回至已可使用的原有信令链路上,并且无消息丢失、重复或次序颠倒。

③强制重选路由:当到达某给定目的地的信令路由成为不可用时,强制重选路由程序用来把到达那个目的地的信令业务尽可能快地转移至新替换的信令路由上,以减少故障的影响。

④受控重选路由:当到达某给定目的地的信令路由成为可用时,使用受控重选路由程序,把到达那个目的地的信令业务从替换的信令路由转回到正常的信令路由;或者当收到受限传递消息,且信令业务管理功能判断出另一路由更合适以后,使用受控重选路由程序,恢复最佳的信令路由,减少消息次序的差错。

⑤管理阻断:用于维护和测试目的。当信令链路在短时间内频繁地倒换链路,从而引起信号单元差错率过高时,需要用该程序向产生信令业务的用户部分标明该链路不可使用。在管理阻断程序中,信令链路标志为“已阻断”时,可发送维护和测试消息,进行周期性的测试。

⑥信令业务流量控制:当信令网出现故障或拥塞而不能传送由用户产生的全部信令业务时,使用信令业务流量控制程序来限制信令业务源点发出的信令业务。

⑦信令点再启动:当信令点成为可用时,信令点再启动,在规定的定时器启动后,开始接通它所有的信令链路。

信令链路管理用来控制本地连接的信令链路，该功能为建立和维持一个链路组的预定能力提供一些手段，当信令链路发生故障时，为恢复该链路组的预定功能而采取行动。信令链路管理包括信令链路接通、恢复和断开等程序。

信令路由管理功能用来分配关于信令网状态的信息，以便对信令路由加以闭塞或解除闭塞，其目的是保证在信令点之间可靠地交换有关信令路由的信息。它包括：

①禁止传递程序：当作为去某目的地消息的信令转接点使用禁止传递程序时，与该信令转接点相邻的其他信令点不能再经由该信令转接点向该目的地传递有关消息，启动强制重选路由程序，重选路由。

②允许传递程序：恢复受禁止传递程序控制的信令转接点传递有关消息的能力，启动受控重选路由程序，倒回路由。

③受限传递程序：对产生故障但不能确定故障时间的信令转接点启用受限传递程序，信令将尽可能不通过该点传递。

④受控传递程序：信令点收到受控传递消息后，通知第4级的用户部分，减少发送的业务流量。

消息传递部分(MTP)基本上能满足电信业务中呼叫控制信令的要求。它使电话和电路交换数据在信令链路上进行可靠传递，它也可在交换局之间使其他各类信息可靠地传递，如ISDN分组交换数据。但是，MTP对于更广义的信息传递具有一定的限制。例如，MTP的路由选择常常局限于那些用电路直接相连的交换局之间，这种局限性虽然可能会增加一些专用的路由管理中心来扩展路由的选择范围，但当某信息需要传递到大量其他的交换局时，这种方法就显得不够灵活，并且对于端到端或其他更为通用的数据传递，MTP的路由选择的局限性就愈加明显。另外，在许多应用中，如文件传递或远程终端处理以及端到端的数据传输，都包含着在端点之间对某一事务的处理建立虚拟连接的概念，这个概念在MTP中并不存在。MTP的这些局限性通过一个特殊的MTP用户即信令连接控制部分来克服。

6.4.4 信令连接控制部分

信令连接控制部分(SCCP)是为消息传递部分(MTP)提供附加功能，以便通过No.7信令网，在电信网中的交换局和交换局、交换局和特种服务中心(如管理和维护中心)之间传递电路相关和非电路相关的信令信息和其他类型的信息，建立无连接和面向连接的网络业务。

1. SCCP的基本功能

SCCP增强了MTP路由选择的功能，为它潜在的用户提供虚拟连接服务，并且可与其他信令网互通。目前，SCCP已经在许多领域发挥作用，如网络服务中心(NSC)、数字移动通信以及智能网等。SCCP为其用户提供两种数据传递业务：一种是无连接的数据传递业务；另一种是面向连接的数据传递业务。

(1)无连接的数据传递业务。在无连接业务中，SCCP将一个网络业务数据放在单元数据消息(UDT)中，传递到端用户而无须事先建立信令连接。每个UDT的传递是相互独立的，SCCP对每个UDT消息进行路由选择，并发送到目的地。无连接业务分为两种：一种是基本无连接业务;另一种是有序的无连接业务。

①基本无连接业务:SCCP可随机地插入信令链路选择(SLS)码,因此用户数据到达目的地时,可能是不按顺序排列的。

②有序的无连接业务:SCCP通过使用MTP的信令链路选择(SLS)特性,使得每次UDT的传递都选择同样的SLS,MTP将包含相同SLS码的消息按顺序传递。因此,用户传送的数据将按顺序到达目的地用户。

(2)面向连接业务。面向连接业务中,在传递数据之前,SCCP必须首先在收发数据的两端建立一条虚拟连接,然后通过这条虚拟连接,传递SCCP用户发送的数据,数据传递完毕,再释放这条虚拟连接。面向连接业务分为基本面向连接和流量控制面向连接。

①基本面向连接业务:通过建立信令连接,保证在起源点的SCCP用户与目的地节点的SCCP用户之间双向传递数据。属于某信号连接的消息包含相同的SLS值,以保证消息按顺序传递。

②流量控制面向连接业务:这类业务除具有基本面向连接业务的特性外,还可以进行流量控制和传递加速数据,并具有检测消息丢失和序号错误的能力。它可与其他网络协议互通,并为用户提供标准的端到端协议和规程。

2. SCCP的基本结构

SCCP可分为以下4部分:

(1)路由选择控制(SCRC)部分:其主要功能是对比信令点编码(SPC),为通用的地址进行寻址。它同MTP和连接控制部分相接口,其基本结构如图6-19所示。这部分通过对各种形式的地址的分析、翻译和寻址,将消息传递到不同的SCCP或MTP。

(2)面向连接控制(SCOC)部分:其功能是建立和释放SCCP用户请求的虚拟连接,并在所建的虚拟连接上传递用户数据,同时在数据传递过程中进行差错检测和流量控制,在连接建立时使用路由选择功能。

(3)无连接控制(SCLC)部分:在无须建立虚拟连接的情况下,所有数据消息的传递都类似面向连接控制中的连接建立请求消息。

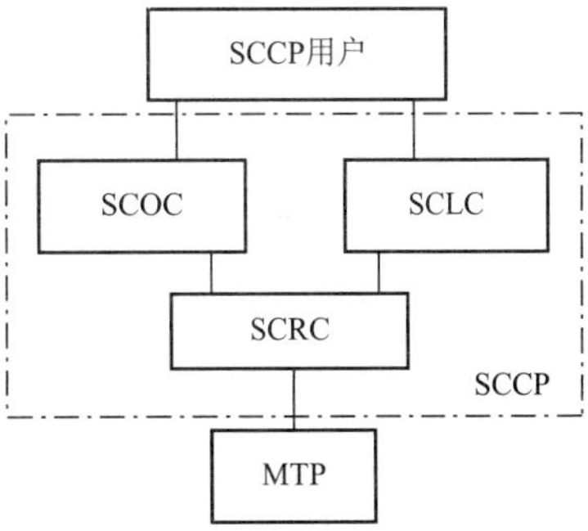

图6-19 SCCP的基本结构

(4)管理(SCMG)部分:主要完成信令点的管理。

3. SCCP的基本过程

由于无连接业务的过程是面向连接业务的一部分,因而在此主要讨论面向连接业务的过程。面向连接业务的基本过程可分为以下几部分:连接的建立、释放、安全保护及数据传递。

(1)连接的建立:

①SCCP用户通过连接请求原语发出建立连接的请求。SCCP根据请求原语中的被叫地址信息进行路由选择,分配源端本地参考(源端/目的地),并增加相应的协议控制信息(PCI)。通过MTP业务将连接请求消息(CR)传递到远端的SCCP。

②当终端SCCP经过MTP收到CR消息后,记录源端本地参考,并为此连接分配自己的

本地参考,然后向终端的SCCP用户发出建立连接的指示。当SCCP用户准备接收此连接请求后,便向SCCP回送连接响应。SCCP随后向源端SCCP发回建立连接确认消息(CC)。在CC消息中,CR消息中的源端本地参考作为CC消息中的目的地本地参考,而自己的本地参考则作为源端本地参考。

③当发出连接请求(CR)的SCCP收到CC消息后,将CC消息中的源端本地参考记录下来,并以此参考作为以后消息发往终端SCCP的参考。SCCP随后将连接建立确认原语发往源端用户。源端用户在收到连接确认消息后便可在所建立的连接上传递用户数据。

在建立连接时,终端SCCP或用户可以拒绝接收建立连接(如资源不足),这时,终端SCCP将返回连接拒绝(CREF)消息给源端SCCP。

在信令连接过程中还有一种特殊连接方式,称为嵌套式,该方式用于ISUP信令连接的建立。其基本原理是:ISUP(ISDN用户部分)将主/被叫地址信息发送到SCCP,请求SCCP为此ISUP连接建立分配资源(路由信息),然后SCCP将准备好的有关连接信息发回给ISUP,ISUP获得路由选择的信息后,再通过MTP把建立连接请求的消息发到目的地节点。在目的地节点,ISUP把连接请求消息发到SCCP,由SCCP来确认此ISUP的连接请求,所以CR消息是通过ISUP消息间接传送的,或者说ISUP是利用SCCP完成连接建立的。

(2)连接释放。SCCP向其所连的SCCP节点发出释放消息(RLSD)。RLSD消息既包括要求释放的目的地参考,又包括发出释放请求的源端参考。收到RLSD消息的SCCP向它本地的用户发出拆线连接指示原语,同时SCCP向启动释放连接的SCCP回送释放完成消息(RLC),SCCP将本地参考释放并冻结,以防引起连接混乱。

SCCP在收到RLC消息后释放本地参考。若在一定时间内没有收到TLC消息,SCCP将重发RSLD消息,若再未收到RLC消息,SCCP则自动释放本地参考。

(3)安全保护。在SCCP中,具备一种连接安全保护功能,用于连接的早释和非正常连接的释放,这个功能包括两个方面:一是当某一连接在给定的时间内,信令连接上无用户业务量时,SCCP发送非活性测试消息到相连的远端SCCP节点。如果在给定的时间内,没有收到发自远端的SCCP的任何消息,SCCP将自动释放连接。二是当SCCP无法确定对某一连接本地参考是否仍然被远端SCCP所使用时(如在SCCP收到RSLD消息后),SCCP将把此参考冻结,使其在一定时间内不再被选为其他连接的本地参考。这意味着当某一连接释放时,其参考必须被冻结一段时间,因为后向发送的RLC消息有可能丢失。

(4)数据传递。当虚拟连接建立以后,SCCP用户就可以在此连接上传递数据。

本章小结

(1)信令是指通信设备接续信号和维持其本身及整个网络正常运行所需要的所有命令。

(2)信令按不同方式可分为几种类型:随路信令和公共信道信令、用户信令和局间信令、前向信令和后向信令、带内信令和带外信令等。

(3)用户信令包含用户状态信令、地址信令和各种信号音。

(4)在公共信道信令系统中,控制信号由中速或高速的数据链路专门传送,与话音信道分开,可为数千个话路所共用。

思考与练习

一、填空题

1. CCITT 建议的信令有(　　　　)种。

2. 我国目前采用的信令有(　　　　)、(　　　　)、(　　　　)。

3. 信令的技术规程由(　　　　)负责制定。

4. (　　　　)信令系统是适合通信网最新发展的系统。

5. 信令是指通信设备(　　　　)和(　　　　)正常运行所需要的所有命令。

6. 信令可分为随路信令和(　　　　)。

7. 信令可分为用户信令和(　　　　)。

8. 信令可分为前向信令和(　　　　)。

9. 信令可分为带内信令和(　　　　)。

10. 信令可分为模拟信令和(　　　　)。

11. 局间线路信令可分为(　　　　)、(　　　　)和(　　　　)。

12. CCITT 建议的 NO.7 信令系统结构分为(　　　　)层。

13. NO.7 信令系统的功能级结构分为三大部分:(　　　　)、(　　　　)和(　　　　)。

二、判断题

1. NO.7 信令系统中的信号单元采用不变长度的信号单元。(　　)

2. 铃流和信号音是由交换局向用户话机发送的信号。(　　)

3. 在局间信令中,占用信令是后向信令。(　　)

4. 在局间信令中,拆线信令是前向信令。(　　)

5. 重复拆线信令是后向信令。(　　)

6. 应答信令是后向信令。(　　)

7. 在局间信令中,挂机信令是前向信令。(　　)

8. 在局间信令中,释放监护信令是前向信令。(　　)

9. 在局间信令中,闭塞信令是前向信令。(　　)

10. 再振铃信令是后向信令。(　　)

11. 强拆信令是后向信令。(　　)

12. 回振铃信令是后向信令。(　　)

13. 强迫释放信令是双向信令。(　　)

14. 公共信道信令减少了呼叫建立时间。(　　)

三、选择题

1. 用户信令可分为(　　)。

A. 用户状态信令　B. 地址信令　C. 局间信令　D. 线路信令

2. 属于前向信令的是(　　)。

A. 重复拆线信令　　B. 占用信令

C. 应答信令　　D. 挂机信令

四、简答题

1. 什么是信令？CCITT 建议的信令系统有哪几种？我国目前采用的信令系统有哪几种？

2. 链路和路由有什么区别？

3. 信号音有什么作用？

4. 公共信道信令有什么优点？

5. OSI 分层结构是如何分层的？各层的作用是什么？一般的电话通信用到了哪几层？局域网用到了哪几层？

6. No.7 信令系统的功能级结构分为哪几部分？

7. 消息传递部分具有什么功能？由哪几部分组成？

五、分析题

1. 从图 6-1 呼叫处理的状态图中分析，在哪几种情况下拆线？采用前向信令拆线与采用后向信令拆线有什么不同？试举例说明。

2. 若主叫号码为 075525859235，被叫号码为 075525859882，试画出其呼叫成功状态图。

3. 电话摘机后有电流，有人想将该电流作为其他设备的电源，这样做行得通吗？为什么？

4. A、B 两话机在通信时，分别占用 30/32 路 PCM 基群中的 TS_1 和 TS_{17} 时隙，A 话机拨号后听到忙音，B 话机拨号听到回铃音，请写出此时相应的 TS_{16} 时隙编码码字。

第7章 程控用户交换机的工程设计与管理维护

内容提要

- 程控交换机的选型原则。
- 程控交换机的常用中继方式、编号计划及工程设计内容。
- 程控交换机的管理维护，主要介绍了程控交换机管理的几个方面以及维护的几种措施。
- 程控交换机的调试、验收和开通，主要介绍了系统调试和系统测试。
- C&C08 交换机的管理维护，简单介绍了 C&C08 交换机的管理维护功能及实现方案。

7.1 程控用户交换机的选型原则

程控用户交换机的选型应综合多种因素，并加以技术经济论证。在实际选型时，既要考虑设备的先进性，又要考虑系统的成熟性和可靠性，一般选用的设备是经过一年以上实际运行的考验，经实践证明是安全可靠、技术比较先进的设备。总的选型原则，应满足：

（1）符合工业和信息化部《程控用户交换机接入市话网技术要求的暂行规定》和国家标准《专用电话网进入公用网的进网条件》。

（2）应选用符合国家有关技术标准的定型产品，并执行有关通信设备国产化的相关政策。

（3）同一城市或本地网内宜采用相同型号和国家推荐某些型号的程控交换机，以简化接口，便于维修和管理。

（4）程控用户交换机应满足近期容量和功能的要求，还应考虑远期的发展和逐步发展 ISDN 的需要。

（5）程控用户交换机宜选用程控数字用户交换机，以数字链路进行传输，减少接口设备。

选型问题关系到交换局能否顺利开通和保证通信可靠，充分发挥交换机的优越性以及节省资金等方面的问题。选型时，应从以下几方面考虑。

7.1.1 技术先进性问题

1. 综合性能

综合性能包括系统容量、话务量负荷能力、基本新业务功能、话音和非话音综合能力、外围接口配置、技术指标、信号方式、话务台功能、组网能力、非话音业务接口及数据终端。

2. 系统结构

系统结构包括控制方式、总体结构方式、处理机处理能力、内存容量、外存容量及结构、交换网络结构、外围处理机能力等。

3. 软件系统

软件系统的问题包括软件模块和结构化程序的设计水平、软件规模、编程语言的先进性和规范化程度、软件的容错性、软件的成熟性、软件操作的难易程度及软件的可维护性。

4. 硬件系统

硬件系统的问题包括硬件水平、硬件接口符合国际标准程度、硬件的冗余度、硬件可靠性指标和机械结构工艺水平等。

5. 系统情况

系统情况包括模块化结构、系统可靠性、系统冗余度、维护管理功能和系统可靠性指标等。

在实际选型时，既要考虑设备的先进性，又要考虑系统的成熟性和可靠性，一般选用的设备是经过一年以上的实际运行考验，经实践证明是安全可靠、技术比较先进的设备。

7.1.2 可靠性问题

可靠性与平均故障时间成反比，与故障间隔时间成正比。故障时间越短，故障间隔越长，可靠性越好。可靠性与硬件故障率、软件功能失灵度及维护管理人员操作错误有关，同时也与系统成熟度、市话局配合情况、工作条件、安装情况、使用方法及维护管理水平有关。因此，在选型时应选择用多处理机分散控制的交换机。

7.1.3 适用性问题

在实际中，应根据本单位的需要选定机型。选择时，应阅读多种机型的说明书，了解其功能和系统结构及一些重要指标，进行调查、联咨询。同时要考虑将来的发展，能适应容量的扩充，考虑数据通信、长途电话通信、计算机联网、非话务业务、办公自动化等方面发展的需要，软件上也要兼容，即尽量选用软、硬件模块化结构，采用脉码调制技术30/32路数字传输的程序控制数字交换机。同时根据需要，应留有数字接口，在进行计算机与交换机联网时，应注意速率一致、电平一致、阻抗相同。

7.1.4 入公用网的要求

应了解市话局交换机的型号和功能、通信网结构、今后发展规划、信号方式、接口方式等状况，这样易与当地通信设备接口进行信号接入方式等配合，便于联合测试，有利于交换局的开通。入网时最好采用全自动方式，必要时可采用混合入网方式，这种方式可满足部分重要用户直拨的要求,又可节省大量号码资源费。

7.1.5 功能要求问题

功能可分两类:一类是固有功能(又称基本功能);另一类是选择功能。基本功能是设备固有的,设备价格包括了固有功能的价格,因此在进行选型时应考虑性能价格比。选择功能是根据用户的实际需要,配备相应的软、硬件后实现的,选择功能越多,价格越贵。

7.1.6 经济性问题

要选用性能价格比高、功能适用的机器,同时还要考虑扩容引起的价格阶跃。这就要全面衡量,取总的平均价格进行比较,还要对具体项目进行比较,最后根据需要和投资的可能,选用适当的设备。

7.1.7 机房环境要求

环境直接影响交换机的寿命、通信质量和通信可靠性。应选对环境要求较宽、适应性强、运行安全可靠的设备。

7.1.8 计费问题

计费可分为4类:交换机内部通话计费、市内电话计费、国内长途电话计费和国际长途电话计费。计费系统有3种:第一种是CAMA计费系统,即集中式自动通话计费系统,也称长途计费系统,由发端长话局计费;第二种是LAMA计费系统,即本地自动通话计费系统,也称市话计费系统,由发端市话局计费;第三种是PAMA计费系统,即专用自动通话计费系统,也称用户交换机立即计费系统。在选型时采用哪种计费系统应根据进网方式和用户性质确定。

7.1.9 维护方面的要求

交换机的硬件维修比较简单,一旦发生故障,只需找出故障部位,更换备用电路板即可,但对于较大的软件故障,解决起来就很困难。因而对生产厂家在培训、维修等方面也要有相应要求。

7.2 程控用户交换机的中继方式

7.2.1 概述

交换机除了具有区内用户通话的功能外,还要通过出入中继实现区内用户与公用电话网上用户的话务交换。

中继方式考虑的因素主要有:交换机容量的大小、区间话务量的大小和接口局的制式等。

中继方式设计的主要原则有：节约用户投资；提高接口局设备和线路的利用率；与传输设计配合，达到信号传输标准要求，以保证通话质量并有利于实现长途自动化。

由于中继方式涉及有关接口局，因此必须与接口局充分讨论中继方式设计方案，取得一致意见。

7.2.2 常用中继方式

用户交换机话局的中继方式一般有以下几种：

(1)全自动直拨中继方式(DOD1 + DID)。

(2)半自动直拨中继方式(DOD2 + BID)。

(3)混合进网中继方式(DOD + DID + BID)。

(4)人工中继方式。

当话务量大时宜采用全自动方式。这样可以方便使用、简化管理，并有利于将来的发展。但由于该种方式与公用网等位拨号，因而占用市话号码资源，费用也较高，并且还要考虑局间信令配合问题(数字交换机目前应使用中国 1 号信令数字型线路信号，模拟交换机可采用载波信号)。话务量不大时可采用半自动方式，以节约投资。此种方式下，当话务量稍大时可将中继设为单向中继(出、入中继分开)，并增加中断；当话务量稍小时可将中继设为双向中继。混合方式采用半自动方式，以节约部分投资；话务量很小时，可采用人工方式，即出入均由话务台转接。

7.3 编号计划

编号计划主要用于确定用户号码，确定对当地公用网电话局和其他交换机的拨号方式及对特种业务号码的编排。它是用户交换机中继方式设计中最基本的问题之一，要符合当地公用网的号码制度。

7.3.1 编号原则

号码计划是以业务预测和网络规划为依据的。业务预测确定了网络的规模容量、各类性质用户的分布情况以及交换机的设置情况。号码的位长和容量及站号的数量既要满足近期需要，又要考虑远期发展，规划时要留有一定的备用号码。网络规划中交换机区的划分具体地确定了号码的分配方案。电话业务和非话业务的业务号码要有足够的余量，这样可避免因号码不足而限制网络发展或出现网络改造的不利情况。

在确定网络组织方案时必须与编号方案统一考虑，做到统一编号。

从用户角度考虑，要尽可能地避免改号；同时应尽量缩短号长，以节省设备投资及缩短接续时间。对于分机号码还可与楼层、房间号码相对应，以方便用户。

7.3.2 编号方法

编号方法取决于用户交换机与公用网的中继连接方式，用户号码应选用统一的号长，对于每一个用户话机应只对应一个用户号码。如果采用全自动入网方式，因为第一位数字“1”为长、市特种业务号码，“0”为国内长途全自动冠号，“00”为国际长途全自动冠号，因此用户号码只能用“2”~“9”作为内部电话的首位号码。采用两位用户号码时，用户量最多是80，采用三位号码时，用户量最多是800。

7.3.3 出入中继的号码制度

1. 用户分类

为节省中继设备及线路的投资，必要时可将交换机用户分为只能对内部电话通话而不能对市话局通话的限制用户和既可进行内部通话又可对市话局通话的非限制用户两种。

2. 拨号方式

对市话局的出入中继的拨号方式，从市话局到交换局的入中继一般给予普通市话用户号码。入中继线在20条以下时，一般设一个代表号码连选全部20条中继线。电话用户在拨叫市话局用户号码前，先拨一字冠“0”，再拨其余市话号码。

采用呼入话务台转接的半自动中继方式，中继线引示号码应纳入接口端局用户统一编号。

采用全自动直拨呼入中继方式，对大容量的交换机分配给相应的分支局号。

3. 市话局的用户交换机之间的交换关系

市话局的用户交换机之间一般情况下通过市话网连接，用户交换机之间没有直通的中继线。但当它们的距离很近且电话联系比较多时，可以在相关的交换机间设置直通的中继线。用户交换机至其他交换机的出中继，可以和至市话局的出中继一样，指定一个冠号，也可以指定一个本站的用户号码，把对方站看作是本站的用户交换机。

7.3.4 特种业务号码

特种业务号码应与当地市话局已有的特种业务号码相同，内部开设的特种业务号码应该是便于记忆和使用的，并不得和市话局的特种业务号码发生冲突。这是因为用户交换机的特种业务只要是市话局已开放的或可以汇接的就应连接到市话局的特种业务台或由市话局汇接。

另外，若允许用户交换机连接移动用户时，应采用全国统一的编号方案。

当采用DOD方式与市话局连接时，一般设置出局号为“0”。

7.4 程控用户交换机工程设计的内容

程控用户交换机对环境有一定的要求。首先是使交换机处于良好的地理环境中，不应设在温度高、灰尘多、有害气体多、易燃及低洼地区；另外，应避开经常有较大震动或强噪声的地方及变电所等。一般程控用户交换机工程初步设计文件包括以下3部分。

1. 工程说明

（1）概述：设计依据、原有设备概况、本期工程概况、设计分工、特殊要求及其他需要说明的问题。

(2)中继方式:网络结构、入网方式、中继线类型及数量、线路信号、编号方法。

(3)设备选型。

(4)房屋平面布置、设备布置及土建要求。

(5)计费和同步。

(6)话务量、中继线。

(7)对原有设备的处理意见。

(8)电源。

(9)工程注意事项及有关说明。

2. 概(预)算部分

在程控用户交换机的工程设计当中,概(预)算的编制是控制工程建设成本、保证工程效益的重要手段之一。概(预)算的编制是个复杂、系统性的工作,主要包括如下几个方面:

(1)编制过程。

①收集资料,熟悉图纸。主要了解工程概况、搞清图纸中每个线条及符号的含义和图纸上每项说明的含义,为工程量计算打下基础。

②计算工程量。

③套用定额,选定价格。

④计算各项费用,填写相应概(预)算表格。

(2)编制说明。

编制说明是对概(预)算编制依据、计算和统计结果等相关方面进行简要说明的文档,内容通常包括:

①工程概况、概(预)算总价值。

②编制依据及采用的收费标准和计算方法的说明。

③工程技术经济指标分析。

④其他需要说明的问题。

(3)概(预)算表。

概(预)算表是对程控用户交换机工程建设过程中各项费用进行计算和统计的表格。根据我国部规文件的相关规定,概(预)算表格有包括"建设项目总预算(汇总表)"等多个表格。

3. 图纸部分

图纸是程控用户交换机工程设计的重要组成部分,是设计、施工和检查的依据及标准。

7.5 程控用户交换机的管理与维护

为确保程控用户交换机能够正常运行并为用户提供良好的服务,必须对程控用户交换机进行有效的管理、监视和维护。

管理是根据程控用户交换机的能力,安排用户的等级,修改路由的选择规则,规定程控用户交换机的过负荷控制标准等,使程控用户交换机合理地工作。

监视是指检查程控用户交换机的服务质量、用户线和中继线的运行情况，取得实际话务数据，作为改进管理的依据，在设备出现故障时，立即发出可见或可听信号，并输出相关信息。

维护是指对程控用户交换机故障的检测和定位、硬件的重新组合以及软件的再启动等。

程控用户交换机拥有完善的维护操作子系统，具有各种自动监控功能，能发现故障并及时消除故障带来的影响，保证系统不间断地工作。

7.5.1　程控交换机的维护

1. 程控交换机维护概述

程控交换机是一种智能化的电子设备，它具有很强的故障自动诊断、定位、隔离和恢复功能，因而技术先进、工艺严格、可靠性高。这些都给维护带来了方便，减少了维护工作量，但由于技术复杂而加深了维护工作的层次，对维护人员的素质和能力提出了较高的要求。维护人员应具备数字通信、数据统计、计算机技术和集成电路技术等广泛的硬件和软件知识。

程控交换机的维护工作分为硬件维护和软件维护。

程控交换机的硬件主要是由电路板形成的，还有母线底板、连接器和手接电缆。各种电路板常采用插入式结构，板上装有几十个至上百个集成块及分立原件。一台千门容量的程控数字交换机，其印制电路板的数量可达三百多块，种类有几十种。

为保证可靠性，程控交换机从设计生产到开通运行各环节都采取了相应的措施：元器件要经过严格的筛选、老化处理，整机出厂前要经过测试及加载实验；开通运行后，有高稳定度的整流柜和蓄电池提供连续的、稳定的工作电压；用合理的机房环境进一步提高系统的可靠性。若维护人员能够通过测试数据和告警信息进行综合分析，把有故障隐患的原部件和电路板及时更换下来，则故障率可进一步降低。

程控交换机的软件系统相当庞大，一般由 30 万 ~ 50 万条指令构成。这就要求在日常维护过程中，认真做好各种告警、故障记录，尽可能多地收集有关数据，仔细分析观察，积累总结经验。

2. 程控交换机的维护过程

无论是硬件还是软件，程控交换机的维护可分为故障的监测、分析、诊断和排除 4 个环节。

(1) 监测。监测包括例行的日常测试和收集维护终端提供的各种告警信息。具体的测试内容主要是对用户和中继线的测试，当发现有故障的线路时应做详细记录。搜集维护终端提供的告警信息也是监测工作的一部分。程控交换机对一些关键部件（如中央处理器、交换网络、通信链路等）都采用了双备份的冗余设计，且有自动测试功能。自动测试发现问题或故障时，系统将采取相应的措施（如自动备份切换），同时把这些故障以告警代码的形式送到维护终端。

(2) 分析。在收集到有关数据、信息资料以后，需要对这些数据信息进行综合分析，初步判断出故障的原因和可能存在的潜在隐患。

硬件方面的故障原因可能有：

①机房环境(温度、湿度、防静电、防尘、防雷、防电磁干扰等)不符合要求。

②元器件质量不符合要求。

③印制电路板质量不符合要求(如虚焊、断线、短路、绝缘不好等)。

④电源电压、电流过高或过低,电源稳定度不够等。

⑤配线架、接插电缆接插不良等。

软件方面故障的可能原因有：

①软件固有的缺陷。

②输入了错误的数据或命令。

③电压的短暂波动。

④电磁辐射干扰。

⑤话务量过载。

⑥公共资源(如DTMF收号器)配置不够。

(3)诊断。除明显的故障外,对分析结论需通过某些手段验证,以确切地判断出故障所在的具体部位,该过程称为诊断。对于硬件故障,更换可疑的印制电路板、电缆线、元器件是常用的诊断手段之一。在没有采取相应的措施之前,不能从机架上随意拔下电路板,以免引起系统错误。对涉及整个系统的电路板的更换应在夜间话务量小时进行。

(4)故障排除。确定了故障部位并进行更换后,相应的故障就排除了。故障排除后应详细填写维修记录卡,并存档备案。维修记录卡的内容包括以下4点：

①故障现象。

②故障分析：各种有关数据和告警信息及简要分析过程。

③故障部位：完整的硬件地址和具体的元器件型号。

④环境：出现故障前的一些具体情况。

7.5.2 程控交换机的管理

目前,电信网络的发展规模越来越大,其结构也越来越复杂,设备种类也越来越多。这就必须要有一种自动化的管理手段来对电信网进行统一的监视和控制。否则,会限制网络功能的发挥,使网络资源利用率下降。

电信管理网(TMN)是叠加在电信网络上的逻辑管理网,提供多种管理功能,是一种自动化的、开放的管理平台。它不仅完成用户工作站之间、TMN的不同操作系统之间以及组成电信网的网元之间的通信,而且能使整个电信网络始终处于统一的操作和管理之下,提高全网运行效率,充分发挥网络的潜在功能,提高服务质量和经济效益。

程控交换机前后台计算机构成了一个局域网,后台计算机主要是通过人-机命令界面向前台计算机传送操作指令,并接收来自前台计算机的告警信息,以完成交换机的日常维护以及管理工作。

此外,对程控交换机的管理要有相应的机房管理制度：

(1)机务员值班及交接班制度。

(2)备品、备件管理制度。

(3)技术资料及原始记录管理制度。

(4)机房清洁制度。

(5)安全保密制度。

程控交换机的管理主要是技术管理,有以下5方面内容。

1. 用户数据管理

(1)改变用户状态,如正常使用、不使用、拒绝发话、拒绝受话等。

(2)改变用户类别,包括特定类别(如普通话机、投币话机等)和服务类别(如开放多种新服务等)两种。

(3)改变用户设备号。

2. 局数据管理

局数据管理指改变编号方案,改变路由,增加、减少或转移中继电路,改变局号,改变用户电路板类别等。

3. 计费管理

计费管理包括改变计费区、改变费率、改变计费时间等。

4. 控制管理

控制管理是指对交换机时钟置时、改变各种时限(如分机久不拨号时限)、改变过负荷控制参数等。

5. 设备管理

设备管理是指增加或拆除双音频收发号器,增加会议电话电路等。

7.6 程控用户交换机的调试、验收和开通

7.6.1 系统调试

程控用户交换机的系统调试主要按几个步骤逐级完成。

1. 通电前的测试检查

(1)检查机房温度(18~23℃)、湿度(30%~75%)是否符合条件。

(2)直流电压检查应在-45~-43 V之间。

(3)硬件检查:设备标志齐全正确;印制电路板的数量、规格、安装位置与厂方提供的文件是否相符;设备的各种选择开关应置于指定位置;电池正极汇流条接地良好;机架、配线架接地良好;设备的各种熔丝规格符合要求;设备内部的电源布线无接地现象。

2. 电源系统的检验

测量主电源各级电压及电流是否正常。

3. 硬件测试

硬件设备逐级加上电源,检查DC-DC变换器和DC-AC逆变器的输出电压,各种外围终端设备自测,检查各种告警装置和时钟系统精度,装入测试程序对设备进行测试,确认硬件系统无故障。

4. 系统功能调试

(1)系统建立功能:系统初始化,将整个程序(系统软件、局数据和用户数据)从磁盘或磁带装入主储存器,对于容量小的用户交换机不单设局数据库。系统初始化有3个初始化级,按照优先顺序分为初始化再启动、硬件再启动、软件再启动。软件再启动是程序的一种容错技术。第一次向系统加电或断电后再重新加电称为初始化再启动,它由保护程序控制完成,自动装载。检测到某些故障时,由自导软件控制初始化启动,硬件再启动除程序不重新从磁盘装入主储存器外,其余与初始化再启动相同。系统建立功能还包括系统自动/人工再装入的测试、系统自动/人工再启动的测试。

(2)系统的交换功能:对每个分机用户做本局呼叫测试;对每条中继线做出局呼叫测试和入局呼叫测试;结合各种呼叫对计费功能进行测试;对非话务业务进行接续测试;对新业务性能进行测试,如果需要,也可对旅馆功能逐项测试。

(3)系统维护管理功能:对人机命令进行核实;对告警系统进行测试;进行话务观察和统计;对用户数据进行管理;制造人为故障进行故障诊断;进行冗余设备的人工/自动倒换;进行例行测试等。

(4)系统的信号方式:验证用户信号方式、局间信号方式及网同步功能;对有组网功能的交换机要验证转发存储号码能力及迂回功能等。

7.6.2 验收测试

程控交换机验收测试的主要目的就是对全部设备以系统的主要功能进行全面检验。验收测试包括以下几项指标:

1. 可靠性

可靠性指在验收测试期间不得发生系统瘫痪。在验收测试的一个月内,处理再启动指标应符合次要再启动不大于3次、严重再启动0次、再装载启动0次的要求。次要再启动是指不影响正在通话的用户,只影响正在进行接续处理的用户;严重再启动是指只影响本处理机控制群内的通话和接续;再装载启动是指需要全部软件再装入,影响整个系统通话的接续。

验收测试期间,要求软件测试故障不大于8个,更换电路板的次数不大于0.13次/100用户。还要进行长时间通话测试,即将12对话机保持在通话状态48 h,同时将高话务量加入交换机,48 h后,通话路由正常,计费正确,有长时间通话信息输出。

2. 接通率

对于容量为1 000门以上的程控用户交换机,在配线架上至少将60个主叫用户和60个被叫用户接到局内模拟呼叫器上,呼叫48 h,观察其中20对主、被叫用户,分批取出总数为20 000次的运行记录,这时要求接通率应达到99.96%。

对于容量在1 000门以下的用户交换机,在配线架上至少接10个主叫用户和10个被叫用户,同时进行拨叫,累计达1 000次以上,要求接通率指标应达到99.9%。

3. 接续功能

局内呼叫时,对于正常通话、摘机不拨号、位间隔超时、拨号中途放弃、久叫不应、被叫忙用户电路锁定、呼叫空号等每项测试3~5次,保证功能良好。出、入局呼叫中,对每条中继线做通话测试,保证功能良好。对采用互不控制、主叫控制及被叫控制的复原方式做验证测试,保证功能良好。对用户交换机的连选功能、夜间服务及应答等性能一一进行测试。对各种用户新业务功能也要一一测试。对有计费功能的交换机,做各类呼叫通话3 min,检查计费信息是否准确。

4. 处理能力和过负荷

连续进行4 h的忙时呼叫测试,使忙时产生呼叫次数接近控制系统的BHCA(最大忙时试呼次数)值,计算其接通率是否满足要求。当处理机的处理能力超出额定呼叫处理能力时,应能自动限制服务等级较低的普通用户的呼叫,实行过负荷控制。

5. 维护管理和故障诊断功能

对常用的人机命令进行测试,要求功能完善、执行正确。告警系统的功能测试要求告警系统的可听、可见信号动作可靠,交换机与维护中心间和各种告警信息传递迅速正确,电源系统的故障告警指示准确且记录完整。用人机命令对局数据和用户数据进行增、删、改操作,并通过呼叫证实。用人机命令执行用户电路、中继器、公用设备和交换网络的测试并输出结果。在处理机、交换网络、外围接口电路和电源系统中人为地制造故障,验证故障告警和主备用设备倒换,系统应能自动或人工对故障进行分析。诊断程序对故障电路板的定位准确率应达75%以上。对系统初始化和应急启动功能进行测试,使用备用工作文件磁盘重新装入,对系统进行初始化,交换系统应能正常运行,模拟软件故障,验证系统自动再装入和各级自动重新再启动功能是良好的。

6. 环境与抗干扰验收

直流电压极限试验(正常供电电压为-48 V),将直流电压的输出调到-54 V,进行20个主叫用户、20个被叫用户呼叫1 h的试验,要求各种操作维护功能正常,接通率达99.9%。断掉直流电压,由蓄电池供电,直流电压为-43 V,重做上述测试,结果应良好。进行临界温度、湿度试验,检查室内温度为30 ℃、相对湿度为40%,或室内温度为45 ℃时,进行局内呼叫1 h,接通率应为99.9%,各种操作维护功能应正常。

7. 传输指标

用各类仪器测试损耗频率特性、非线性失真、双向传输损耗不平衡、回波损耗、单频杂音、量化失真、串音、互调失真、群时延、对地不平衡度等。

8. 技术文件及备件

验收测试合格后,厂方应移交技术文件和备件,包括系统文件、维护手册、操作手册、人机命令手册、安装手册、硬件技术手册、电路原理图、程序说明书、程序清单、安装设计文件等。

另外,验收测试的基本要求如下:

(1)整个系统能正常工作。

(2)满足规定的系统故障指标。

(3)所有应具备的功能都能正确执行。

(4)全部设备与备件齐全。

(5)全部技术资料正确无误。

7.6.3 开通与试运转

开通后,试运转3个月,投入设备容量20%以上的用户进行联网运行,若主要指标不符合要求,从次月开始重新进行3个月的试运转,若故障率总指标合格,但每月的指标不合格,应追加1个月的试运转期,直到合格为止。

7.7 C&C08交换机的维护管理

C&C08交换机具有完备的人机通信系统,包括维护操作和运行管理的各种功能,并有Windows操作环境和人机语言(MML)命令行操作环境供用户选择。

7.7.1 C&C08交换机维护分类

C&C08交换机设备维护分类如图7-1所示。

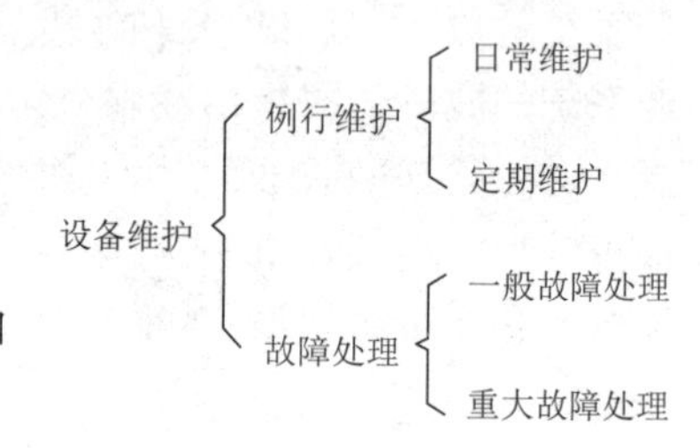

图7-1 设备维护的分类

1. 例行维护和故障处理

按照维护目的的不同,可将设备维护分为例行维护和故障处理。

(1)例行维护是一种预防性的维护,它是指在设备的正常运行过程中,为及时发现并消除设备所存在的缺陷或隐患,维持设备的健康水平,使系统能够长期安全、稳定、可靠运行而对设备进行的定期维护和保养,是一种预防性的措施。例如,日常设备巡检、日常计费检查、定期查杀BAM病毒、定期清洗防尘网框、定期备份系统数据、定期测试系统功能等。

(2)故障处理是一种补救性的维护,它是指在系统或设备发生故障的情况下,为迅速定位并排除故障,恢复系统或设备的正常运行,尽量挽回或减少故障损失而对设备进行的非定期检修和维护,是一种补救性的措施。例如,更换故障单板、倒换故障系统、启动应急工作站等。

2. 日常维护和定期维护

按照维护实施的周期长短来分,可将例行维护分为日常维护和定期维护。

(1)日常维护是指每天实施的、维护过程相对简单,并可由一般维护人员实施的维护操作,如日常设备巡检、日常计费检查、告警状态检查等。日常维护的目的如下:

①及时发现设备所发出的告警或已存在的缺陷,并采取适当的措施予以恢复和处理,维护设备的健康水平,降低设备的故障率。

②及时发现和处理有关计费、话单系统在运行过程中的非正常现象,避免或降低由于话单丢失而造成的损失。

③实时掌握设备和网络的运行状况,了解设备或网络的运行趋势,提高对突发事件的处理效率。

(2)定期维护是指按一定周期实施的、维护过程相对复杂,多数情况下需由经过专门培训的维护人员实施的维护操作,如定期查杀BAM病毒、定期备份话单、定期清洗单板等。定期维护的目的如下:

①通过定期维护和保养设备,使设备的健康水平长期处于良好状态,确保系统安全、稳定、可靠运行。

②通过定期检查、备份、测试、清洁等手段,及时发现设备在运行过程中的功能失效、自然老化、性能下降等缺陷,并采取适当的措施及时予以处理,以消除隐患,预防事故的发生。

③建议的定期维护分为以下4类:周维护、月度维护、季度维护、年度维护。

3. 一般故障处理和重大故障处理

按照故障处理的紧急程度和影响面,故障处理可分为一般故障处理和重大故障处理。

(1)一般故障处理是指不紧急的、影响面小的,或具有备份措施不需要立即执行的维护操作,如故障单板更换、中继电路复位处理等。

(2)重大故障处理是指紧急且影响重大需要立即执行的维护操作,如系统加电重启、BAM故障恢复、话单恢复处理等。

7.7.2 C&C08交换机维护管理功能

C&C08交换机维护管理功能十分完善,其主要体现在以下几方面:

1. 维护子系统

(1)日常维护:提供系统时间设置、查看操作记录等。

(2)倒换维护:设置各种双备份单板的倒换模式。

(3)设备控制:显示各模块及各单板的配置与运行状态。

(4)电路控制:对各类电路资源进行状态查询、闭塞、打开和复位等操作。

(5)跟踪监视:对用户电路、中继电路进行实时动态跟踪,并保存跟踪信息。

(6)接续查询:查找相关的用户电路、中继占用情况的信息。

(7)过载控制:设置过载阈值,实时显示各模块的CPU占用率等。

(8)中继增益:设置模拟中继的输入/输出电平。

(9)加载设置:设置再启动参数。

(10)7号信令维护功能。

2. 测试子系统

测试子系统包括:用户电路测试、话路测试、模拟中继电路测试、数字中继测试、MFC测试、DTMF测试及其他单板测试等功能。

3. 话务统计子系统

话务统计子系统主要对C&C08交换机的话务量、交换设备运行情况、交换机服务质量等进行观察统计,其内容主要包括:呼叫次数测量、话务量统计、平均占用时间测量、话务拥塞统计、服务质量、CPU占用率、交换设备占用率等。

4. 数据管理子系统

数据管理子系统的功能包括:配置数据管理、字冠数据管理、用户数据管理、中继数据管理、计费数据管理、网管数据管理等。

5. 计费子系统

计费子系统由四大部分构成:主机计费、终端联机设置与取话单、对外数据接口与转换部件、脱机计费系统。

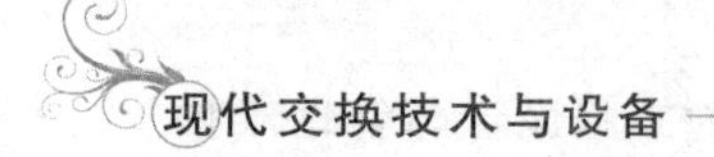

6. 特服测量子系统

特服测量子系统由特服终端和一部特服话机组成。特服终端可以是专用的,也可以是一台普通的终端与其他终端系统合用。特服话机占用一条普通用户电路,将其属性设置为特服话机。

7.7.3　C&C08 交换机的维护管理操作

1. 具有 Windows 集成维护操作环境

C&C08 交换机集成环境维护操作终端是以中文 Windows 操作系统为平台、基于对象的控制方式而建立起来的客户/服务器体系结构下的新型维护操作平台。

(1)终端操作流程。客户端必须先运行通信服务器。通信服务器与主体服务器建立连接后,用户就可以进行登录。一旦登录成功,用户即可进行响应的业务操作。使用不同操作权限的用户名登录,其所能操作的业务范围也就不同。而一旦登录失败,系统将封闭所有业务操作能力,保证了系统的安全性。

(2)客户/服务器方式。这种方式是一种流行的访问/服务机制。该结构采用功能分担的方式将用户界面和实际所完成的功能分离,客户端负责完成接收用户的请求,把请求送到响应的服务器端,接收服务器回送的结果并提供给用户。

2. 人机语言(MML)命令行操作系统

C&C08 交换机 MML 处理系统与集成环境相对应,MML 终端上仅是一个简单的输入/输出接口。MML 处理系统是独立于集成环境之外的,它用另外一种方式实现了终端的各种操作,包括数据管理、维护测试、话务统计、话单处理、操作员管理及网络管理在内的各种功能都用一系列命令实现。

终端界面分为两个窗口:一个输入、一个输出。所有的输入都在输入窗口中用 ASCII 字符录入,而大多数输出信息都在输出窗口中显示。

本章小结

(1)程控用户交换机选型应综合多种因素,选型应从技术先进性、可靠性、适用性等问题入手。

(2)编号计划主要是确定用户号码、拨号方式及对特种业务号码的编排,要符合当地公用网的号码制度。

(3)程控用户交换机的维护可分为例行维护和故障维护两大类。

(4)C&C08 交换机的维护管理功能十分完善,主要包括维护子系统、测试子系统、话务统计子系统、计费子系统等方面的管理。

(5)C&C08 交换机具有完备的人机通信系统,包括维护操作和运行管理的各种功能。

思考与练习

一、填空题

1. 程控用户交换机选型原则包括(　　　　)、(　　　　)、(　　　　)等问题。

2. 程控用户交换机的计费可分为(　　　　)、(　　　　)、(　　　　)和(　　　　)。
3. 常用的计费系统有(　　　　)、(　　　　)和(　　　　)。
4. 常用的中继方式有(　　　　)、(　　　　)、(　　　　)等。
5. 程控交换机的编号计划取决于(　　　　)和(　　　　)。
6. 程控用户交换机工程设计的概算部分包括(　　　　)和(　　　　)。
7. 程控交换机的维护工作分为(　　　　)和(　　　　)。
8. 程控交换机验收测试主要包括(　　　　)、(　　　　)、(　　　　)等。
9. 程控用户交换机的工程设计包括(　　　　)、(　　　　)和(　　　　)。
10. 程控交换机系统调试中,系统初始化有3个初始化级(　　　　)、(　　　　)和(　　　　)。

二、判断题

1. 程控用户交换机的可靠性与平均故障时间成正比。(　　)
2. 程控用户交换机的可靠性与故障间隔时间成正比。(　　)
3. 程控用户交换机的编号计划与中继连接方式无关。(　　)
4. 程控用户交换机的号码计划只以业务预测为依据。(　　)
5. 程控用户交换机的中继方式只与交换机容量的大小有关。(　　)
6. 程控用户交换机内部开设的特种业务号码不得和市话局的特种业务号码发生冲突。(　　)
7. 程控用户交换机连接移动用户时,不必采用全国统一的编号方案。(　　)
8. 程控交换机的维护工作分为硬件维护和软件维护。(　　)
9. 程控交换机的试运行时间为1个月。(　　)
10. 程控交换机的电源系统的检验是测量主电源电压是否正常。(　　)
11. 程控交换机验收的主要目的就是对全部设备以系统的主要功能进行全面检验。(　　)
12. 程控交换机的验收测试期间,要求软件测试故障不大于6个月。(　　)
13. 对于容量为1 000门以上的程控用户交换机,系统调试时要求接通率达到99%。(　　)

三、简答题

1. 程控用户交换机选型应遵循哪几方面原则?
2. 程控用户交换机维护过程如何?
3. 程控用户交换机工程设计包含哪些内容?
4. 程控用户交换机的管理一般指哪几个方面?
5. C&C08 程控用户交换机维护是如何分类的?
6. 简述程控用户交换机的编号计划。
7. 简述程控用户交换机的调试、验收和开通所包含的内容。

第8章 NGN 软交换

内容提要

- NGN 技术,主要介绍了 NGN 的基本概念、NGN 的特点及优势。
- 软交换技术,主要介绍了软交换技术的基本概念、基本解决方案及软交换技术的主体优势。
- SoftX3000 软交换系统,主要介绍了软交换技术主要设备 SoftX3000 软交换系统的基本业务应用及主体结构。

8.1 NGN 简介

8.1.1 NGN 概述

NGN 是"下一代网络(Next Generation Network)"或"新一代网络(New Generation Network)"的缩写。NGN 是以软交换为核心,能够提供话音、视频、数据等多媒体综合业务,采用开放、标准体系结构,能够提供丰富业务的下一代网络。基于分组的网络,能够提供电信业务;利用多种宽带能力和 QoS 保证的传送技术;其业务相关功能与其传送技术相独立。NGN 使用户可以自由接入到不同的业务提供商;NGN 支持通用移动性。它是电信史的一块里程碑,标志着新一代电信网络时代的到来。

在计算机网络中,"这一代"网络是以 IPv4 为基础的互联网,下一代网络是以高带宽以及 IPv6 为基础的 NGI(下一代互联网)。在传输网络中,"这一代"网络是以 TDM(时分复用)为基础,以 SDH(同步数字体系)以及 WDM(波分复用)为代表的传输网络,下一代网络是以 ASON(自动交换光网络)以及 GFP(通用帧协议)为基础的网络。在移动通信网络中,"这一代"网络是以 GSM 为代表的网络,下一代网络是以 4G 为代表的网络。在电话网中,"这一代"网络是以 TDM 时隙交换为基础的程控交换机组成的电话网络,下一代网络是指以分组交换和软交换为基础的电话网络。从业务开展角度来看,"这一代"网络主要开展基于话音、文字或图像的单一媒体业务。4G 网络包括 TD-LTE 和 FDD-LTE 两种制式,是集 3G 与 WLAN 于一体,并能够快速传输数据、高质量音频、视频和图像等,几乎能满足所有用户对于无线服务的要求。4G 网络还可以在 DSL 和有线电视调制解调器没有覆盖的区域部署,然后再扩展到整个地区,有着无可比拟的优越性。

总体来说,我们认为广义上的下一代网络是指以软交换为代表,IMS 为核心框架,能够为公众灵活提供大规模视讯话音数据等多种通信业务,以分组交换为业务统一承载平台,传输层适应数据业务特征及带宽需求,与通信运营商相关,可运营、维护、管理的通信网络。

1. NGN 的概念

NGN(Next Generation Network,下一代网络)是一个定义极其松散的术语,泛指一个不同于目前一代的,以数据为中心的融合网络。NGN 的出现与发展不是革命,而是演进。

(1)从业务上看,应支持话音和视频业务及多媒体业务。

(2)从网络上看,在垂直方向应包括业务和传送层,在水平方向应覆盖核心网和边缘网。

①NGN 是一种业务驱动型网络。通过业务和呼叫控制完全分离、呼叫控制和承载完全分离,从而实现相对独立的业务体系,使业务独立于网络。

②开放式综合业务架构。NGN 是集话音、数据、传真和视频业务于一体的全新的网络。

③NGN 是基于分组的网络,能够提供电信业务;利用多种宽带能力和 QoS 保证的传送技术;其业务相关功能与其传送技术相独立。

NGN 的概念,在其发展史上有狭义 NGN 广义 NGN 之分。

(1)狭义 NGN。狭义 NGN 指以软交换为核心,能够提供话音、数据、视频等多媒体综合业务,采用开放标准体系,支持提供丰富业务的网络体系,如图 8-1 所示。

(2)广义 NGN。从业务上看:

①对电话网而言,是指软交换体系。

②对移动网而言,是指 IP 3G 和后 3G。

③对数据网而言,是指下一代因特网和 IPv6。

④对传输网而言,是指下一代智能光网络。

从技术上看:

①具备蜂窝网的移动性。

②具备有线电视网的丰富内容。

③具备传统电话普遍性和可靠性。

④具备因特网的灵活性。

⑤具备以太网的运作简单性。

⑥具备 ATM 的底延时性。

⑦具备光网络的带宽。

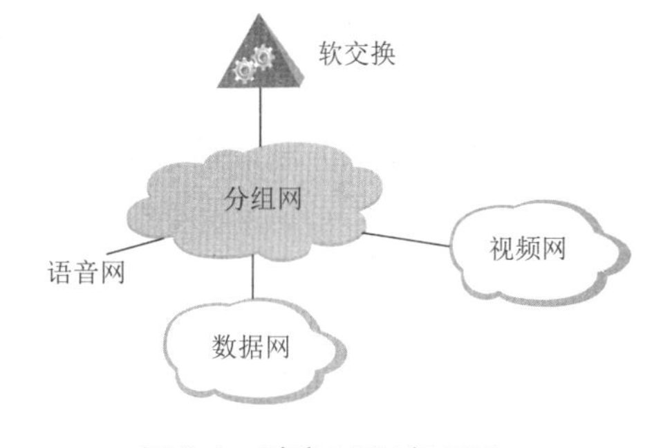

图 8-1 狭义 NGN 组网图

2. NGN 体系结构

NGN 采用分层体系结构,包括边缘接入层、核心交换层、网络控制层和业务管理层,如图 8-2 所示。

(1)边缘接入层:通过各种接入手段将各类用户连接至网络,并将信息格式转换成为能够在网络上传递的信息格式。

(2)核心交换层:采用分组技术,提供一个高可靠性的、提供 QoS 保证和大容量的统一的综合传送平台。

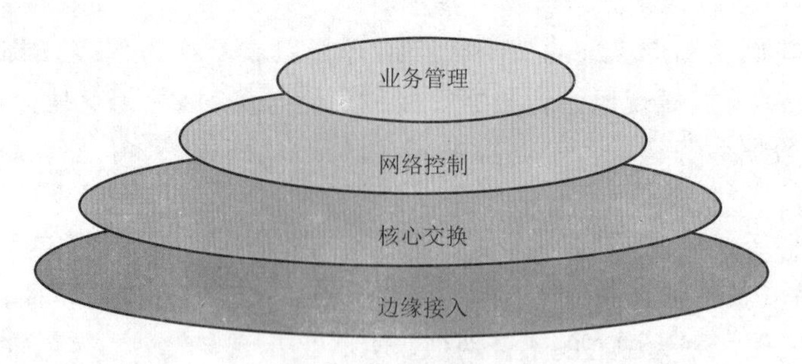

图 8-2　NGN 体系结构

(3)网络控制层:实现呼叫控制,其核心技术就是软交换技术,完成基本的实时呼叫控制和连接控制功能。

(4)业务管理层:在呼叫建立的基础上提供额外的增值服务,以及运营支撑。

NGN 采用分层开放分部式网络架构,分为边缘接入层、核心交换层、网络控制层和业务管理层 4 个层次;控制与连接分离,业务与呼叫分离,如图 8-3 所示。

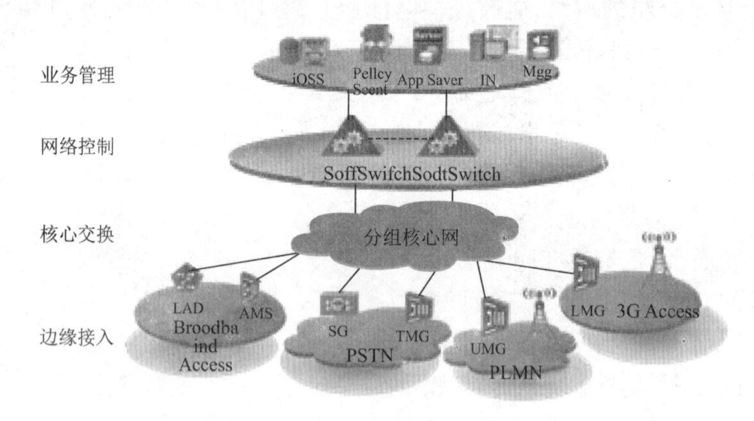

图 8-3　NGN 的分层结构

NGN 结构具有以下几方面特征:

(1)NGN 承载网趋向于高速分组化核心承载,采用统一的 IP 协议实现业务融合。

(2)NGN 是基于统一协议的网络。

(3)NGN 同时支持语音、数据、视频等多种业务。

(4)NGN 具有接入和覆盖优势;地域概念消失,同一软交换系统下的用户可以位于任何一个网络可以到达的地方。

(5)NGN 的建设成本和维护成本低。

3. 软交换

软交换的基本含义就是把呼叫控制功能从媒体网关(传输层)中分离出来,通过服务器上的软件实现基本呼叫控制功能,包括呼叫选路、管理控制、连接控制(建立会话、拆除会话)和信令互通(如从 SS7 到 IP)。

软交换主要完成以下功能:

(1)媒体网关控制功能。

(2)呼叫控制功能。

(3)信令互通功能。

(4)基本业务/补充业务提供功能。

8.1.2 NGN 特点及优势

NGN 的主要特点是能够为公众灵活、大规模地提供以视讯业务为代表,包含话音业务、互联网业务在内的各种丰富业务。当前所谓的电信网是为电话业务设计的,实质上是为电话网服务的。要适应 NGN 多业务、灵活开展业务的特征,必须要有新的网络结构来支持。一般来说,NGN 主要有如下特征及优势。

1. NGN 是业务独立于承载的网络

传统电话网的业务网就是承载网,结果就是新业务很难开展。NGN 允许业务和网络分别提供和独立发展,提供灵活有效的业务创建、业务应用和业务管理功能,支持不同带宽的、实时的或非实时的各种多媒体业务使用,使业务和应用的提供有较大的灵活性,从而满足用户不断增长的对新业务的需求,也使得网络具有可持续发展的能力和竞争力。

2. NGN 采用分组交换作为统一的业务承载方式

传统的电话网采用电路(时隙)方式承载话音,虽然能有效传输话音,但是不能有效承载数据。NGN 的网络结构对话音和数据采用基于分组的传输模式,采用统一的协议。NGN 把传统的交换机的功能模块分离成为独立的网络部件,它们通过标准的开放接口进行互联,使原有的电信网络逐步走向开放,运营商可以根据业务的需要,自由组合各部分的功能产品来组建新网络。部件间协议接口的标准化可以实现各种异构网的互通。

3. NGN 能够与现有网络如 PSTN、ISDN 和 GSM 等互通

现有电信网规模庞大,NGN 可以通过网关等设备与现有网络互联互通,保护现有投资。同时 NGN 也支持现有终端和 IP 智能终端,包括模拟电话、传真机、ISDN 终端、移动电话、GPRS 终端、SIP 终端、H248 终端、MGCP 终端、通过 PC 的以太网电话、线缆调制解调器等。

4. NGN 是安全的、支持服务质量的网络

传统的电话网基于时隙交换,为每一对用户都准备了双向 64 kbit/s 的虚电路,传输网络提供的都是点对点专线,很少出现服务质量问题。NGN 基于分组交换组建,则必须考虑安全以及服务质量问题。当前采用 IPv4 协议的互联网只提供尽力而为的服务,NGN 要提供包括视频在内的多种服务则必须保证一定程度的安全和服务质量。

5. NGN 是提供多媒体流媒体业务的多业务网络

当前电信网业务主要关注话音业务。数据业务虽然已超过话音,但是在盈利方面还有待提高。大规模并发流媒体以及互动多媒体业务是当前宽带业务的代表,因此仍然以话音和传统互联网数据业务为主的 NGN 是没有意义的。NGN 必须在服务质量以及安全等保障下提供多媒体流媒体业务。

软交换的基本含义就是把呼叫控制功能从媒体网关(传输层)中分离出来,通过服务器上的软件实现基本呼叫控制功能,包括呼叫选路、管理控制、连接控制(建立会话、拆除会话)和信令互通(如从 SS7 到 IP)。

软交换主要完成以下功能:

(1)媒体网关控制功能。

(2)呼叫控制功能。

(3)信令互通功能。

(4)基本业务/补充业务提供功能。

8.2 软交换技术简介

8.2.1 概述

电信业务的需求正在以难以预测的速度持续不断地扩大和增长,人们普遍认为仅未来15~20年,通信增长的水平将等于过去100年的总和。当今语音和数据网络并存,具有几乎相同的业务量,然而因特网的使用却大大推动了数据业务爆炸性地增长,其增长速度是语音业务增长速度的10~15倍。

通信业务提供者市场继1996年美国电信法案颁布之后,其情形是世界性的通信行业都在进行着有意义的裂变重组。在软件、传输和互连方面的技术进步使得业务提供者创建所谓的综合业务供给变得可行,其操作并不比诸如本地、蜂窝及长途电话这样的离散业务复杂。

目前,公共交换电信网架构正朝着基于分组技术的方向发展,并且网络业务提供者也正面临着该发展方向的挑战。软交换技术对于包含架构提供者在内的商务模型特别有用,软交换的解决方案就是迎接这些挑战要求的技术实例。

针对公共通信网络日新月异的演变的挑战,软交换技术可以说是一个很好的解决方案。该项技术的基本方法是以传统电路交换机的核心功能为前提,以软件组件的形式把这些核心功能分散跨越在一个分组骨干网上,并使其运行在商用标准计算机上来实现所谓的软交换方案。这种软交换解决方案,对于想要创建和提供新业务的业务提供者及任何第三方开发者来说,其非捆绑的和分散的功能结构都是开放的并且是可编程的,从而能够为竞争化的市场提供所要求的伸缩性和可靠性。

软交换又称呼叫Agent、呼叫服务器或媒体网关控制。其最基本的特点和最重要的贡献就是把呼叫控制功能从媒体网关中分离出来,通过服务器或网元上的软件实现基本呼叫控制功能,包括呼叫选路、管理控制、连接控制(建立会话、拆除会话)、信令互通(如从7号信令到IP信令)等。这种分离为控制、交换和软件可编程功能建立分离的平面,使业务提供者可以自由地将传输业务与控制协议结合起来,实现业务转移。这一分离同时意味着呼叫控制和媒体网关之间的开放和标准化,为网络走向开放和可编程创造了条件和基础。

软交换技术与电路交换技术、智能网技术相比具有更新、更多的含义,将在业务融合、终端用户控制以及第三方应用集成中发挥重要作用。在未来的通信技术中,软交换将是一个重要的发展方向,是PSTN向下一代交换网络(NGN)过渡并实现融合的关键。软交换也是下一代网络中完成控制功能的一个软件网络实体。

软交换(Software Switch)概念的基本含义就是把呼叫传输与呼叫控制分开,通过服务器或网元上的软件实现基本呼叫控制功能,如呼叫控制、路由选择、管理控制、连接控制、信令互通等，为控制、交换和软件可编程功能建立分离的平面，使业务提供者可以自由地将传输业务与控制协议结合起来，实现业务转移。软交换采用开放式应用程序接口，以方便引入新业务和新技术。实际上软交换系统现的是通信网技术与 IP 技术两者的结合，是针对整个通信网络而不是针对交换节点来研究解决未来网络的问题。

软交换概念的产生是基于以下技术的发展：

(1)基于 VoIP 技术的 IP 电话在通信领域内的成功应用。VoIP 技术是由 ITU-T 制定的具有电信网可管理性的 IP 电话体系（H.323 协议体系）和 IETF 制定的建立在会话发起协议之上的会话初始协议（SIP）体系构成的。

最初通过的 H.323 规范是用于局域网（LAN）的会议电视；H.323 的第二版也可用于 IP 网上的通信。目前的第三版作为多媒体组网标准应用比较广泛，它是 IP 网关/终端在 IP 网上传送语音和多媒体业务所使用的核心协议，包括点到点通信、一点到多点会议、呼叫控制、多媒体管理、带宽管理、LAN 与其他网络的接口等。SIP 是在简单邮件传送协议（SMTP）和超文本传送协议（HTTP）基础之上建立起来的，用于生成、修改和终结一个或多个参与者之间的会话。这些会话包括 Internet 多媒体会议、Internet（或任何 IP 网络）电话呼叫和多媒体发布。为了提供电话业务，SIP 还需要不同标准和协议的配合［例如实时传输协议（RTP）、能够确保语音质量的资源预留协议（RSVP）等］，并实现与当前电话网络信令互联。IP 电话正在大幅度向商业电话演进，SIP 就是确保这种演进实现所需要的下一代网络的重要协议之一。

(2)基于 IP 电话网络中互联设备 E 网关技术性能的不断提高和大量应用。网关按功能分解为两种：一是媒体网关（MOW），只负责不同网络的媒体格式的适配转换；二是媒体网关控制器（MOC），是为完成网关的所有控制功能而单独设置的。MOC 对 MOW 的控制功能类似于电话交换机中的电路连接控制，不同的是 MOC 只是向 MOW 发出控制指令，不进行语音信号的任何处理（由 MOW 完成语音信号的传送和格式变换）。相当于 MOC 中只包含交换机的控制软件，而把硬件的交换网络置于 MOW 之中。

(3)基于智能网技术发展的巨大推动作用。智能网将业务控制和呼叫控制分离，提出了独立于交换网络的业务控制架构，为软交换的产生奠定了技术基础。

8.2.2 软交换解决方案

1. 软交换技术设计思想

软交换的基本设计思想是基于创建一个可伸缩的、分布式的软件系统，该系统独立于特定的底层硬件/操作系统，并能够处理各种各样的同步通信协议。这样的一个分布式系统可以被看成是一个可编程的同步通信控制网络，并且应该满足以下基本要求：

(1)独立于协议和设备的呼叫处理或同步会晤管理应用的开发。

(2)在其软交换网络中能安全执行多个第三方应用而不存在由恶意或错误行为的应用所引起任何有害的影响。

(3)第三方硬件销售商能增加支持新设备和协议的能力。

(4)业务提供者和应用提供者能增加支持全系统范围的策略能力而不会危害其性能和安全。

(5)有能力进化同步通信控制网络，以支持包括账单、网络管理和其他运行支持系统的各种各样的后营业室系统。

(6)从非常小的网络到非常大的网络的可伸缩性。

(7)支持彻底的故障恢复能力。

2. 软交换技术的特点

软交换技术的目标是在媒体设备和媒体网关的配合下,通过计算机软件编程的方式来实现对各种媒体流进行协议转换,并基于分组网络的架构实现 IP 网、ATM 网等的互联,以提供和电路交换机具有相同功能并便于业务增值和灵活伸缩的设备。

软交换技术的突出特点包括以下几个方面:

(1)它是一个支持各种不同的 ATM、IP 等协议的可编程呼叫处理系统。

(2)运行在商用计算机和操作系统上。

(3)控制着扩展的中继网关、接入网关和远程接入服务器。

(4)为第三方开发者创建下一代业务提供开放的应用编程接口。

(5)具有可编程的后营业室特性,如可编程的事件详细记录等。

(6)具有先进的基于策略服务器的管理所有软件组件的特性。

3. 软交换技术的功能

(1)Internet 业务卸载的功能。软交换的一个重要功能就是将拨号业务从现有交换机上卸载下来。传统交换机不适合处理大量的长时间呼叫业务,如果能在传统汇接网络的边缘放置软交换机,把拨号业务在进入传统交换机之前直接交换到 ISP 网络或 Internet 上,而语音业务不受影响,这样就会减轻传统交换机的负担。

(2)呼叫控制功能。软交换的呼叫控制功能是指为各种业务完成基本呼叫的建立、维持和释放提供控制(包括呼叫处理、连接控制、智能呼叫触发检测和资源控制等)。例如,软交换设备能够识别媒体网关报告的用户摘机、拨号和挂机等事项;控制媒体网关向用户发送各种音频信号,如拨号音、振铃音、回铃音等。

(3)媒体网关接入功能。软交换的媒体网关接入功能是一种适配功能,它可以连接各种媒体网关,如 PSTN、ISDN、IP 等中继媒体网关以及 ATM 媒体网关、用户媒体网关、无线媒体网关、数据媒体网关等,完成 H. 248 协议规定的不同网络间不同媒体信息的转换功能。

(4)协议功能。协议功能是指软交换设备采用标准协议与各种媒体网关、终端、网络和应用服务器等进行通信。丰富的协议功能为下一代网络中不同功能部件之间实现互通奠定了基础。

(5)业务提供功能。软交换能够提供 PSTN/ISDN 交换机提供的语音及多媒体通信的基本业务和补充业务功能,可以与现有智能网配合,提供现有智能网的业务,还可以与第三方合作,提供多种增值业务,并在将来与 CATV 配合提供视频和多媒体业务。

(6)业务交换功能。业务交换功能主要包括:业务控制触发的识别以及与业务控制功能(SCF)间的通信;管理呼叫控制功能和 SCF 之间的信令连接;按要求修改呼叫/连接处理功能;在 SCF 控制下处理 IN 业务请求;业务交互作用管理等。

(7)互联互通功能。软交换可以通过媒体网关实现与 PSTN/ISDN 传统网络的互通;通过信令网关(SG)实现与 7 号信令网或智能网的互通;可以通过软交换设备中的互通模块,采用 H. 323 协议实现与 H. 323 体系的 IP 电话网的互通;采用 SIP 协议实现与未来的 SIP 网络体系的互通；可以通过 SIP 或独立于承载的呼叫控制(BICC)协议实现与其他软交换设备的互通；可以提供网内 H.248 终端与媒体网关控制规程(MGCP)终端之间的互通。

(8)资源管理功能。软交换提供对系统中的各种资源进行集中管理的功能，如资源的分配、释放和控制等。

(9)代替传统交换机的功能：

①代替 4 类交换机。随着软交换标准的不断完善和协议的通过，新一代软交换将有能力成为 4 类汇接交换机的代替产品。要求信令网关能够提供合适的 SS7 接口，主要应用于长途基于 IP 的语音(VoIP)业务。

②代替 5 类交换机。运营商希望新的软交换产品既具备 5 类交换机的特性，价格又便宜，还可以在网络层提供增强型业务。下一代交换机适合本地环路的 VoIP 方案，它既可以接收 ATM 或 IP 上传送的业务，又可以把业务转移到 PSTN 上，还能继续把业务作为数据业务传到骨干网上。

(10)计费功能。软交换具有采集详细话单及复式计次功能，并且能够按照运营商的需求将话单传送到相应的计费中心。

(11)认证与授权功能。软交换与认证中心连接，可以将所管辖区域内的用户和媒体网关信息送往认证中心进行认证与授权，以防止非法用户和设备接入。

(12)地址解析功能。可以完成 E.164 地址至 IP 地址、别名地址至 IP 的转换功能，同时也可完成重定向的功能。

(13)语音处理功能。软交换可以控制媒体网关是否采用语音压缩和回声抵消技术，可以向媒体网关提供语音包缓存区大小的设置功能，以减少抖动对语音质量带来的影响。

4. 软交换技术的系统结构

与传统电路交换网相比，软交换网络是一个全开放的体系结构，从总体结构上看，它包括 4 个相对独立的层次(见图 8-4)，从下到上分别是接入层、传送层、控制层和业务层。

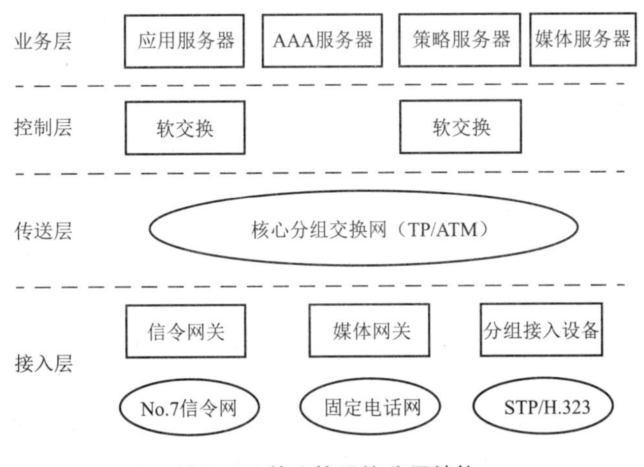

图 8-4 软交换网络分层结构

其各层主要功能如下：

(1)接入层为固定、移动电话以及各种数据终端提供访问软交换网络资源的入口，这些终端需要通过网关或者其他接入设备接入软交换网络。

(2)传送层(也称承载层)的主要任务是传递业务信息。目前有一个广泛的共识,就是采用分组交换网络作为软交换网络的核心传送网。不管传送什么样的业务信息,如电话呼叫、Web 会话、多方游戏、视频会议和数字电影等,都采用单一的分组传送网络。

(3)控制层的主要功能是呼叫控制,即控制接入层设备,并向业务层设备提供业务能力或特殊资源。控制层的核心设备是软交换,软交换与业务层之间采用开放的 API 或标准协议进行通信。

(4)业务层的功能是创建、执行和管理软交换网络增值业务,其主要设备是应用服务器,还包括其他一些功能服务器,如媒体服务器、AAA 服务器、目录服务器,以及策略服务器等,它们的作用是与应用服务器协作提供特征更为丰富的增值业务,同时增强业务的可运营性、可维护性和可管理性等。

软交换网络的设备体系结构如图 8-5 所示,它由软交换设备、应用服务器、媒体服务器、中继网关、接入网关、综合接入设备(IAD)、智能终端(如 SIP 终端和 H. 323 终端等)、路由服务器、AAA 服务器及网络管理服务器等构成。图 8-5 中还标明了设备间的协议标准。

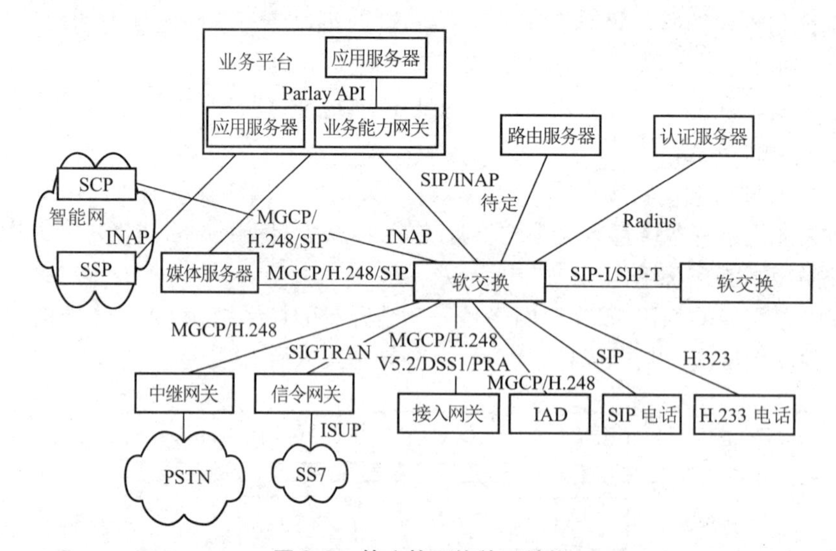

图 8-5 软交换网络体系结构

软交换网络设备主要功能如下:

(1)业务平台:提供软交换系统的业务开发环境、业务执行环境和业务管理功能,应用服务器是业务平台中的核心功能实体。

(2)应用服务器(Application Server):提供业务逻辑执行环境,负责业务逻辑的生成和管理。

(3)媒体服务器(Media Server):主要提供音频或视频信号的播放、混合和格式转换等处理功能;可以提供语音识别和语音合成等功能:在软交换实现多方多媒体会议呼叫时,媒体服务器还提供多点处理功能,即会议桥功能。

(4)路由服务器(Routing Server):为软交换提供路由信息查询功能。路由服务器可以支持相互之间的信息同步交互,可以支持多种路由信息。目前,路由服务器与软交换之间的接口以及路由服务器之间的接口尚未有统一标准。

(5)AAA服务器(Authentication,Authorization and Accounting Server):主要完成用户的认证、授权和鉴权等功能。

软交换技术的系统结构可看作是由一组软件组件组成的。所有这些软件组件可分布在一组单个的或多个分离的硬件平台上,在软交换内部采取完全的连通性,没有地域约束设置。作为一个开放的系统,软交换系统的组件采用标准协议通过网络进行通信。

8.2.3 软交换技术的优势

以软交换为控制核心是NGN的重要特征。与传统的电路交换网相比,软交换网有诸多优势,图8-6所示为从电路交换到软交换的演化示意图。

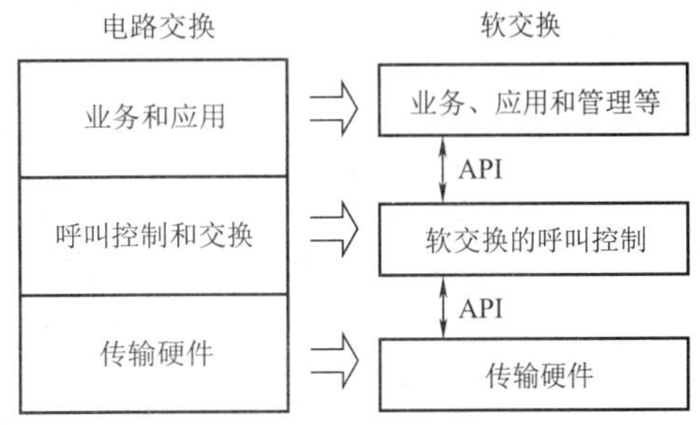

图8-6 从电路交换到软交换的演化示意图

在传统SCN网络中,向用户提供的每一项业务都与交换机直接有关,业务应用和呼叫控制都由交换机来完成。因此,每提供一项新的业务都需要先制定规范,再对网络中所有交换机进行改造,新业务提供周期长。为满足用户对新业务的需求,人们在PSTN/ISDN的基础上提出了智能网的概念。智能网的核心思想就是将呼叫控制和接续功能与业务提供分离,交换机只完成基本的呼叫控制和接续功能,而业务提供则由叠加在PSTN/ISDN上的智能网来提供。这种呼叫控制与业务提供的分离大大增强了网络提供业务的能力和速度,但是还较为初步。

随着IP网络技术的发展,各种业务都希望利用E网络来承载。因此,从简化网络结构、便于网络发展的观点出发,有必要将呼叫控制与承载连接进行进一步的分离,并对所有的媒体流提供统一的承载平台。

软交换的体系结构是开放的、可编程的。一方面,软交换与下层的协议接口是标准API接口,其中协议有SIP、H.323等;另一方面,软交换与上面应用层的接口也是标准API接口。软交换真正实现了业务与呼叫控制分离,呼叫控制与承载分离。“业务由用户编程实现”这一思想首创于传统智能网。但是,由于智能网建立在电路交换网络之上,因此业务和交换的分离是不彻底的。同时,其接入和控制功能也没有分离,不便于实现对多种业务网络的综合接入,而且智能网的业务生成环境(seE)是依靠与业务无关的构成块(Sill)来实现的。Sill又与复杂的智能网应用协议(INAP)密切相关,不利于第三方应用商参与业务开发,无法方便、快捷地生成新业务。而软交换网集IP、ATM、IN和TDM众家之长,形成分层、全开放的体系架构,不但实现了网络的融合,更重要的是实现了业务的融合。使得业务真正独立于网络,从而能够灵活、有效地实现业务的开发和提供。

首先,了解以软交换为控制核心的下一代网络的主要优点:

(1)它是一个基于开放协议的分组网络,能方便地实现各种异构网的互通。

(2)通过在呼叫控制层与业务层间采用统一、公开的接口来实现业务提供和网络控制的分离,便于新业务的快速提供,使得业务和应用的开发有更大的灵活性,从而能满足用户

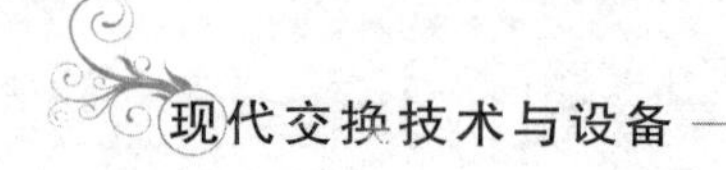

不断变化的通信需求,使网络具有更强的可持续发展能力。

(3)通过呼叫控制与承载连接的分离,便于在承载层采用新的网络传送技术。

(4)通过承载与接入的分离,便于充分利用各种现有的以及新兴的网络接入技术。

(5)允许网络运营商从不同的制造商那里购买最合适的网络部件构建自己的网络,而不必受制于一家设备商的解决方案。

其次,从电路交换的角度看,软交换技术就相当于一个电路交换机或 SSP。中继网关自身是由软交换技术利用主、被叫协议进行控制的。对于软交换技术的研究和开发,我国与国际基本上是同步进行的。软交换的主要优势在于:

(1)与电路交换机相比,软交换在成本方面有更大的优势,而且容易引入第三方开发者,在软交换平台上开发任何网络的新业务。

(2)软交换配置灵活,功能块既可以分布在整个网络中,也可以集中起来,以适合不同需求。

(3)软交换采用开放式标准接口,易于与不同网关、交换机及网络节点通信,兼容性、互操作性和互通性较好。

目前,推出了一些软交换的实施方案,但新技术的应用总是需要一段时间。主要存在的问题有:国际上尚无大型网络的组网和运营经验;协议尚未实现兼容性,标准尚处于发展阶段;应用编程接口(API)尚无成熟产品;业务不明朗;网络安全问题尚无较好的解决方案;软交换应用的商业模型有待研究等。

软交换技术的研究是通信技术的研究热点之一。国内、外很多的科研、生产机构都在从事这方面的研究,国际上著名的设备商都提供了各自的解决方案。从事软交换的国际组织"软交换国际论坛(ISC)"正在加紧对软交换的系统结构、主要功能、通信接口协议及其性能要求等做出具体的规范。软交换技术已被列为国家 863 的重点研究项目之一,2000 年 11 月底以前完成能够提供多媒体业务和应用于无线系统的软交换体系的总体技术和技术方案的研究,也包括配套网关和业务的支撑环境。

软交换将是下一代网络的关键性技术,可以对 PSTN 向分组网络的过渡提供无缝连接。在电力通信网、电话网等多种专业网都很有应用前途,将为网络的演进做出巨大贡献。软交换的出现,在网络开放性和可编程方面迈出了第一步,代表了网络发展的方向。但软交换只是网络革命的前奏,还有很多的问题需要进一步探讨。

这里主要介绍 SoftX3000 产品在 NGN 中的位置作用,讲解 SoftX3000 的硬件系统、组网结构及其性能特点。

8.3 SoftX3000 软交换系统简介

8.3.1 SoftX3000 软交换系统概述

SoftX3000 软交换系统(以下简称 SoftX3000)是华为技术有限公司研制的大容量软交换设备,它采用先进的软、硬件技术,具有丰富的业务提供能力和强大的组网能力,主要应用于 NGN 的网络控制层。完成基于 IP 分组网络的语音、数据、多媒体业务的呼叫控制和连接管理等功能。

此外，当 SoftX3000 与华为公司生产的网关设备 UMG8900 组合应用时，还可以用作电路交换机设备（C&C08 EV）或视频互通网关设备（VIG8920）。SoftX3000 支持与 PSTN、H.323、SIP 和 MGCP 域之间的互通。

SoftX3000 作为大容量、高性能的软交换产品，属于第二类电信设备（即位于中心机房、无用户线接口的设备），主要应用于 NGN 的网络控制层，完成基于 IP 分组网络的语音、数据、多媒体业务的呼叫控制和连接管理等功能。

SoftX3000 具有丰富的业务提供能力和强大的组网能力，在传统 PSTN 网络向 NGN 网络的融合发展过程中，可以具有端局（C5 局）、汇接局（C4 局）、长途局、关口局、SSP 等多种用途。SoftX3000 具有丰富的语音、数据和多媒体业务提供能力。支持 MGCP、H.248、SIP、H.323、V5、PRA 等协议，可以接入各种多媒体终端。

在华为 NGN 解决方案中，SoftX3000 是下一代网络的核心，通过采用分布式标准协议的开放网络与其他 NGN 构件互通。

1. SoftX3000 软交换系统特性

(1)丰富的业务及功能。SoftX3000 的主体业务包括：

①支持所有固网基本业务和补充业务。

②完善的 IP Centrex 解决方案。

③支持在 C4、C5 端局的应用。

④支持多媒体业务。

⑤传统智能业务。

⑥全网智能化业务。

⑦SoftX3000 与 SIP 应用服务器及第三方服务器配合提供丰富的特色化业务和功能。

主要特色功能如下：

①支持多国家码与多区号功能：支持 50 个国家代码、500 个区号。

②支持多信令点编码功能：本局信令点支持 256 个。

③支持软交换双归属功能。

④支持 IPTN 功能。

⑤支持关口局功能。

⑥支持汇接局功能。

⑦支持就远入网功能。

⑧IP 超市包括权限控制、限额呼叫、立即计费。

⑨黑白名单，支持 200 万条记录。

⑩支持内嵌 MRS，降低小容量时的投资成本。

⑪支持平等接入功能等。

(2)开放的协议接口和标准的网管接口：

①开放的协议接口，主要包括 MGCP/H.248、SCTP、M2UA、M3UA、IUA、V5UA、ISUP、BICC、SIP、SIP-T、H.323、RADIUS、RADIUS +、SNMP、STUN、INAP 和 TCP/IP 等。

②标准的网管接口，主要包括支持 SNMP 协议与 MML 的接口，可接入网关中心；支持 FTP、FTMA 协议，可接入计费中心。

(3)大容量、高集成度:

①SoftX3000 满配支持用户达 200 万或等效 36 万中继用户。

②运行功率低,小于 12 kW。

③平滑扩容。

④最多可支持 40 个业务处理模块。单个业务处理模块的 BHCA 值为 400k,单个模块可支持 1 万 TDM 中继,6 万用户。

⑤整机支持的 BHCA 达到 16000k。

⑥SoftX3000 具有很高的集成度,满配只需 5 个机架,18 框。

(4)高可靠性设计:

①硬件设计:包括单板的主备份、负荷分担、冗余配置,单板和系统的故障检测及隔离。

②软件设计:采用分层的模块化结构,具有防护性能、容错能力、故障监视等功能。

③系统过载控制:提供 4 级过负荷限制、动态调整编码方式、话务控制多种过负荷控制机制,充分保障系统的可靠性。

④支持数据安全性。

⑤支持操作安全性。

⑥计费系统:SoftX3000 的计费网关为华为公司开发的 iGWB 服务器,iGWB 服务器采用双机热备份系统并配置磁盘阵列,可实现话单数据的双备份和海量存储等安全可靠的话单管理。

⑦支持软交换双归属,如图 8-7 所示。

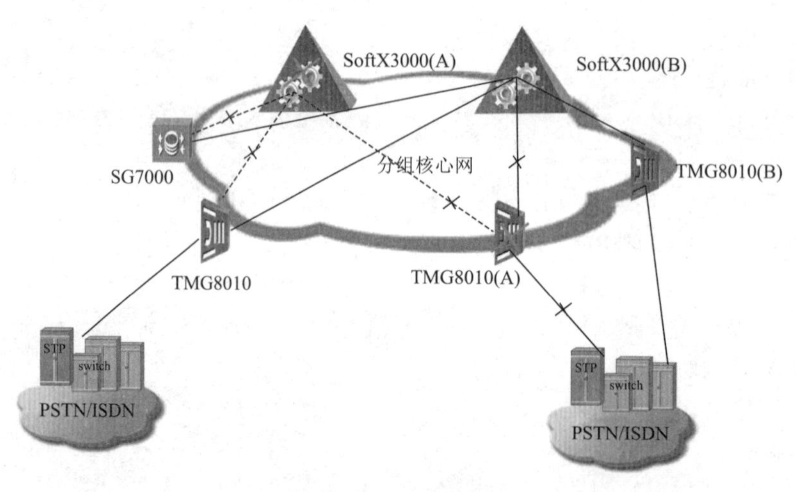

图 8-7 双归属网络

(5)方便实用的操作维护功能。SoftX3000 软交换系统的操作维护功能方便实用性主要体现在:

①管理方式灵活多样。

②形象化的图形界面。

③优良的话务统计功能。同时登记和进行 256 个统计任务,1 000 个统计对象(如目的码、媒体网关等)。

④支持实时故障管理功能。

⑤支持在线软件补丁、在线调测、远程维护、数据动态设置。

⑥完善的信令跟踪、接口跟踪及消息解释功能。

2. SoftX3000 软交换系统组网与应用(图解说明)

(1)IP 多媒体端局组网,如图 8-8 所示。

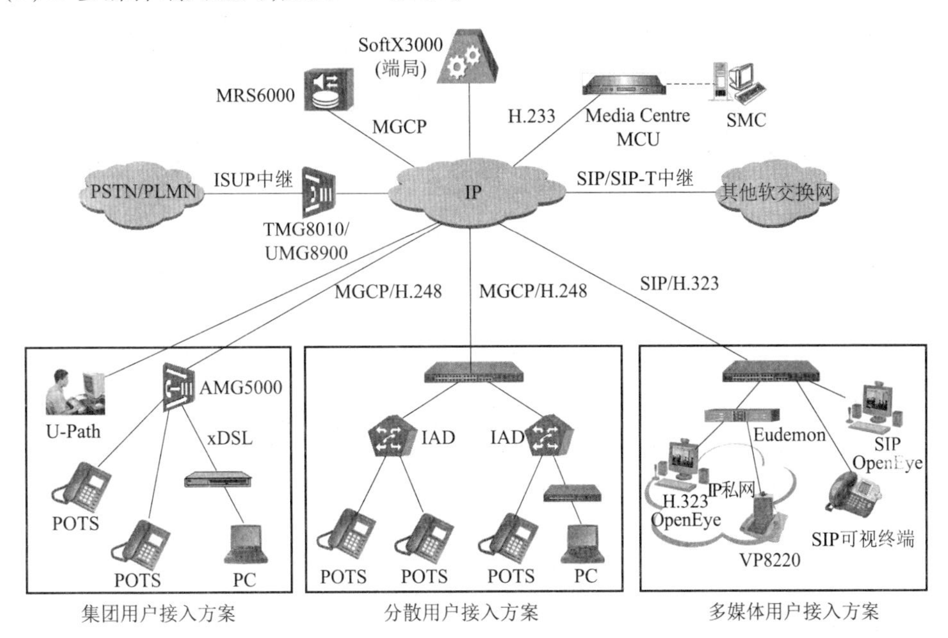

图 8-8　IP 多媒体端局组网图

(2)IP 汇接局组网,如图 8-9 所示。

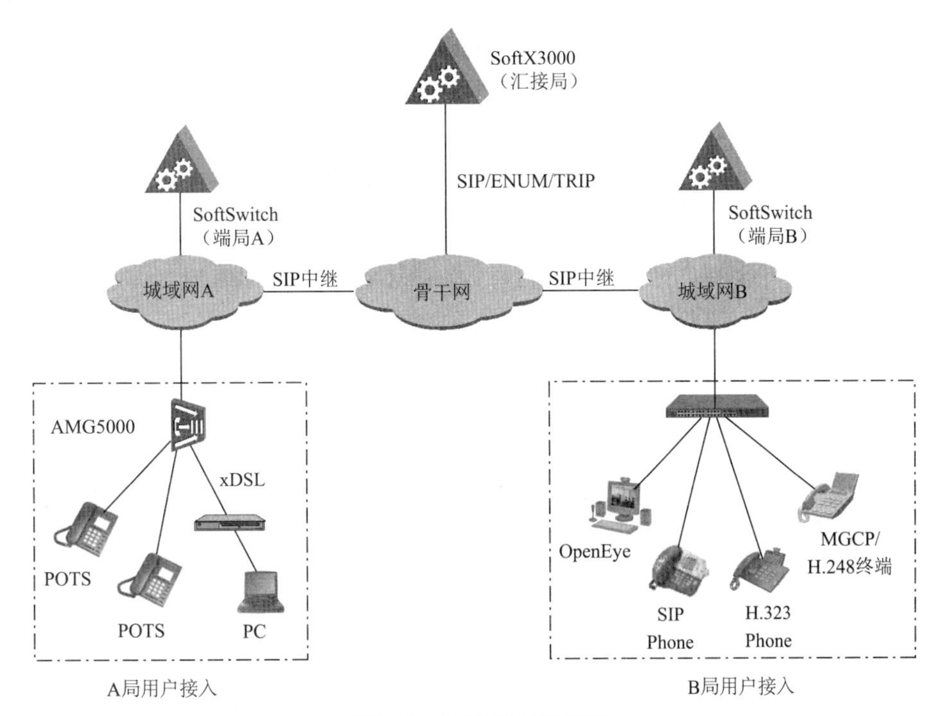

图 8-9　IP 汇接局组网图

(3)IP 关口局组网,如图 8-10 所示。

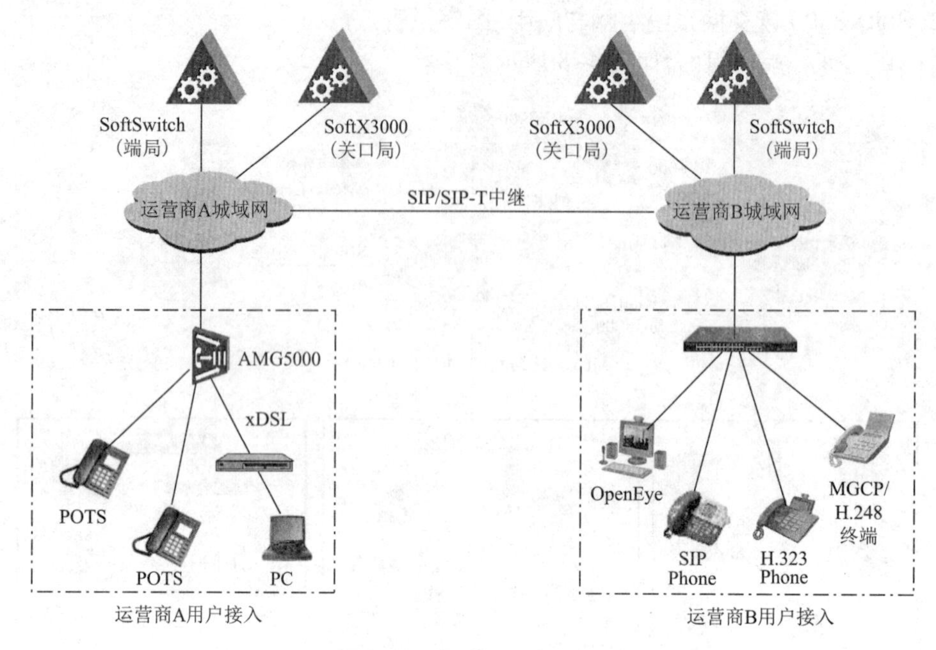

图 8-10　IP 关口局组网图

(4)与 PSTN 网络的互通(端局)组网,如图 8-11 所示。

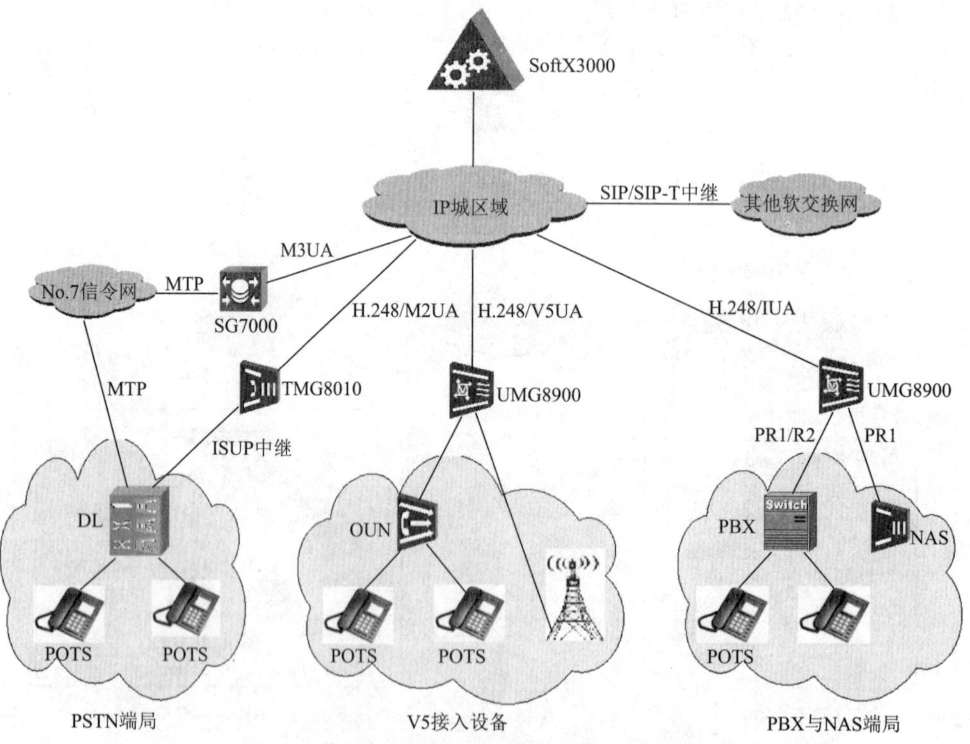

图 8-11　与 PSTN 网络的互通(端局)组网图

(5)与 PSTN 网络互通(汇接局或长途局)组网,如图 8-12 所示。

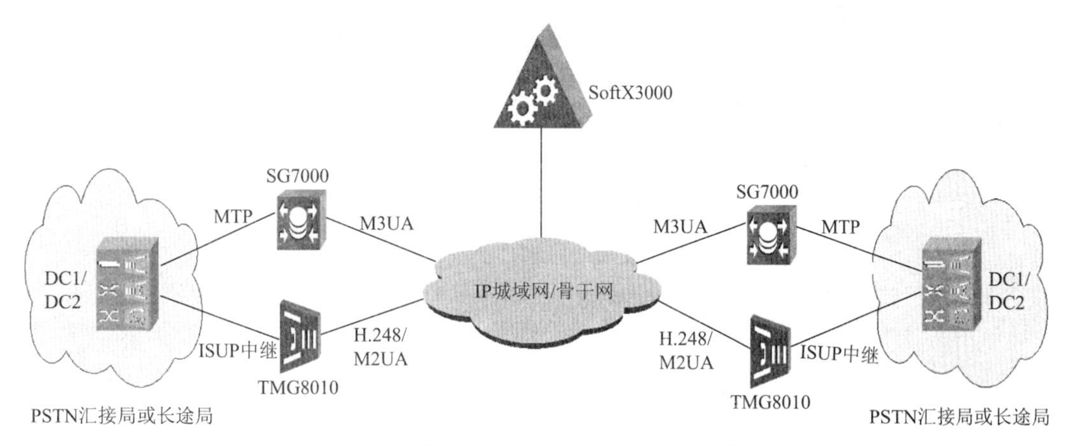

图 8-12 与 PSTN 网络的互通(汇接局或长途局)组网图

(6)与 IN 网络的互通,如图 8-13 所示。

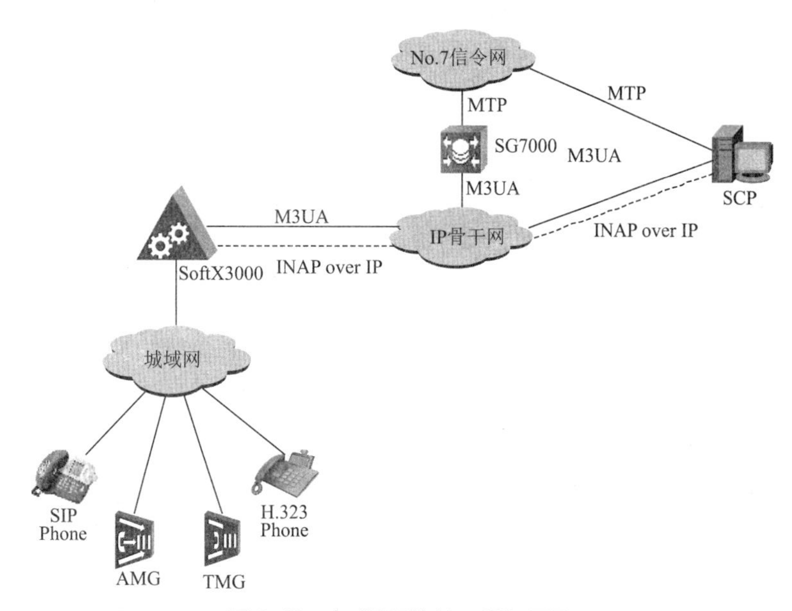

图 8-13 与 IN 网络的互通组网图

(7)与 SIP 网络的互通,如图 8-14 所示。

3. Softx3000 软交换系统业务简介

Softx3000 系统业务种类丰富,可提供以下业务:

(1)语音业务。可提供基本的话音业务、补充业务(提供多达 40 余种补充业务)、传真业务等。

(2)IP CENTREX 业务。提供基于 IP 分组网的 Centrex 业务。SoftX3000 支持 IP CENTREX 业务具有如下特性:

①支持多达 8 000 多个 CENTREX 群。

②全面继承传统 CENTREX 业务、新业务。

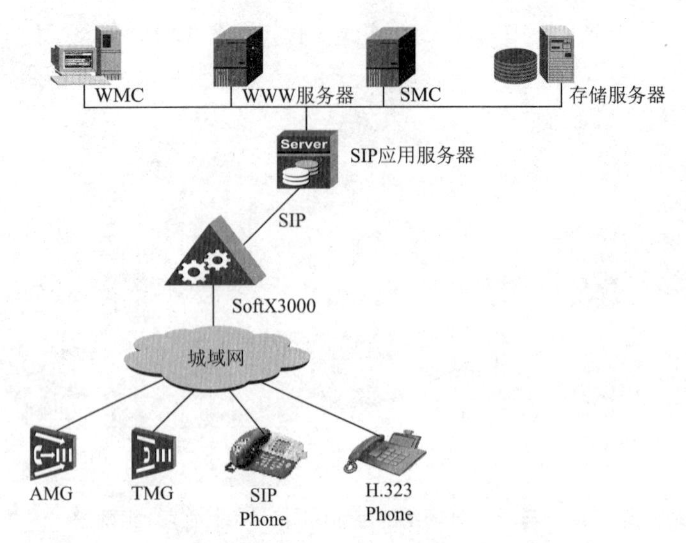

图 8-14 与 SIP 网络的互通组网图

③在 IP 网上提供丰富的业务,可以降低运营和维护成本。

④IP CENTREX 用户可以跨区域分布,可以降低分布式企业的通信资费。

⑤IP Centrex 用户可以具有多种形式(语音、多媒体)。

(3)多媒体业务,如表 8-1 所示。

表 8-1 多媒体业务功能表

功能特性	说明
点对点多媒体业务	支持 H. 323 和 H. 323 间的个人多媒体业务、SIP 和 SIP 间的个人多媒体业务和 SIP 和 H. 323 间的个人多媒体业务,支持的编码格式有 G. 711、G. 723、H. 261、H. 263 等
多媒体视频会议	①需要 MCU、SMC 等部件参与。 ②支持预约方式的主叫呼集方式召开会议,用户可以通过电话、E-mail、Web 三种方式进行预约。 ③支持用户使用会议控制台召集会议。 ④支持 H. 323 和 SIP 的视频会议。 ⑤支持视频和音频两种会议

(4)传统智能业务

①记账卡呼叫(Account Card Calling,ACC)

②被叫付费(Freephone,FPH)

③虚拟专用网(Virtual Private Network,VPN)和广域 Centrex(Wide Area Centrex,WAC)

④电话投票(Televoting,VOT)

⑤大众呼叫(Mass Calling,MAS)

⑥通用个人通信业务(Universal Personal Telecommunication,UPT)

(5)UC 业务。支持 SIP 协议,与 SIP 应用服务器以及第三方应用服务器共同配合向用户提供的多种增值业务。

①点击拨号(CTD)业务。

②点击传真(CTF)业务。

③统一消息(UM)业务。

④即时消息(IM)业务。

⑤Phone To IM 业务。

⑥Presence 业务。

⑦个人通信助理(PCA)业务。

综上所述,SoftX3000 位于 NGN 中的核心控制层,是 NGN 中信息交换的核心控制设备,负责控制各种媒体网关设备的通信。SoftX3000 不控制媒体网关设备间信息流的传送和交换,媒体网关设备间信息流由传输层负责交换和传送。SoftX3000 具有大容量、高安全性、高可靠性、业务丰富、易于维护等特点。SoftX3000 同时支持多种标准协议与接口。

8.3.2 SoftX3000 软交换系统硬件结构

1. SoftX3000 的物理结构

(1)主机部分:OSTA(Open Standards Telecom Architecture Platform)机框,主要用于业务处理、资源管理,其数量决定系统容量。

(2)后台部分:

①BAM(后管理模块)、WS(工作站):操作维护。

②iGWB:话单管理。

主机的各机框之间、主机与后台之间通过主备用 LANSwitch 通信。

SoftX3000 的物理结构图如图 8-15 所示。

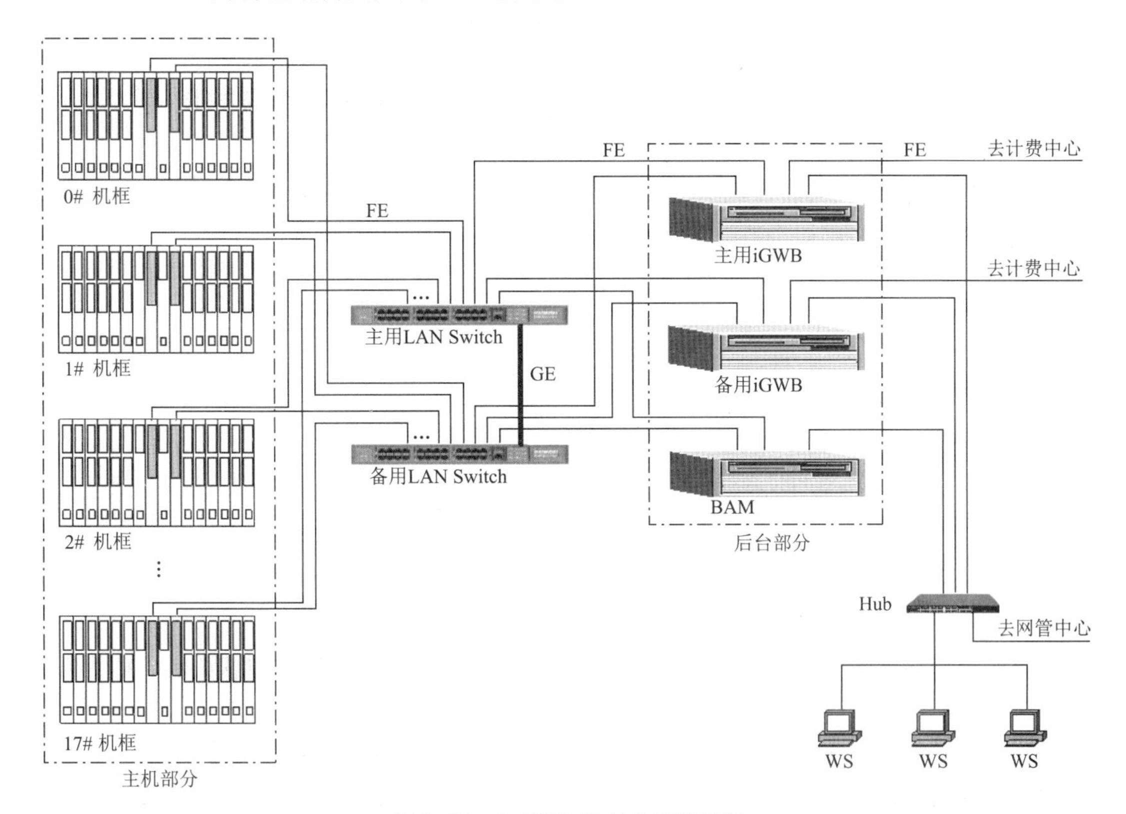

图 8-15　SoftX3000 的物理结构图

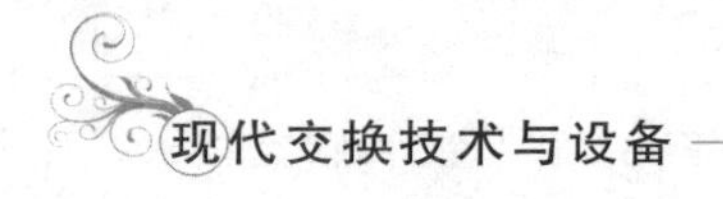

2. SoftX3000 的系统主要单板

SoftX3000 的系统主要单板分布如图 8-16 所示。

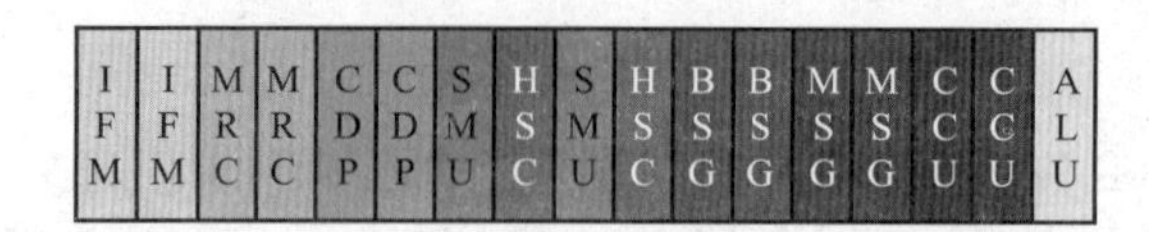

图 8-16　SoftX3000 的系统主要单板分布图

系统主要单板及功能：

(1)IFM 板：为系统对外的出口，接收外部系统的 IP 报文，负责转发到相应的 BSG 板上，同时向外转发 IP 报文。

(2)BSG 板：主要处理 H. 248、MGCP 等提供语音业务的协议，完成协议拆包、解包的工作。

(3)MSG 板：媒体信令板，处理 H. 323、SIP 等提供多媒体业务的协议，保证协议拆包、解包的工作。

(4)CDP 板：中央数据库处理板，主要负责系统全局数据的维护，同时进行中继选线的操作。

(5)SMU 板：系统管理板，负责系统的设备管理、BAM 和业务板的通信转发，其中 0 号框的 SMU 板负责管理其他框的状态。

(6)HSC 板：单板热插拔控制、CPCI 总线桥接、框内以太网交换核心。

(7)CCU 板：呼叫控制处理板，主要负责呼叫连接和业务控制。与 V2 相比，新增了对 V5 用户、PRA 用户、H. 323 用户、SIP 用户的处理，同时在组网路由上进行了扩充。

(8)MRC 板：系统的资源板，提供放音、收号资源，采用 MGCP 协议与系统通信。

(9)ALU 板：系统监控板，提供系统温度、湿度等环境监控，显示后插板状态。

SoftX3000 物理结构包括主机和后台两部分，主机的各机框之间、主机与后台之间通过主备用 LANSwitch 通信。

本章小结

(1)NGN 是下一代网络(Next Generation Network)或新一代网络(New Generation Network)的缩写。NGN 是以软交换为核心，能够提供话音、视频、数据等多媒体综合业务，采用开放、标准体系结构，能够提供丰富业务的下一代网络。NGN 的概念，在其发展史上有狭义 NGN 广义 NGN 之分。

(2)NGN 的主要特点是能够为公众灵活、大规模地提供以视讯业务为代表，包含话音业务、互联网业务在内的各种丰富业务。NGN 主要有明显的特征及优势。

(3)软交换的基本含义就是把呼叫传输与呼叫控制分开，通过服务器或网元上的软件实现基本呼叫控制功能，为控制、交换和软件可编程功能建立分离的平面，使业务提供者可以自由地将传输业务与控制协议结合起来，实现业务转移。

（4）软交换网络的设备体系结构主要由软交换设备、应用服务器、媒体服务器、中继网关、接入网关、综合接入设备（IAD）、智能终端、路由服务器、AAA 服务器及网络管理服务器等构成。

（5）SoftX3000 作为软交换产品，应用于 NGN 网络控制层。主要完成基于 IP 分组网络的语音、数据、多媒体业务的呼叫控制和连接管理等功能。SoftX3000 是下一代网络的核心，通过采用分布式标准协议的开放网络与其他 NGN 构件互通。

思考与练习

一、填空题

1. 电信网、计算机网络和有线电视网都属于（　　　　）。
2. NGN 可分为（　　　　）和（　　　　）。
3. NGN 采用分层体系结构，可分为（　　　　）、（　　　　）、（　　　　）和（　　　　）。
4. NGN 的主要特点是（　　　　）。

二、简答题

1. 什么是 NGN？NGN 有什么特点？
2. NGN 的优势主要包括哪些方面？
3. 什么是软交换？
4. 软交换的解决方案包括哪些？
5. 软交换技术有何优势？
6. SoftX3000 软交换系统和主要业务包括哪些？
7. SoftX3000 软交换系统硬件系统主要包括哪些？

➡ 移动交换技术

内容提要

- 移动通信电话网概述，主要介绍了移动通信系统的组成、特点及分类等。
- 移动交换机的结构及移动交换技术特点，主要介绍了移动交换机的结构及移动交换技术特点、移动通信的短信息业务及自动漫游技术、第三代第四代移动通信系统简介。
- 移动交换信令，主要介绍了无线接口信令、基站接入信令和网络接口信令。
- 移动软交换技术，主要介绍了移动软交换技术概述、移动软交换的主要功能及特点。

移动通信是指通信的一方或双方是处于移动中进行信息交流的通信，即移动体与固定点之间、移动体与移动体之间的通信。移动通信满足了人们无论在何时何地都能进行通信的愿望。相对固定通信，移动通信不仅要给用户提供与固定通信一样的通信业务，而且由于移动通信网中依靠无线电波进行传播，因此，移动通信有着与固定通信不同的特点。

从通信网的角度看，移动通信网可以看成是固定通信网的延伸，它由无线和有线两部分组成。无线部分提供用户终端的接入，利用有限的频率资源在空中可靠地传送话音和数据；有线部分完成网络功能，包括交换、用户管理、漫游、鉴权等。

移动通信的范围很广，如陆地移动通信系统（PLMN）、卫星移动通信系统、无线寻呼系统、无绳电话系统和小灵通电话系统等。由于无线通信传输介质的特性，频谱利用率成为非常敏感的指标。无线频谱资源有限，移动通信系统的系统容量需求巨大，提高频谱或信道的利用率是提高系统容量的关键手段。而多址技术能有效解决这个矛盾。为使信号多路化而实现多址的基本方法有 3 种：频分多址（FDMA）、时分多址（TDMA）和码分多址（CDMA）。

（1）FDMA：将系统的总频段分成若干个等间隔的频段（频道），分配给不同的用户使用。

（2）TDMA：把时间分割成周期性的帧，每一帧又分成若干时隙，然后根据一定的分配原则，使每个移动台在每帧内只能在指定的时隙向基站发送信号。同时，基站发向多个移动台的信号都按顺序安排在预定时隙中传输。各移动台只要在指定的时隙内接收，就可将给它的信号在合路信号中区分出来。

（3）CDMA：不分时隙和频段，是用各不相同的编码序列（地址码）来区分的。用时域和频域来观察,CDMA 是相互重迭的,接收机可以在多个 CDMA 信号中选出其中使用预定码型的信号,而其他用不同码型的信号不能被解调。由于重叠原因,CDMA 存在多址干扰问题,这限制了其容量的发展,但 CDMA 与 TDMA 相比具有更大的通信容量。

9.1 移动通信电话网概述

9.1.1 移动通信系统组成

由于移动通信是指双方或至少有一方处于运动中所进行的信息交换,如移动体(车辆、船舶、飞机或行人)与固定体之间和移动体与移动体之间的通信,均属于移动通信范畴。因此,它是用户随时随地快速可靠进行各种信息(话音、数据等)交换的理想形式。

移动通信系统一般由移动台(MS)、基站(BS)、移动业务交换中心(MSC)以及与市话网(PSTN)相连接的中继线等组成,如图 9-1 所示。它包括 4 个部分:移动用户部分、移动接入部分、移动交换部分和移动与固定网接口部分。

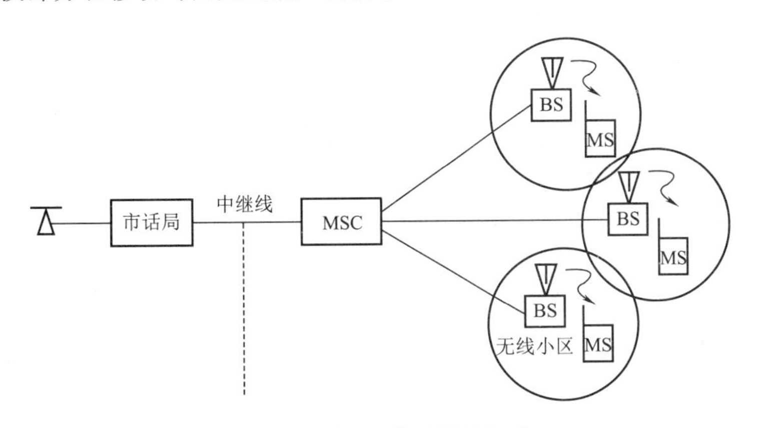

图 9-1　移动通信系统的组成

移动台和基站设有收、发信机和天馈线等设备。移动台通过空中接口和分布设置的固定基站接入系统;每个基站都有一个可靠通信的服务范围,称为无线小区。无线小区的大小,主要由发射功率和基站天线的高度决定。通常,各基站均通过专用通信链路和移动业务交换中心相连,移动业务交换中心主要用来处理信息的交换和整个系统的集中控制管理。

大容量移动电话系统可以由多个基站构成一个移动通信网。不难看出,通过基站、移动业务交换中心就可以实现在整个服务区内任意两个移动用户之间的通信;也可以经过中继线与市话局连接,实现移动用户和市话用户之间的通信,从而构成一个有线、无线综合的移动通信系统。

9.1.2 移动通信系统的特点与分类

1. 移动通信系统的特点

(1)复杂的通道特性。信号在传播时,若受到建筑物的阻挡,就会产生阴影效应,使信号发生慢衰落；若受到建筑物反射的影响，就会形成多径传播，使信号发生快衰落。所以，系统中必须有抗信号衰落能力的储备。

(2)多而强的干扰。干扰噪声有天然电噪声、工业噪声等；干扰信号有系统内多个用户同时工作时产生的邻道干扰、互调干扰以及相同频道产生的共频道干扰等。另外，还有服务区内部移动台分布不均匀且位置随时变化引起的远近效应等。所以，系统要有抗干扰能力强的调制方法和足够的抗噪声能力储备。

(3)多普勒效应。由于移动用户相对基站在不断运动，基站接收信号的频率就会产生变化(靠近基站时，信号频率变高；远离基站时，频率变低)，这种现象称为多普勒效应。

(4)灵活的组网方式。移动组网方式分为大区制和小区制两种。随着用户的迅速增长，可通过新建基站来扩大服务区，通过分裂小区增加新的基站来满足用户密度增加的要求。这样，系统必须提供很强的控制能力，如频道的控制和分配，用户的分配和登记以及越境切换和漫游控制等。

(5)有限的频率资源。ITU 对无线频率的划分有严格的规定，目前使用的频率已远远满足不了业务增长的需要。这时可采用窄化频道间隔技术和高效的频率再用技术(FDMA、TDMA、CDMA 等)来增加系统的容量。

(6)更高的设备要求。移动通信设备除能满足正常情况下的正常通信业务外，还要求体积小、重量轻、省电、携带方便、操作方便、可靠耐用、维护方便，同时还要具有在较为恶劣的环境(如车载、船载、机载、高温、低温、冲击、震动等)中正常工作的能力。

2. 移动通信系统的分类

移动通信的种类繁杂，主要有以下几种不同的分类方式：

(1)按使用对象，可分为民用设备和军用设备，民用又可分为公用和专用。

(2)按使用环境，可分为陆地通信、海上通信和空中通信。

(3)按多址方式，可分为频分多址(FDMA)、时分多址(TDMA)和码分多址(CDMA)等。

(4)按覆盖范围，可分为宽域网和局域网。

(5)按业务类型，可分为电话网、数据网和综合业务网。

(6)按工作方式，可分为同频单工、异频单工、异频双工和半双工。

(7)按服务范围，可分为专用网和公用网。

(8)按信号形式，可分为模拟网和数字网。

(9)按网络结构，可分为小区制(蜂窝式)和大区制。

下面简要介绍一下移动通信的工作方式。

(1)单工方式。指在一段时间内电台只处于一种工作状态，即接收或发送。通信双方是交替进行发信或收信的。单工又分同频单工或异频单工两种。同频单工多用于点到点通信，通信双方同用一种频率。异频单工是指双方发信时各使用一种频率。图 9-2(a)所示为异频单工方式。

(2)半双工方式。如图 9-2(b)所示，通信的双方中有一方(基站)采用频分双工方式，收、发信机可以同时工作，而另一方(通常是移动台)是采用双频单工方式。这种方式操作起来仍不方便，适用于调度通信、专用移动通信等。

(3)全双工方式。通信双方可以同时进行通信，如图 9-2(c)所示。

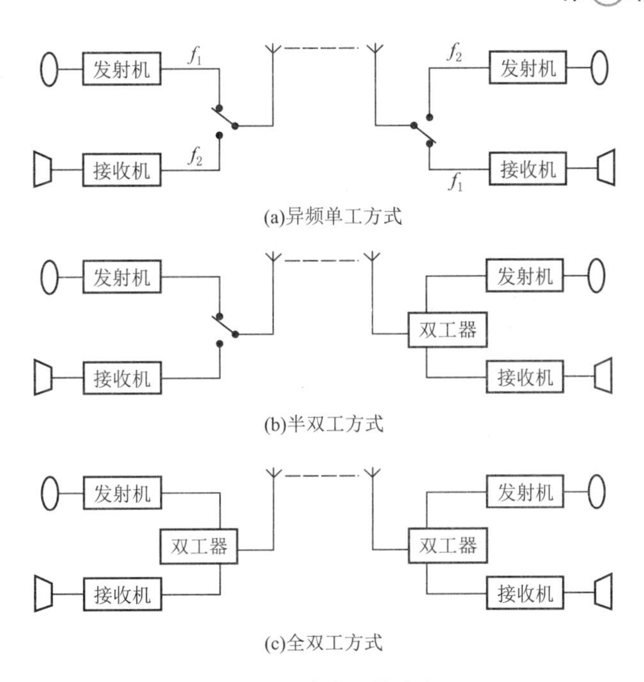

图 9-2　移动通信分类

9.1.3　移动通信体制及服务区域划分

1. 移动通信体制

一般来说，移动通信体制可根据其服务区域覆盖方式分为两大类：一是小容量的大区制；二是大容量的小区制。

(1) 大区制。大区制就是在一个服务区域（如一个城市）内，只有一个或几个基站（BS），由基站负责移动通信的联络和控制。通常为了扩大服务区域的范围，基站、天线架设得都很高，发射机输出功率也较大（一般在 200 W 左右），覆盖半径为 30 ~ 50 km。但由于电池容量有限，通常移动台发射机的输出功率较小，故移动台距基站较远时，移动台可以收到基站发来的信号（即下行信号），但基站却收不到移动台发出的信号（即上行信号）。为了解决两个方向通信不一致的问题，可以在适当地点设立若干个分集接收站，以保证在服务区内的双向通信质量。在大区制中，为了避免相互间的干扰，在服务区内，所有频道（一个频道包含收、发一对频率）的频率都不能重复。例如，移动台 MS_1 使用频率 f_1 和 f_2，那么另一个移动台 MS_2 就不能同时使用这对频率，否则将产生严重的互相窜扰。因此，大区制的频率利用率及通信的容量都受到了限制。大区制的优点是简单、投资少、见效快，所以在用户较少的地区，大区制得到广泛的应用。

(2) 小区制。小区制就是把一个大区覆盖的区域划分为若干个小区，每个小区分别设置一个基站，负责本区移动通信的联络和控制。同时，又可在移动控制中心（移动业务交换中心 MSC）的统一控制下，实现小区间移动用户通信的转接，以及移动用户与市话用户的联系。例如，把一个大区制覆盖的服务区域一分为五（见图 9-3），每一个小区各设一个小功率基站（BS_1 ~ BS_5），发射功率一般为 5 ~ 10 W，以满足各小区移动通信的需要。若是这样安排，那么移动台 MS_1 在1区使用频率 f_1 和 f_2 时，而在3区的另一个移动台 MS_3 也可使用这对频率进行通信。这是由于1区和3区相距较远，且隔着2、5、4区，功率又小，所以即使采用相同频率也不会相互干扰。在这种情况下，只需3对频率（即3个频道），就可与5个移动台通话。而大区制下要与5个移动台通话，必须使用5对频率。显然小区制提高了频率的利用率。

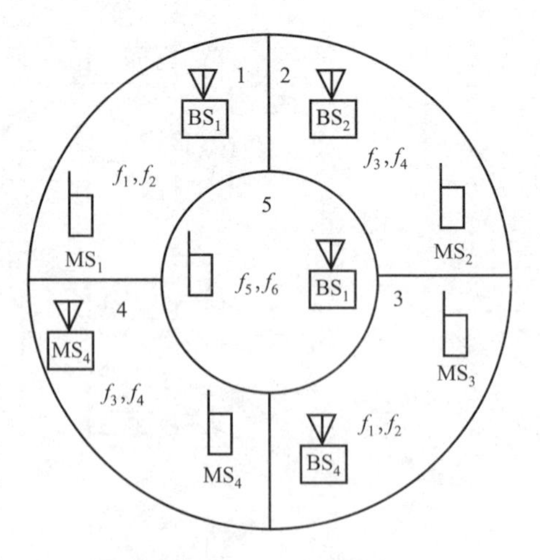

图 9-3　小区制示意图

无线小区的范围还可根据实际用户数的多少灵活确定。采用小区制，用户在四处移动时，系统可以自动地将用户从一个小区切换（转接）到另一个小区。这是使蜂窝用户具有移动性的最重要的特点。当用户到达小区的边界处时，计算机通信系统就会自动地进行呼叫切换。与此同时，另一个小区就会给这个呼叫分配一条新的通道。当小区中话务量太高时，也会进行呼叫切换。遇到这种情况，基站将对无线电频道进行扫描，从邻近小区中寻找一条可利用的通道。如果这个小区内没有空闲的信道，那么用户在拨打电话时就会听到忙音信号。

由于小区的覆盖半径较小（一般为1～20 km），故可用较小的发射功率实现双向通信；若每个基站能提供1到几个频道，可容纳的移动用户数有几十到几百个，那么由若干个小区构成的通信系统的总容量将大幅提高。

小区制蜂窝覆盖的优点：可将覆盖区无限扩展，使服务区不受限制；并可提高系统容量，每个小区可达1 000个用户以上。以区群为蜂窝结构进行的频率重用，可实现频率资源的有效利用。

2. 移动通信服务区域划分

如图9-4所示，PLMN（公共陆地移动网络）的区域由以下几部分组成：

（1）小区：其覆盖半径为一至几十千米，每个小区分配一组通道。

（2）基站区：一个基站管辖的区域。如果使用全向天线，一个基站区仅含一小区；如果使用扇形天线，一个基站区可含数个小区。

（3）位置区：可由若干个基站区组成，在同一位置区内移动时不必进行登记。

（4）移动交换业务区：由一个移动交换中心管辖，一个公共移动网包含多个业务区。

（5）服务区：由若干个相互联网的PLMN覆盖区区域划分组成。在此区内可以漫游。

（6）系统区：指同一制式的移动通信覆盖区，在此区域中所采用的无线接口技术完全相同。

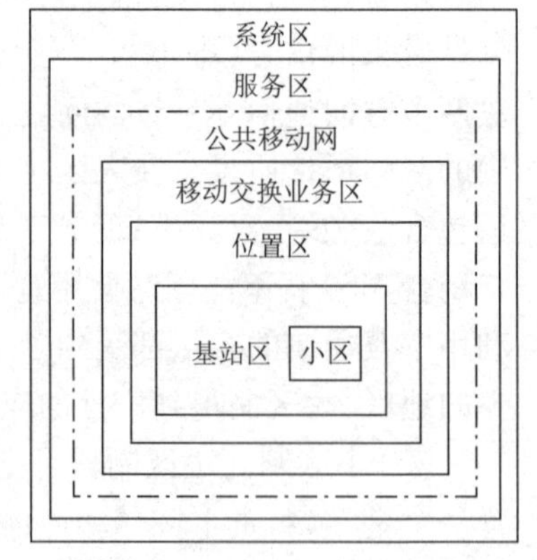

图 9-4　PLMN 区域划分

3. 移动通信系统常用的业务术语

（1）业务区：指一个移动电话编号区所覆盖的区域，也就是一个移动电话交换局所管辖的区域,它由交换机所连接的所有基站叠加而成。

(2)漫游服务:指移动电话用户到本业务区外的其他区域仍能继续使用移动电话。漫游分为国内漫游和国际漫游。

(3)归属局:对移动电话用户而言,移动电话开户时所注册的移动交换局就是该用户的归属局,归属局所在的城市称为归属地。

(4)被访局:用户漫游时所访问的移动电话交换局就是被访局,被访局所在城市称为被访地。

(5)漫游用户:携带移动电话进行漫游的用户称为"来访用户"或"漫游用户"。

(6)漫游国家(地区):指移动电话用户进行国际自动漫游时所访问的国家或地区。

(7)被叫地:用户作为主叫发起呼叫时,对方(被叫)所在城市称为被叫地。

4. 移动通信系统的频率分配

(1)GSM 的频率分配:

①工作频段。我国 GSM 移动通信系统采用 900 MHz 频段:890 ~ 915 MHz 为上行频段(移动台发、基站收),935 ~ 960 MHz 为下行频段(移动台收、基站发),可用频带为 25 MHz。其中,中国移动使用 890 ~ 909 MHz、935 ~ 954 MHz,每向 19 MHz;中国联通使用 909 ~ 915 MHz、954 ~ 960 MHz,每向 6 MHz。

此外,中国移动通信公司还使用了 1 800 MHz 频段的 10 MHz 的带宽,上行频段(基站发送,移动台接收)1 710 ~ 1 785 MHz,下行(移动台发送,基站接收)1 805 ~ 1 880 MHz,移动台发送,基站接收。

②频道间隔。GSM 相邻频道间隔为 200 kHz,每个频道采用时分多址接入方式,分为 8 个信道,将来采用半速率话音编码后,每个频道可容纳 16 个半速率信道。

③双工收、发间隔。双工收、发间隔为 45 MHz。

④频道配置。采用等间隔频道配置方法。频道序号为 1 ~ 124,共 124 个频道,频道序号和频道标称中心频率的关系为:

移动台发、基站收:$f_L(n) = 890.200\ \text{MHz} + (n-1)0.200\ \text{MHz}$

基站发、移动台收:$F_H(n) = f_L(n) + 45\ \text{MHz}$

其中,$n = 1 \sim 124$。

蜂窝系统可在不同的地理位置,即无线区群间重复使用各频道组的频道,即频率复用,这是蜂窝移动通信的最基本原理。

(2)第三代移动通信的工作频段:

驱使第三代移动通信系统(3G)发展的一大动力是目前可供 2G 网络使用的元线频率资源有限。可用频谱量很可能不足以满足预计中新世纪对多媒体业务的需要。为了发展第三代移动通信系统,首先要解决适合第三代移动通信系统运营的频谱问题。因此,研究第三代移动通信系统的频谱利用,合理地分配和划分相应的频段,是提高系统性能、高效率地利用频谱资源、满足未来我国移动通信发展的近期需要和长远需要的基础。第三代移动通信工作在 2 000 MHz 频段上。

依据国际电联有关第三代公众移动通信系统(IMT-2000)频率划分和技术标准,按照我国无线电频率划分规定,结合我国元线电频谱使用的实际情况,我国第三代公众移动通信系统频率规划如下：

①主要工作频段：

频分双工（FDD）方式：1 920 ~ 1 980 MHz/2 110 ~ 2 170 MHz。

时分双工（TDD）方式：1 880 ~ 1 920 MHz/2 010 ~ 2 025 MHz。

②补充工作频段：

频分双工（FDD）方式：1 755 ~ 1 785 MHz/1 850 ~ 1 880 MHz。

时分双工（TDD）方式：2 300 ~ 2 400 MHz，与无线电定位业务共享，均为主要业务，共享标准另行制定。

③卫星移动通信系统工作频段为 1 980 ~ 2 010 MHz/2 170 ~ 2 200 MHz。

（3）第四代移动通信的工作频段

第四代移动通信系统(4G)是系统中的系统，是一个比 3G 更完美的新无线世界。4G 最大的数据传输速率超过 100 Mbit/s，是 3G 速率的 50 倍。可以提供高性能的汇流媒体内容，并通过 ID 应用程序完成个人身份鉴定。此外，4G 可以集成不同模式的无线通信，从无线局域网和蓝牙等室内网络、蜂窝信号、广播电视到卫星通信，移动用户可以自由地从一个标准漫游到另一个标准。

依据 ITU 有关第四代公众移动通信系统频率划分和技术标准，按照我国无线电频率划分规定，我国第四代公众移动通信系统频率规划如下：

①移动用 TD-LTE 网络，所用频段为 2 320 ~ 2 370 MHz、2 575 ~ 2 635 MHz（共 130 MHz）。

②联通有用 TE-LTE 频段，但主要用 LTEFDD，其频段为：

- UL：1 955 ~ 1 980 MHz。
- DL：2 145 ~ 2 170 MHz（上行 1 920 ~ 1 980 MHz，下行 2 110 ~ 2 170 MHz）（2.1 GHz 频段）。

③电信也有 TE-LTE 频段，但主要使用 LTEFDD，其频段为：

- UL：1 755 ~ 785 MHz。
- DL：1 850 ~ 1 880 MHz（上行 1 710 ~ 1 785 MHz，下行 1 805 ~ 1 880 MHz）（1.8 GHz 频段）。

5. 移动通信系统的编号计划

由于移动用户的特殊性，若要对其进行有效的识别、跟踪和管理，必须有一个合理的编号计划。

（1）移动台号簿号码。移动台号簿号码（MSDN）也称 MSISDN，相当于公用电话网内的电话号码，是供用户拨打的号码，在全球具有唯一性。移动台的编码方式与 PSTN 基本相同，其结构为：

[国际电话字冠] + [国家号码] + [国内有效号码]

其中，国内有效号码有综合编码方式和独立编码计划方式两种编码方式。

综合编码方式的编码计划同 PSTN 合为一体进行综合编码，其结构为：

[长途区号] + PQ(R) + ABCD

其中，长途区号与 PSTN 相同；PQ(R) 为移动局号；ABCD 为用户号码。现在国外一些地区采用这种方式，我国原模拟移动网中也采用过这种方式。如果将小灵通作为一个本地移动网来看，它采取的就是这种编码方式。

独立编码计划方式的编号计划独立于 PSTN，其结构为：

[移动网号] + PQ(R) + ABCD

其中,移动网号用于识别不同的移动系统(13X);PQ(R)用于识别该移动系统中的不同交换局,这些交换局可能位于不同地区[标识用户所属 HLR(归属位置寄存器)];ABCD 为用户号码。我国 PLMN 目前采用的就是这种方式。

(2)国际移动台标识号。国际移动台标识号(IMSI)是不同国家、不同网络唯一能够识别的一个国际通用号码。原 CCITT E. 212 规定:IMSI 的长度要尽量缩短,最大长度不得超过 15 位;IMSI 编号计划国际统一,不受各国的 MSDN 编号计划的影响,并制定了编号计划的设计原则。其结构为:

MCC + MNC + MSIN

其中,MCC 为国家号码,长度为 3 位,统一分配,用于唯一识别移动用户所属的国家;MNC 为移动网号,识别移动用户所归属的移动通信网(PLMN);MSIN 为网内移动台号,用于唯一识别某一移动网中的移动用户;NMSI 为国家移动识别码,由 MNC + MSIN 组成。

IMSI 由运营部门写入移动台卡存储芯片,在用户开户时启用。当主叫拨 MSDN 呼叫某一被叫用户时,终端的 MSC 将请求相关的 HLR 或 VLR 将其翻译成对应的 IMSI,最后在无线通道上寻找该 IMSI 所在的移动台。

(3)国际移动台设备标识号。国际移动台设备标识号(IMEI)是由移动台制造商在设备出厂时置入的永久性号码,用于防止非法移动台的呼入。设备号的最大长度为 15 位,其中设备型号为 6 位,厂商号为 2 位,设备序号为 6 位,其余 1 位备用。根据需要,MSC 向主叫索要 IMEI,通过查找 ERM,验证 IMEI 是否与 IMSI 相匹配,以确定移动台的合法性。

(4)移动台漫游号。移动台漫游号(MSRN)是移动系统为漫游用户指定的一个临时号码,在 CDMA 系统中又称 TLDN(临时本地号簿号码),以供移动交换机选择路由时使用。

当移动台进入一个新的地区接收来话呼叫时,该地区依据自己的编号计划分配给该移动台一个 MSRN,再由 HLR 告知 MSC,MSC 根据 MSRN 建立通往该移动台的路由。MSRN 是由被访地区的 VLR 动态分配的。

(5)临时移动识别码。临时移动识别码(TMSI)用于防止非法个人或团体通过监听无线路径上的信令交换而窃得移动客户的真实的客户识别码(IMSI)或跟踪移动客户的位置。

TMSI 由 MSC/VLR 分配。每当 MS 用 IMSI 向系统请求位置更新、呼叫尝试或业务启动时,MSC/VLR 总是先对 MS 进行鉴权,验证其合法后再为其分配一个新的 TMSI,并写入 MS 的 SIM 卡中。此后,移动通信中信令交换时就用 TMSI 取代原来的 IMSI。以后系统仍在不断地更新 TMSI,以提高保密性。

(6)位置区识别码。位置区识别码(LAI)用于移动用户的位置更新,其结构如下:

MCC + MNC + LAC

其中,MCC 为移动国家号,用于识别一个国家,与 IMSI 中的 MCC 相同;MNC 为移动网号,用于识别国内的 GSM 网,与 IMSI 中的 MCC 相同;LAC 为位置区号码,用于识别一个 GSM 网中的位置区,最大长度为 16 位。

(7)小区全球识别码。小区全球识别码(CGI)用于识别一个位置区内的小区。它是在 LAC 后面又加了一个小区识别码(CI),其构成如下:

MCC + MNC + LAC + CI

其中,CI 最长为 16 位。

(8)基站识别码。基站识别码(BSIC)供移动台识别使用相同载频的相邻基站的收、发信台,其结构如下:

$$NCC + BCC$$

其中,NCC 为国家色码,用于识别 GSM 网;BCC 为基站色码,用于识别基站组(即使用不同频率的基站的组合)。

9.2 移动交换机的结构及移动交换技术特点

9.2.1 移动交换机的结构

移动交换机基本结构框图如图 9-5 所示,虚线表示任选部件。

前面已介绍过 PSTN 交换机,这里对移动交换机与 PSTN 交换机进行比较,并对其结构和功能上的差异进行简要介绍。

(1)撤除了用户级的设备,移动交换机的体积大大减小,耗电量也随之减小。

(2)增加了基站信令接口(BSI)和网络信令接口(NSI)。BSI 用来传送移动台的信息以及基站控制和维护的信息;NSI 向 PLMN 其他网络部件传送移动用户管理、切换、控制、网络维护管理等信息。在硬件上,BSI 和 NSI 为 7 号信令系统的信令终端设备;在软件上,则需要装备应用层等软件,一般都配专用的信令处理机。

(3)增设 VLR 数据库,用于漫游用户的登记。

(4)增加回波抵消器设备 EC,用于移动用户和 PSTN 用户的通话。由于移动网空中接口时延较大,可达卫星链路时延的一半,而 PSTN 用户采用二/四转换,因此移动网会产生可感觉的回声,所以用设备 EC 来消除这种回声。

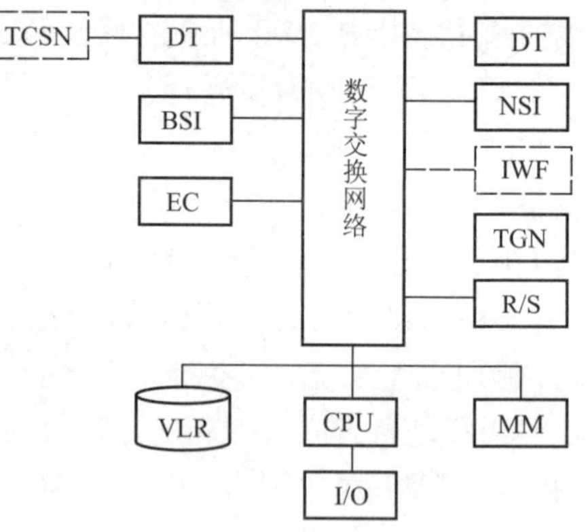

图 9-5 移动交换机基本结构框图

MM—主存储器;TGN—音信号发生器;R/S—多频收发码器

(5)网络互通单元 IWF 为选用部件,用于支持移动用户和 PSTN 用户之间的数据业务。主要硬件是各种 Modem,数字信号的模拟传送终结于 IWF,进入 GSM 网后恢复为数字形式。

(6)码形变换和子复用设备 TCSM 也为选用部件,用于 PCM 64 kbit/s 语音编码和无线接口低速率语音编码之间的转换,以及转换后的子速率信号的复用传输。

可以看出,移动交换机和 PSTN 交换机本质上没有什么大的区别,都是在电路交换的基础上增加各自不同的接口电路,信令及软件也有所不同。

9.2.2 移动交换技术特点

移动交换机软件结构和一般交换机一样,也由操作系统和应用程序两大部分组成,不同之处在于有如下一些特定功能:移动用户接入处理、信道分配、路由选择、切换、呼叫排队、不占用空中通道的呼叫建立(OACSU)、呼叫重建、DTMF 信号传送和移动计费等。

1. 移动用户接入处理

对于 MS 始发呼叫,不存在用户线扫描、拨号音发送和收号等处理过程。MS 接入和发号通过无线接口信令一次性完成。与此同时,MS 还将其自身的 IMSI 号码一起发送给交换机,交换机的功能只是检查 MS 的合法性及其呼叫权限,若有需要,交换机还可通过无线信令指示 MS 发送 IMEI,据此检查移动台设备的合法性。对于来自 PSTN 交换局或其他移动交换机的呼叫,其接入处理和一般交换机相同,也包括中继线扫描和中继信令的收发处理。

2. 通道分配

这是移动呼叫的特有功能。一般来说,每个小区分配有固定数目的话音通道,由交换机按需分配给起呼或终接 MS,也可由基站控制器分配。

一种在无线通道资源紧张的情况下提高接通率的方法是动态信道分配,这时,若某一小区话音通道全忙,可以在保证一定服务质量的前提下,借用邻近小区的话音通道。

3. 路由选择

路由选择原则上和一般交换机相同,主要特点体现在选路策略上。呼叫异地 MS 可以通过移动专网连接,也可以借助 PSTN 网完成接续;呼叫漫游 MS 可以采取重选路由方法,也可以采取至归属交换局后再转接的方法。这些可视网络规划和交换机而异。

4. 切换

这是移动交换区别于一般交换机的重要特点,它要求交换机在用户进入通信阶段后继续监视业务通道,必要时进行切换以保证通信的连续性。切换又分硬切换和软切换。

5. DTMF 信号传送

一些增值业务如呼叫转移、话音信箱、数据终端自动应答等,要求用户在话路建立以后发送 DTMF 信号。由于数字移动通信系统空中接口采用低速率话音编码,该编码是针对话音优化设计的,传送 DTMF 信号后会产生较大失真,因此数字系统上行方向采用信令方式传送 DTMF 信号,交换机读出该信号后,如需继续向前方传递,则需配备 DTMF 发码器转发此信号;下行方向则直接传送,移动台应有相应的 DTMF 监测能力。

6. 移动计费

移动计费是移动交换系统中一个相当复杂的问题,其特殊性体现在三方面:一是规范不同,固定网只对主叫收费,移动网可能对被叫 MS 也收费。二是由于移动性,计费数据由访问 MSC 生成,但需送回至其 HLR,这就对信令提出特殊要求;当切换时,呼叫将跨越多个交换局,计费应归首次接入的交换机全程管理。三是用户漫游至异地接收来话时,全程计费如何在主叫、被叫间合理分担,这与计费政策、选路策略有关。

9.2.3 移动通信的短信息业务

短消息业务(SMS)处理是数字移动通信系统提供的一项特定的数据业务。以 GSM 系统为例,系统设置一个短消息中心(SMSC),起信息存储转发的作用。主叫用户可以是移动用户或固定网用户,它们先将信息发往 SMSC,然后再由 SMSC 将此信息转发给寻呼的移动用户,移动台显示出文字或数字。这是 GSM 系统中唯一一种不需要建立端到端业务通道的业务。和普通寻呼不同的是,GSM 系统是一个双向通信系统,因此被叫收到信息后可以向 SMSC 发送确认消息,如果被叫未发送确认消息,SMSC 会重传以确保被叫收到寻呼信息。

此外,SMSC 还能回复主叫用户确认被叫是否已收到此信息。

根据上述分析,SMS 可分为两个分离的过程:移动台发送点到点短消息和移动台接收点到点短消息。从网络结构上说,GSM 将 SMSC 视作系统外部件,因此亦要经由网关点接入 GSM 系统,该网关点通常也与 MSC 组合在一起,记作 SMS-GW。

移动台发出短消息的处理过程比较简单,如图 9-6 所示。各段消息发送由底层协定确认,表明 SMSC 已收到该短消息。图 9-7 所示为移动台接收短消息的过程。

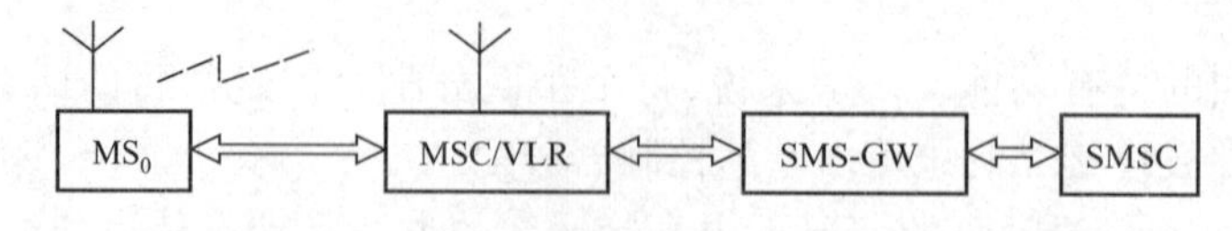

图 9-6　移动台发出短消息的处理过程

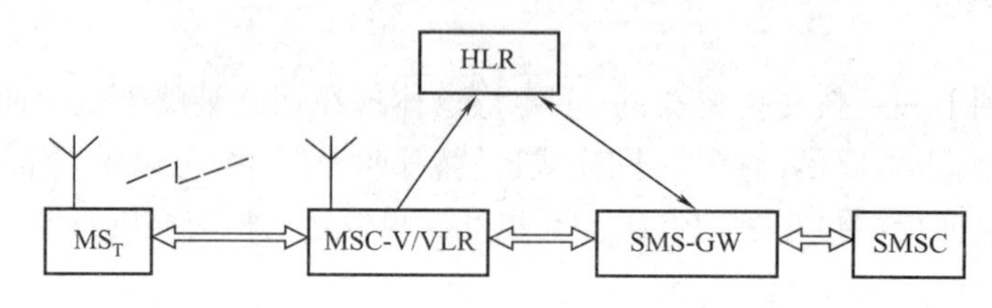

图 9-7　移动台接收短消息的过程

(1)SMSC 向 SMS-GW 发送短消息,消息中包含主叫识别和 SMSC 收到该消息的时间。

(2)SMS-GW 向 HLR 询问至被叫路由信息。

(3)HLR 返回被叫所在 MSC-V(移动交换中心)的七号信令点地址。

(4)SMS-GW 用 MAP 消息将短消息送给 MSC-V。MSC-V 寻呼被叫移动台(MS_T)。若成功,短消息存入 SIM 卡,以后可以在任一移动台上显示。

(5)若被叫移动台不可达,MSC-V 告之 SMS-GW 传送失败,同时记录“IMSI(MS_T)有短消息等待”。

(6)SMS-GW 通知 SMSC 和 HLR 传送失败。

(7)HLR 记录 SMSC 标识及 IMSI(MS_T),表示该 SMSC 有短消息待发往 MS_T。

(8)MSC-V 检测到 UMSr 可达后通知 HLR。

(9)HLR 通知 SMS-GW。SMS-GW 通知 SMSC,其后 SMSC 将向 MS_T重新发送该短信息。如果发送成功,则 SMSC 向主叫 MS_0 回送确认消息,确认消息作为独立的短消息处理。如果超时仍未能将短消息送达 MS_T,则 SMSC 将予以丢弃。

SMS 业务要求移动交换机的呼叫处理软件能支持上述信令过程和相应的控制流程。

由于短消息是由 MAP 消息传送的,受限于七号信令消息的最大长度,短消息不能超过 160 个字符。

9.2.4　移动通信的自动漫游技术

1. 位置登记

所谓位置登记就是移动用户通过反向控制信道向移动交换机报告它的当前位置,如果位置发生变化,新的位置信息就由移动交换机通知 HLR 登录。系统可以动态跟踪移动用户,实现对漫游用户的自动接续。

位置登记有始呼登记、定时登记和强迫登记3种方式。

(1)始呼登记。当移动台发起一次呼叫时,移动交换机在处理呼叫接续的同时,自动执行一次位置登记过程。

(2)定时登记。移动台在 MSC 的控制下周期性地发送位置登记消息。为了防止两个移动台同时登记发生冲突,在初始化时,每个移动台的登记寄存器(NXTREG)置入一个随机数,一般来说,这些随机数取值各不相同。

定时登记不但可以跟踪漫游用户的位置,而且可以监视移动台的工作状态。如果交换机在规定时间内未收到定时登记消息,就可以判断该移动台已关机,或处于无线覆盖盲区。当收到对于该移动台的来话呼叫时,交换机不必再寻呼,就可通知主叫用户接续失败,这是定时登记的优点。

定时登记的问题是登记周期较长。如果移动台在某一交换机处刚登记完后就进入了另一交换机的业务区,则在下一次登记之前该移动台将"失踪",所有对该移动台的呼叫均将失败。为此,必须采用下面所述的强迫登记方法。

(3)强迫登记。当移动台由一个移动交换机业务区域进入另一移动交换机业务区域时,将自动向新的访问交换机发出登记消息。

每个移动交换机赋予一个系统标识号 SID。每个移动台的内存中存储有最近访问的业务区号,记作 SIDs。同时不断从控制通道接收当前所在的业务区号,记作 SIDr。如果 SIDr 与 SIDs 不同,移动台就立即发出登记消息。

2. 路由重选

由于漫游用户已经离开其原来所属的交换局,它的移动台号簿号码(MSDN)已不能反映其实际位置,因此当 PSTN 用户呼叫漫游用户时,PSTN 交换局根据 MSDN 选路接入 PLMN 后,PLMN 还必须根据漫游用户的位置登记信息重新选路,以完成呼叫接续,这就是路由重选。重选方法有两种:

(1)原籍局重选。不论漫游用户现在何处,一律先根据 MSDN 接至其原籍局 H-MSC,然后再由原籍局查询 HLR 数据库获得漫游用户的当前访问交换局,再次选路至被访局 V-MSC。这种方法实现简单,但是可能会发生路由环回现象。

(2)网关局重选。不论移动用户的原籍局在哪里,主叫 LS 首先将此呼叫接至与之最近的一个 MSC,该 MSC 称为与 PSTN 界面的网关局(Gateway),简记为 G-MSC。然后,由它查询 HLR 数据库,完成至 V-MSC 的话路接续。设 HLR 位于 H-MSC 之中,这时,G-MSC 与 H-MSC间并无话路接续,只有信令资料的交换,G-MSC 将根据最短路径的原则选择至 V-MSC的话路。因此,从选路经济性角度看,这是一种较好的方法,也是 CCITT(现 ITU-T)建议的方法。但是它涉及较为复杂的计费问题。国际漫游规定采用原籍局重选路由方法,目前我国数字移动网采用网关局重选法。

3. 移动台漫游号(MSRN)的分配

重选路由时,原籍局或网关局由 HLR 查得的漫游用户位置信息一般为漫游号 MSRN,它犹如普通的电话号码,由 V-MSC 根据当地的编号计划分配。重选路由必须经 PSTN 长途网转接,这时长途局就是根据 MSRN 完成选路和接续的。MSRN 只用作路由重选,不能用作直接拨号,其分配对 MS 和 PSTN 用户都是屏蔽的。为了支持漫游功能,每个移动交换机均预留一部分号码用作 MSRN。在自动漫游中,交换局预留的 MSRN 可供所有外地区来的漫游用户公用。

MSRN 的分配有两种方式。第一种是按位置分配,漫游用户进入新的业务区发起位置登记时,VLR 就会分配给一个固定的 MSRN。该漫游号直至漫游用户离开该访问局,进入另一新的访问区进行位置更新登记时才收回。这种方式管理简单有效,但是号码资源占用量较大,仅用于人工漫游。第二种是按呼叫分配方式,即每次呼叫漫游用户时分配一个 MSRN,供相关交换局重选路由,呼叫建立完成后就将此 MSRN 收回,这种方式只需要预留很少量的 MSRN,是目前主要使用的方法。

4. 漫游用户的权限控制

由于网络运营部门或用户的要求,经常需要对漫游用户的呼叫权限做一定的限制。对于电信运营商而言,希望优先为本地用户服务,对漫游用户只提供基本服务,为此,将对漫游用户的服务类别(COS)、补充业务权限、寻呼方式等做一定限制。另一种常用的限制是不允许漫游用户进行本地呼叫,原因是漫游用户为外地用户,电信运营部门将他们视作异地用户,要求他们呼叫本地用户仍按长途方式呼叫,以便按长途方式收取相应的资费。这些权限限制均通过局数据设置。

对用户而言,可能只想漫游至外地后仍然能打出电话,不希望接收来话。其原因是虽然来话可以通过路由重选完成接续,但是重选的长途路由的资费要由漫游被叫用户负担。因此,应该允许用户指定在哪些访问区不接受来话呼叫。这一功能对于国际漫游用户十分重要,对于国内漫游用户是任选功能。

5. 不同子系统间漫游的信道指配

有些移动系统由于运营的需要又划分为若干个子系统,这些子系统空中接口和规范完全相同,只是控制信道和业务信道的指配有所不同。在早期的模拟网中,这种现象尤为突出。例如,TACS 系统在我国可分为 A 网、B 网,当漫游用户由一个系统进入另一个系统业务区时,除了这两个系统设备的信令必须互通外,还必须注意控制信道和话音信道的分配。

9.2.5　第三代第四代移动通信系统简介

第三代移动通信系统(3G)是在 ITU 组织下各国共同研究的未来公用陆地移动通信系统(Future Public Land Mobile Telecommunication System,FPLMTS)。它将适应个人通信的需要,建立相应的准则,协调未来公众移动系统与目前及未来固定网之间的全世界通信网路的互联与综合。

第三代移动通信系统,按其设计思想,是一代有能力解决第一、二代移动通信系统主要弊端的先进的移动通信系统。它的一个突出特点就是要实现个人终端用户能够在全球范围内的任何时间、任何地点、与任何人、用任意方式、高质量地完成任何信息之间的移动通信与传输(即通信的五个“W”)。可见,第三代通信十分重视个人在通信系统中的自主因素,突出了个人在通信系统中的主要地位,所以又称未来个人通信系统。

第三代移动通信系统是一种能提供多种类型、高质量的多媒体业务,能实现全球无缝覆盖,具有全球漫游能力,与固定网络相兼容,并以小型便携式终端在任何时候、任何地点进行任何种类通信的通信系统。

IMT-2000(International Mobile Telecommunication-2000)是第三代移动通信系统(3G)的统称,是国际电信联盟(ITU)在1985年提出的,当时称为陆地移动通信系统(FPLMTS),工作的频段在2 000 MHz,且最高业务速率为2 000 kbit/s,故于1996年更名为IMT-2000。

IMT-2000的目标要求如下:

(1)统一全球使用的频率,解决系统的无线兼容问题。使用的频段为1 885 ~2 025 MHz和2 110 ~2 200 MHz。全球无缝覆盖,可实现全球漫游。

(2)统一标准。3G是一个在全球范围内覆盖和使用的系统,各系统网络使用共同的频段,全球统一标准。不要求各系统网络内部技术完全一致,而要求在网络接口、互通及业务能力方面的统一或协调。

(3)3G网络一定要能在2G网络的基础上逐渐灵活演进,并应与固定网的各种业务相互兼容,以实现网络的平滑过渡。

(4)3G应能支持语音、分组数据及多媒体业务。为此,ITU规定的3G无线传输技术的最低要求是,必须满足在不同环境中的不同要求。在快速移动环境中,最高速率达144 kbit/s;在室外到室内或步行环境中,最高速率达384 kbit/s;在室内环境中,最高速率达2 Mbit/s。

(5)低成本、低功耗、高保密性以及有QoS保证。其中,数据业务的比特错误率小于10^{-6}。ITU-T从1997年开始征集3G的RTT(无线传输标准)候选技术,到2000年为止批准了3种主流技术,即频分双工FDD方式的CDMA2000和WCDMA以及时分双工TDD方式的TD-SCDMA。同年,WRC还通过了IMT-2000的扩展频谱规划(806 ~969 MHz、1 710 ~1 885 MHz、2 500 ~2 690 MHz)。WCDMA和TD-SCDMA相关标准主要由3GPP(三伙伴计划)制定,CDMA2000的相关标准主要由3GPP2制定。

第四代移动通信系统是系统中的系统,可利用各种不同的无线技术。是一个比3G通信更完美的新无线世界。4G最大的数据传输速率超过100 Mbit/s,是3G移动通信系统速率的50倍。

4G手机可以提供高性能的汇流媒体内容,完成各人身份的鉴定,接受高分辨率的电影和电视节目,其即使连接等服务费用会更加便宜。

与传统的移动通信技术相比,4G通信技术最明显的优势在于通话质量及数据通信速度。另外,由于技术的先进性,确保了成本投资大大减少,通信费用也随之降低。

第四代移动通信系统的关键技术包括信道传输;抗干扰性强的高速接入技术、调制和信息传输技术;高性能、小型化和低成本的自适应阵列智能天线;大容量、低成本的无线接口和光接口;系统管理资源;软件无线电、网络结构协议等。

第四代移动通信系统主要是以正交频分复用(OFDM)为技术核心。OFDM技术的主要特点是网络结构高度可扩展,具有良好的抗噪声性能和抗多信道干扰能力,可以提供质量更高的服务和更好的性价比。

与3G通信系统相比,4G通信具有的主要优势如下:

(1)通信速度更快,可以达到100 Mbit/s。

(2)网络频谱更宽,4G 占用 100 MHz 的频谱,相当于 WCDMA 3G 网络的 20 倍。

(3)通信更加灵活,4G 手机相当于一台小型计算机。

(4)智能性更高,可以实现许多难以想象的功能。

(5)兼容性能更平滑,使用户在投资最少的情况下轻易过渡。

(6)提供各种增值服务,OFDM 技术方便实现各种无线通信增值服务。

(7)实现高质量通信,在覆盖范围、通信质量、造价上支持高速数据和高分辨率多媒体服务,即“多媒体移动通信”。

(8)频率使用效率更高,运用路由技术为主的网络架构,让更多的人使用与以往相同数量的无线频谱做更多的事情。

(9)通信费用更加便宜,许多尖端通信技术的引入保证有效地降低运营商和用户的费用。

9.3 移动交换信令

移动交换信令非常重要,是移动网连网的关键,各移动网必须遵从统一的信令规范,并采用统一的无线传输技术。移动交换信令涉及许多方面,如各厂商设备能否相互接入,不同系统之间能否联网,能否实现全球漫游,与 PSTN、ISDN 和 PSPDN 等网络能否互联互通,与第三代移动通信能否兼容等。因此,移动交换信令是关系到能否正常联网的关键技术。本节主要围绕 GSM 系统介绍移动交换信令技术,包括 3 个部分的信令:无线接口信令、基站接入信令以及网络接口信令。

9.3.1 无线接口信令

GSM 系统无线接口继承了 ISDN 用户/网络接口的概念,其控制平面包括物理层、数据链路层和信令层三层协议结构。

1. 物理层

无线信道从功能上分为业务信道(TCH)和控制通道(CCH)。其中,TCH 用于传送语音信号和数据业务;CCH 用于传送信令消息或同步数据,GSM 共定义了四类信道:广播信道(BCH)、公共控制信道(CCCH)、专用控制信道(DCCH)和随路控制信道(ACCH)。

(1)广播信道的作用是供基站发送单向广播信息,使移动台与网络同步。

(2)公共控制信道用于系统寻呼和移动台接入。

(3)专用控制信道又称独立专用控制信道(SDCCH),是基站和移动台之间的双向通道,用于传送呼叫控制信息和用户位置登记信令信息(独占一个物理通道)。

(4)随路控制信道有以下两种:

①SACCH:即慢速随路控制信道,用于信道维护,和 SDCCH 或 TCH 一起使用。只要基站分配了一个 SDCCH 或 TCH,就同时分配一个对应的 SACCH。

②FACCH:即快速随路控制信道。它传送的信息与 SDCCH 相同,但它是独立信道,又寄生在 TCH 中,用于在呼叫过程中快速发送一些长信息。

2. 数据链路层

数据链路层是在ISDN的数据链路层协议(LAPD)的基础上做了少量的修改而形成的，称LAPDm。它是无线接口信令的第二层协议，定义了5种简缩的帧格式，用于各种特定的情况，如图9-8所示。其中，格式B是最基本的一种帧，地址段业务接入点标识SAPI = 3时，表示短消息。短消息是指控制信道上传送的长度较小的用户数据，类似于ISDN的D通道上传送的分组数据。SAPI = 0时，控制字段定义了两类帧：I帧和UI帧。I帧用于专用控制通道(SDCCH、SACCH和FACCH)，UI帧用于除RACH外的所有控制通道。格式A′和B′用于AGCH、PCH和BCCH通道，无须证实，故不需要证实字段。若所有的移动台都要收听这些通道，则无须地址字段。其中，B′用于传送VI帧，A′起填充作用。格式C仅一个字，专门用于RACH。其实格式C不属于LAPDm帧，只是由于信息量少，就赋予它一个最简单的结构。

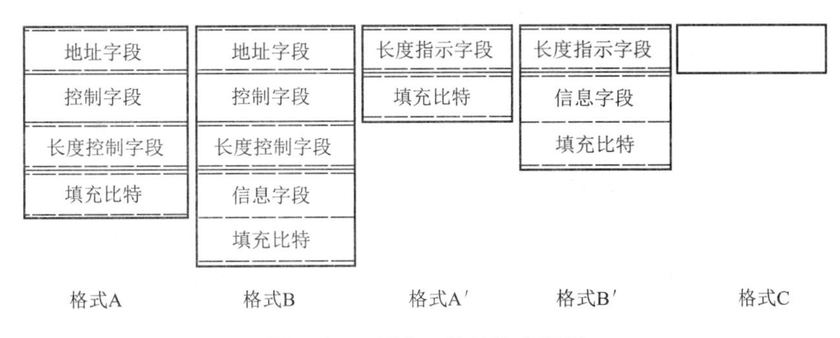

图9-8　LAPDm的帧格式类型

3. 信令层

信令层是收发和处理信令消息的实体，其主要功能是传送控制和管理信息。它包含以下3个子层：

(1)无线资源管理(RR)：其作用是对无线通道进行分配、释放、切换、监视和控制等指令过程。

(2)移动性管理(MM)：包括移动用户的位置更新、定期更新、鉴权、开机接入、关机退出、TMSI重新分配和设备识别等过程。

(3)连接管理(CM)：也称接续管理，负责呼叫控制，包含补充业务和短消息业务的控制。其控制机理继承ISDN，包括去话建立、来话建立、呼叫中改变传输模式、MM连接中断后呼叫重建和DTMF传送共5个信令过程。

信令层(第三层)的消息结构如图9-9所示。其中，TI为事务标识，用于区分多个并行的CM连接；TI标志用于指示CM连接的源点(置“0”)；MT用于指示每种协议的具体消息；PD定义了RR、MM、呼叫控制、SMS、补充业务和测试共6种协议；消息单元为消息本体。

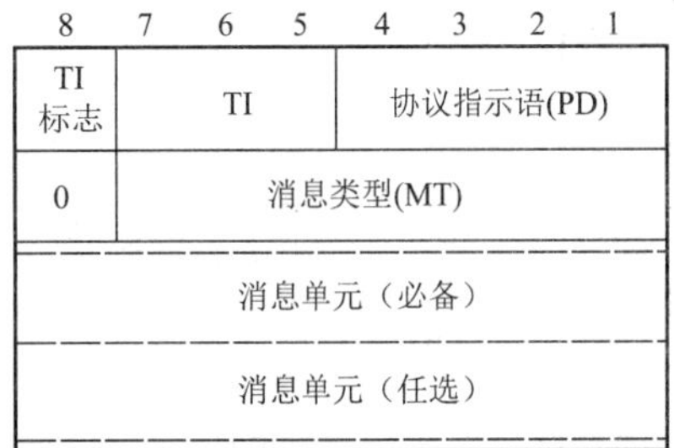

图9-9　信令层消息结构

为了加深对无线接口信令的理解，下面通过去话呼叫来说明建立信令的过程，如图9-10所示。

MS通过随机接入信道(RACH)向网络侧发“信道请求”消息,申请一个信令通道。这时,基站经接入允许信道(AGCH)回送一个“立即分配”消息,指配一个独立专用控制信道(SDCCH)。移动台通过SDCCH发送“CM服务请求”消息,要求CM实体提供服务。CM连接是在RR和MM连接的基础上完成的,所以接下来必须提供MM、RR过程。执行用户鉴权,再执行加密模式设置,如果不加密,则网络侧发出“加密模式命令”消息,指示“不加密”。MS发出“呼叫建立”消息,指明业务类型、被叫号码等。网络启动选路进程,同时发回“呼叫进行中”消息。这时,网络分配一个业务信道供以后传送用户数据。此RR过程包含两个消息:“分配命令”和“分配完成”。“分配完成”消息已在新指配的TCH/FACCH通道上发送,其后的信令消息转入经由FACCH发送,原先分配的SDCCH释放,因为开始通话前占用一下TCH是可以的。当被叫空闲且振铃时,网络向MS送被叫“振铃”消息,MS可听回铃音。被叫应答后,网络发送“连接”消息,MS回送“连接证实”消息。此时,FACCH完成任务,将信道回归TCH,进入正常通话状态。

图9-10 去活呼叫建立信令的过程

9.3.2 基站接入信令

GSM基站系统结构与接口如图9-11所示。GSM系统基站子系统(BSS)与网络子系统(NSS)的接口称为A接口;基站子系统又分为基站收发信系统(BTS)和基站控制器(BSC)两部分。BSC与BTS之间的接口称为A-bis,BSC与MSC之间是通过A接口连接的,所以下面要讨论这两种界面的信令。

1. A-bis界面信令

(1)信令功能结构:A-bis接口信令为三层结构。图9-12所示为A-bis接口BTS侧信令结构模型。其中,L_2为第二层,采用LAPD协议;L_3为第3层,有3个实体:业务管理过程、网络管理过程和第二层管理过程。接入点标识SAPI的值分别为0、62和63。相应的第二层逻辑链路分别为RSL(无线信令链路)、OML(操作和管理链路)以及L_2ML(第二层管理链路)。

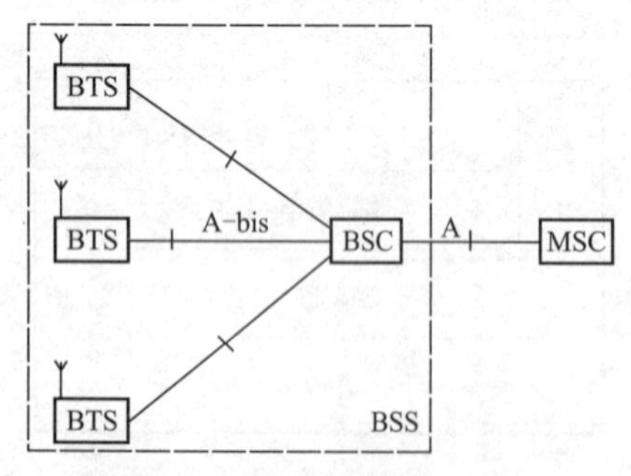

图9-11 基站系统接口示意图

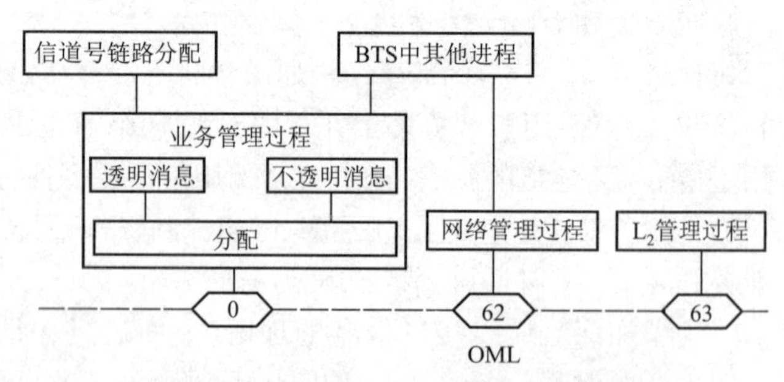

图9-12 A-bis接口BTS侧信令结构模型

(2)业务管理过程。管理过程有以下两项任务:第一项任务为透明传输大部分的无线接口消息;第二项任务为对 BTS 的物理设备和逻辑设备进行管理,这是通过 BSC-BTS 命令/证实消息完成的,和无线接口消息没有对应关系。需要 BTS 处理和转接的无线接口消息称为不透明消息。BTS 的管理对象有以下 4 类:

①无线链路层管理过程:负责无线通路数据链路层的建立、释放和透明消息的转发。

②专用信道管理过程:负责 TCH、SDCCH 和 SACCH 的启动、释放以及性能参数与操作方式的控制及测量报告等。

③控制通道管理过程:负责不透明消息转发及公共控制信道的负荷控制。

④收发信机管理过程:负责收发信机流量控制和状态报

(3)消息结构:A-bis 消息的结构如图 9-13 所示。其中,消息鉴别语用于指示为哪一类管理过程的消息;信道号指信道类型;链路标识用于指示是哪一路专用控制通道;消息类型指是否为透明消息。

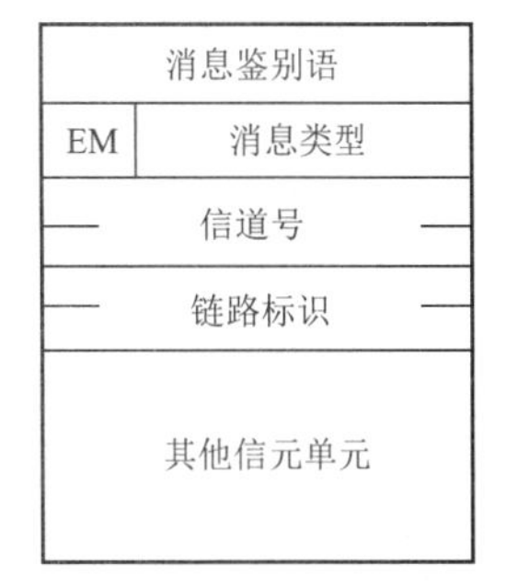

图 9-13 A-bis 消息的结构

2. A 接口信令

采用 7 号信令作为消息传送协议,其信令结构如图 9-14 所示。

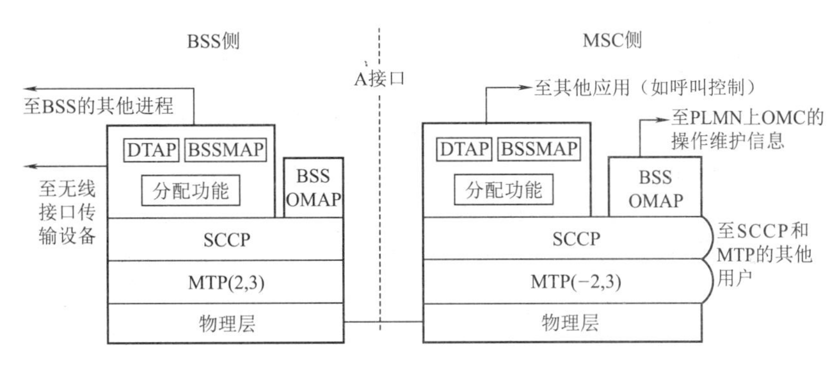

图 9-14 A 接口 BSC 信令结构模型

第一层:物理层 CMTP1,64 kbit/s。

第二层:MTP2/MTP3 + SCCP,负责消息的可靠转送。

第三层:应用层,包括以下 3 个应用实体。

(1)BSS 操作维护应用部分(BSSOMAP):用于 MSC 及网管中心(OMC)交换维护消息管理,与 OMC 间的消息传送也可采用 X.25 协议。

(2)直接传输应用部分(DTAP):用于透明传送 MSC 和 MS 间的消息,主要是 CM 和 MM 协议消息。RR 消息终结于 BSS,不再发往 MSC。

(3)BSS 管理应用部分(BSSMAP):用于对 BSS 的资源使用、调配及负荷进行控制和监视。

其中,BSSMAP 和 DTAP 合称为基站系统应用部分(BSSAP)。

通过以上对无线接口信令、基站接入信令的叙述,可以将它们各自对应的接口(即 Urn 接口、A-bis 接口和 A 接口)从用户侧 MS 到移动交换中心 MSC,连接在一起进行分析,如

图 9–15所示。图中虚线表示协议对等层之间的逻辑连接。

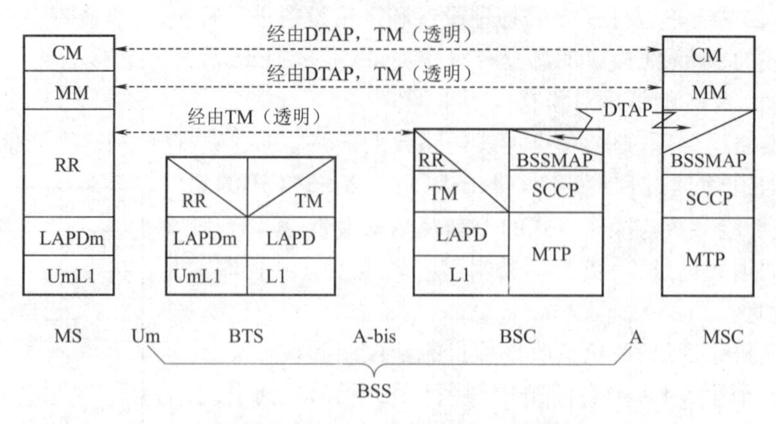

图 9–15 GSM 用户侧信令协议模型

从 MS 侧看,有 3 个应用实体:RR、MM 和 CM。其中,RR 的对应实体主要位于 BSC 中,消息通过 A-bis 接口业务管理实体(TM)的透明消息程序转接完成;极少量的 RR 对应实体位于 BTS 中,由 Um 接口直接传送。CM 和 MM 对应实体位于 MSC 中,它们之间的消息通过 A 接口的 DTAP 和 A-bis 接口的 TM 两次透明转接(低层协议转换完成。

9.3.3 网络接口信令

GSM 网络接口 B ~ G 的协议就是 7 号信令的 MAP,由 SCCP 和 TCAP 支持。其功能支持用户漫游、切换和网络的安全保密,可实现全球联网。因此,需要在 MSC 和 HLR、VLR、EIR 等网络数据库之间频繁地交换数据和指令,这些信息都与电路无关,因此非常适合 7 号信令方式传送。MSC 与 MSC 之间以及 MSC 与 PSTN/ISDN 之间关于话路接续的信令,则采用 7 号信令的 TUP/ISUP 协议。

我国数字移动通信网移动应用部分(MAP)分为第一阶段规范和第二阶段规范。第一阶段规范共定义了以下 10 个信令过程:

(1)位置登记与删除:包括 MS 采用 IMSI 和 TMSI 进行位置更新与删除两种情况。

(2)补充业务处理:包括补充业务的启动、去启动、登记、取消、使用和询问。

(3)呼叫建立过程中检索用户参数。

(4)越区切换:用于支持越局基本切换和后续切换。

(5)用户管理:包括用户位置信息和用户参数的管理。

(6)操作和维护:主要指计费数据由 MSC 向 HLR 传送的过程。

(7)位置登记器的故障恢复:包括 VLR 和 HLR 的恢复。

(8)IMEI 的管理:定义 MSC 向 EIR 查询移动台设备合法性的信令过程。

(9)用户鉴权:有以下 4 个信令过程。

①基本鉴权过程:处理其他事务(如呼叫建立)时进行的正常鉴权。

②VLR 向 HLR 请求鉴权参数(数据组):当 VLR 保存的预先算好的鉴权数据组低于门限值时,执行此过程。

③向原先 VLR 请求鉴权参数:此过程在向原 VLR 索取 IMSI 时一并完成。

④切换时的鉴权:切换完成后需要进行鉴权。

(10)网络安全功能的管理:主要包括加密密钥产生、加密模式设置以及传送 TMSI 等。其中 TMSI 为临时移动用户标识号,它是唯一标识用户的一个永久性号码。

9.4 移动软交换技术

9.4.1 移动软交换技术概述

随着新技术的不断涌现和应用,全球移动用户迅速增长,3G 及 4G 核心网向用户提供更宽的带宽和各种更新的服务,除传统的话音服务外,还包括无线上网、收发电子邮件以及移动视频的服务。

采用基于软交换的全 IP 的核心网结构,符合 NGN 的发展趋势,实现了传输与控制、控制与业务的分离,相对于传统网络,网络安全性、业务质量保证、新业务提供的便利性、业务种类的丰富性以及开放系统带来的广阔商机都是无可比拟的。移动软交换技术在 3G 及 4G 中的应用,将使运营商能够构筑更经济有效的网络,提供先进的服务,创造更多的收入。

移动软交换主要是针对核心网络的交换部分进行改造,不涉及接入网络的改造。移动软交换的核心概念是将传统的 MSC 分割成 MSC 呼叫服务器(MSC Server)和 MSC 网关(MGW),以实现控制面与用户面的分离。其中,MGW 完成媒体网关的功能,MSC Server 完成软交换机的功能。所有的控制功能都集中在 MSC Server 中,包括呼叫控制、业务提供、资源分配、协议处理、路由、鉴权、计费、操作维护功能,可以为用户提供移动语音业务、数据业务及多样化的第三方业务。

由于控制面与用户面的分离,移动软交换技术相对于原有的移动交换技术可大大提高容量,且 MSC Server 可以集中放置在省会或地区中心的机房,而负责交换的 MGW 可放置于各个本地网中,实现本地网的组网方式,解决了传统交换的话路迂回问题,从而实现了网络结构的清晰化。

面对全球移动用户增长的巨大潜力,4G 网络会给予人们真正的沟通自由,并彻底改变人们的生活方式甚至社会形态。4G 通信不仅解决了与 3G 通信的兼容问题,让更多的通信用户轻易地升级,而且还引入了许多尖端的通信技术,从而保证了 4G 通信能提供灵活性极高的系统操作方式,实现起来也更容易更迅速。4G 采用了与上一代网络类似的结构,包括无线接入网络和核心网络。通用移动通信系统(UMTS)是采用 WCDMA 空中接口的第三代移动通信系统,采用了与上一代网络类似的结构,包括无线接入网络和核心网络。

9.4.2 移动软交换的主要功能及特点

1. 移动软交换的主要功能

移动软交换是多种逻辑功能实体的集合,提供综合业务的呼叫控制、连接以及部分业务功能,是 3GPP R4 及以后阶段软交换系统核心网中的电路域实时语音/数据业务呼叫、控制、业务提供的核心设备。

移动软交换设备的功能结构其主要设计思想是业务/控制与传送/接入分离,各实体之间通过标准的协议进行连接和通信,主要功能包括以下几部分:

(1)移动性管理功能:主要完成切换、登记和移动台去活功能。

(2)安全保密功能:支持用户鉴权、临时移动识别码(TMSI)使用和用户信息加密。

(3)呼叫控制和处理功能:移动交换服务器可以为基本呼叫的建立、维持和释放提供控制功能,包括呼叫处理、连接控制、智能呼叫触发检出和资源控制等;接收来自业务交换功能的监视请求,并对其中与呼叫相关的事件进行处理;支持基本的两方呼叫控制功能和多方呼叫控制功能。

(4)VLR 功能:包括用户数据管理、位置登记、鉴权、提供 MSRN、VLR 恢复、切换号码分配、TMSI 分配、清除、SuperCharger 功能。

(5)其他功能:包括协议处理、互通、资源管理、计费、认证与授权、号码分析/地址解析、媒体控制等。

2. 移动软交换的特点

(1)分布式交换降低运营成本。

传统电路交换网利用集中的移动交换中心(MSC)在无线接入网(RAN)和 PSTN 之间完成话音交换。由于多数呼叫是本地的,这就造成电路加倍,从本地 RAN 到 MSC,又从 MSC 到本地 PSTN。基于软交换的体系结构由集中的 MSC 服务器/软交换机与分布的媒体网关组成,呼叫控制与话音处理/交换是分开的,媒体网关可以布设在提供最大价值的地方,复杂的呼叫控制被集中在一起。通过部署分布式交换,运营商可以明显降低回程费用。

基于软交换的分布式体系结构的另一主要特点是话音业务和 GPRS 数据可以共享核心网。

(2)开放智慧业务不需要对所有 MSC 升级。

移动运营商利用移动智慧网(IN)开放基于标准的业务。当前许多业务例如预付费业务等是利用 IN 协议的专有扩充来提供的,但是想把这些业务延伸至漫游者就需要实施基于标准的 CAMEL&WIN 业务。CAMEL 和 WIN 两者都使用集中的智能网节点——业务控制点(SCP)。当部署新业务时,运营商必须对所有的 MSC 进行升级,经过升级的 MSC 要把呼叫控制移交给 SCP,由 SCP 执行业务逻辑。这样导致业务提供成本高,MSC 实时处理代价高,软件成本高,业务投放市场时间长。

经济的办法是由移动终端始发/终接的呼叫通过软交换机选路,软交换机通过所装的触发器对 SCP 发起询问。

由于触发器集中装在软交换机中,从而减轻了 MSC 的负担。利用软交换结构可开放包括无线号码携带、号码共享、预付费漫游、长途免费业务等的智慧业务。

(3)通过软交换利用基于 IP 的服务平台来开放业务。

软交换机可以使用 SIP 来接入基于 IP 的应用服务器,获得服务。这些 IP 使服务平台的工作方式与 SCP 相同,但它们的成本低很多,而且更加灵活。一旦数据库被移到更现代的平台,软交换机可以利用 SIP 来对它们进行询问。

本章小结

(1)移动通信是指双方或至少有一方处于运动中所进行的信息交换。移动通信系统一般由移动台(MS)、基站(BS)、移动业务交换中心(MSC)以及与市话网(PSTN)相连接的中继线等组成。移动通信有不同的分类方式,按工作方式可分为单工方式、半双工方式和全双工方式。

(2)移动交换机和PSTN交换机本质上没有什么大的区别,都是在电路交换的基础上增加各自不同的接口电路,信令及软件也有所不同。移动交换机软件结构和一般交换机一样,也由操作系统和应用程序两大部分组成,不同之处在于有如下一些特定功能:移动用户接入处理、信道分配、路由选择、切换、呼叫排队、不占用空中通道的呼叫建立、呼叫重建、DTMF信号传送和移动计费等。第三代移动通信系统是在ITU组织下各国共同研究的未来公用陆地移动通信系统,第三代移动通信也称为个人通信。

(3)移动交换信令是关系到能否正常联网的关键技术。它包括3部分信令:无线接口信令、基站界面信令以及网络接口信令。

(4)移动软交换是多种逻辑功能实体的集合,提供综合业务的呼叫控制、连接以及部分业务功能,是软交换系统核心网中的电路域实时语音/数据业务呼叫、控制、业务提供的核心设备。移动软交换机与用于固定网五类机的软交换机一样,提供控制无线接入网(RAN)和移动用户的必要功能。移动软交换机比有线软交换机复杂得多。

思考与练习

一、填空题

1. 移动通信系统的特点有(　　　　)、(　　　　)、(　　　　)等。
2. 移动通信系统一般由(　　　　)、(　　　　)、(　　　　)以及与市话网(PSTN)相连接的中继线等组成。
3. 蜂窝移动通信系统的交换技术分为(　　　　)、(　　　　)和(　　　　)。
4. 移动通信系统按组网方式可分为(　　　　)和(　　　　)。
5. 移动通信系统按工作方式可分为(　　　　)、(　　　　)和(　　　　)。
6. 移动交换信令包括(　　　　)、(　　　　)和(　　　　)3部分信令。

二、简答题

1. 什么是移动通信?
2. 什么是大区制?
3. 什么是移动软交换?
4. 什么是小区制?
5. 简述移动通信系统的编号计划。
6. 简述移动通信系统的自动漫游技术。

第10章 光交换技术简介

内容提要

- 光交换技术概述,主要介绍了光交换技术的基本概念。
- 光交换技术的实现方式,主要介绍了几种光复用技术及实现方法。
- 光 ATM 及光交换的基本原理,主要介绍了几种光交换的原理。
- 光交换器件,主要介绍了几种常用光器件。
- 光交换机的发展,主要介绍了常用光交换机的发展。

10.1 光交换技术概述

通信技术的发展,实际上是将发端信息调制成适合传输的信号,在通信线路上传送到接收端,再将信号解调成与原始发端信号相同的信息。信号可以调制成普通的 PCM 数字信号,也可将信号调制到射频信号即微波或毫微波上进行传送。若采用可视光调制,可通过可视光波段的信号进行传送,即光传输技术。对传输的光信号,直接采用光交换设备实现信息交换的任务,称为光交换技术。

光交换是指光纤传送的信息直接进行交换。光交换和 ATM 交换一样,是宽带交换的重要组成部分。在长途信息传输方面,光纤已经占了绝对的优势。用户环路光纤化也得到了很大发展,尤其是宽带综合业务数字网中的用户线路必须要用光纤。现在商用单波光纤的传输容量可以达到 10 Gbit/s 以上,如果采用光复用技术,一根光纤的传送容量至少可以达到 2 000 Gbit/s 以上。处在 ISDN 中的宽带交换系统上的输入和输出信号,实际上就是光信号,而不是电信号。

光技术已经在信息传输中得到广泛应用,但目前交换设备都是采用电交换机,即光信号要先变成电信号才能送入到电交换机,从电交换机送出的电信号又要先变成光信号才能送上传输线路。如果是用光交换机,这些光电变换过程就可以省去。因此,与电子数字交换相比,光交换无须在光纤传输线路和交换机之间设置光端机进行光/电和电/光变换,并且在交换过程中还能充分发挥光信号的高速、宽带和无电磁感应的优点。

光交换技术作为全新的交换技术,与光纤传输技术相融合可形成全光通信网络,从而将通信网、计算机网及有线电视网综合在一个网中,成为通信的未来发展方向。

宽带综合业务是采用异步时分复用以及用信元来转移信息的,这要求在每个交换单元中必须对信头进行处理,使它能够指向适合该单元的目的输出端口进行输出。信头处理要求广泛的逻辑操作,目前必然是由电子方式进行处理,但在不久的将来很有可能会采用光计算和光存储来对信头进行处理。

采用电子方式对光交换进行连接控制,其响应速度较慢,还难以适应快速的信元级交换的控制要求,但这并不影响其在当前环境下的应用。首先,可以把空分或波分复用的光交换矩阵引入到光交叉连接应用中。在交叉连接中不要求对每个信元都进行选项控制,只是在建立连接或释放连接时才需要控制交换矩阵,采用电子控制方式完全可以满足要求,还可以省去昂贵的光/电和电/光接口设备。

随着通信网络宽带化、智能化的发展,提供多种宽带业务的光交换技术的研究和开发已成为当务之急。目前,光通信领域各种新技术层出不穷,如复用技术、光交换技术、全光标签分组交换技术和光交叉连接等。

10.2 光交换技术的实现方式

传统的光交换在交换过程中存在光/电和电/光的变换,而且它们的交换容量都要受到电子器件工作速度的限制,使得整个光通信系统的带宽受到限制。

直接光交换可省去光/电和电/光的交换过程,充分利用光通信的宽带特性。因此,光交换被认为是宽带通信网最具潜力的新一代交换技术。人类对光交换的探索始于20世纪70年代,而进入20世纪80年代中期以后发展比较迅速。

1. 光复用技术

在光网络领域,提高光纤容量所采用的两个主导方法包括波分复用(WDM)技术和时分复用(TDM)技术。

WDM技术采用的方法是将光分成许多波长或颜色,其中的每一个都可以同时携带不同的信息流。TDM技术采用的方法是提高激光的速度或激光光脉冲每秒开关的次数。

因为多数WDM技术均可以传输相互间隔非常近的波长或颜色,所以这一技术又称密集波分复用(DWDM)技术。目前,DWDM系统可以在一条光纤上组合多达80~100条光波长,使服务供应商无须付出铺设更多光纤的代价即可将带宽提高数百倍。

目前,同步光纤网(SONET)是北美地区采用的TDM传输标准,同步数字传送(SDH)是该地区以外采用的标准,SONET/SDH系统已经可以在单一波长上提供10 Gbit/s的容量。

2. 光交换技术的实现方法

目前,光交换技术可分成光的电路交换(OCS)和光分组交换(OPS)两种主要类型。光的电路交换类似于现存的电路交换技术,采用光交叉连接(OXC)、光分插复用(OADM)等光器件设置光通路,中间节点不需要使用光缓存,目前对OCS的研究已经较为成熟。根据交换对象的不同OCS又可以分为:

(1)光时分交换技术,是指在时间轴上将复用的光信号的时间位置 t_1 转换成另一个时间位置 t_2。

(2)光波分交换技术,是指光信号在网络节点中不经过光/电转换,直接将所携带的信息从一个波长转移到另一个波长上。

(3)光空分交换技术,即根据需要在两个或多个点之间建立物理通道,这个通道可以是光波导也可以是自由空间的波束,信息交换通过改变传输路径来完成。

(4)光码分交换技术,光码分复用(OCDMA)是一种扩频通信技术,不同户的信号用互成正交的不同码序列填充,接收时只要用与发送方相同的法序列进行相关接收,即可恢复原用户信息。光码分交换的原理就是将某个正交码上的光信号交换到另一个正交码上,实现不同码子之间的交换。

10.3 光交换的基本原理

1. 光空分交换

光空分交换是按空间顺序排列的各路信息进入空分交换网络,网络对信号的空间位置重新排列后输出,完成交换。

光空分交换的优点是各信道中传输的信号相互独立,并且与交换网络的开关速率无严格的对应关系。

光空分交换可以在空间进行高密度的并行处理,便于实现小型化、大容量的交换机。光空分交换系统的主要指标是系统规模和无阻塞的程度。系统对阻塞的要求越高,则系统中器件的单片集成度要求就越高。所以,要实现大规模、无阻塞的系统并非易事。

2. 光时分交换

在光时分交换中,按时间顺序安排的时分复用各路光信息进入时分交换网络后,在时间上进行存储或延迟。在交换信号控制下,对时序有选择地进行重新安排后输出,从而达到交换的目的;也可以逐位按字或字节交换,每字由若干字节组成。

在时分交换系统中,各信道的数据速率相互有关。按位交换时,开关速率等于数据速率,这在当前采用电控光波导开关的条件下,速率受到电子开关电路的限制。

时分交换的优点是能与现在广泛使用的时分数字通信体制相匹配。

第一个光时分交换网实验是采用光纤延迟线演示的,其交换速率为256 Mbit/s。双稳态激光二极管在时分交换网中用作高速光存储器。在获得大容量光时分交换系统之前,许多问题仍有待解决。

因为时分交换系统必须知道各信道比特率,所以需要有光控制电路的高速存储器、光比特/同步器和复接器/分接器。发展光时分交换的关键在于实现高速光逻辑器件,这个与光信号处理的光计算机设备开发相关的问题目前正在全世界范围内进行深入探讨。

3. 光波分交换

光波分交换中的每个波长代表不同的信道,信息在不同的波长间进行交换,从而实现波长信道的交换功能。

波分交换网络由波长复用/分路器、波长选择空间开关和波长转换器组成。波长转换器是完成波长交换的关键部件。可调波长滤波器和波长变换器是构成光波分交换的基本元件。

光波分交换系统具有两大特点：

(1)专用波长信道的比特率独立，各种速率的宽带信号能无困难地进行交换。

(2)交换控制电路不必高速运行，传输的低速电子电路可作为控制电路使用。

另外，波分交换系统具有扩充成与波分复用(WDM)传输系统相合作的广域网的潜力。该 WDM 传输也具有专用信道的比特率独立性。因此，这种广域网能在用户之间提供光比特率独立的接续。

10.4 光 ATM

目前，光 ATM 交换系统已用在时分交换系统中，主要运用了光宽带的特性，具有两种结构：一是采用广播和选择方式的超短脉冲星状网络；二是采用光矩阵开关的超立方体网络。

采用广播和选择方式的超短光脉冲星状网络是基础的光 ATM 交换系统，有多个输入和受输出缓冲器控制的输出通道，它由调制器、星状耦合器、信元选择器、信元存储器以及信元检测器等部分组成。

由光矩阵开关组成的超立方体网络是 ATM 信元光交换系统的另一种结构。

超立方体网络实际上是一个计算机多处理机系统。该结构在信元交换中有许多优点，如采用了模块化结构、可扩展性强、路由算法简单以及高可靠的路由选择等。采用超立方体网络的光 ATM 交换机，端子数可以取得很大，其目标为 10 Tbit/s 的容量。

光 ATM 核心技术是光路的自选路由。每个信元有目标地址信息，交换控制系统能自动识别出这个目标地址并通过对路径的分析将其输送到相应的路径上去。采用空间光调制器的光自选路由可以实现优先级控制，防止光信元在输出端口发生冲突。

10.5 光交换器件

光交换器件是光交换系统的基础，主要包括光放大器、光耦合器、光调制器以及光存储器等，这些器件的不同组合构成不同的光交换结构。

10.5.1 半导体光开关

通常，半导体光放大器是用来对输入的光信号进行光放大的，并通过控制放大器的偏置信号来控制其放大倍数。当偏置信号为零时，输入的光信号被器件完全吸收，使器件的输出端没有任何光信号，相当于一个开关把光信号“关断”了。而当偏置信号为不等于零的某个定值时，输入的光信号便被适量放大而出现在输出端上，相当于开关闭合，光信号“导通”。所以，这种半导体光放大器也可用作光交换中的空分交换开关，通过控制电流来控制光信号的输出选向。

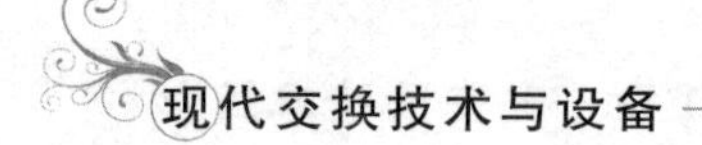

图 10-1 所示为半导体光放大器的结构示意图和开关等效逻辑图。

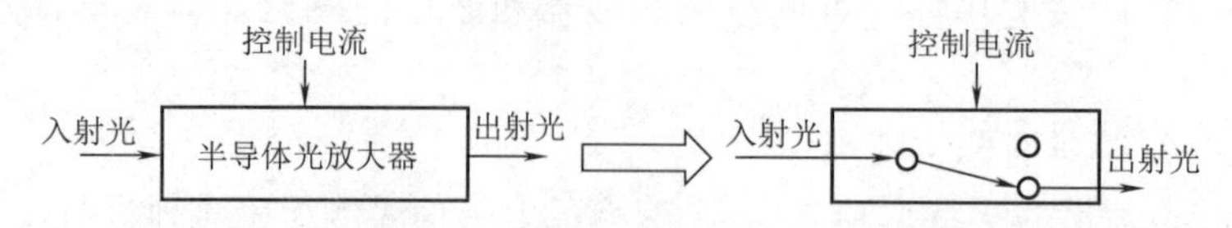

图 10-1　半导体光放大器的结构示意图和开关等效逻辑图

10.5.2　耦合波导开关

半导体光放大器只有一个输入端和输出端，而耦合波导开关除了一个控制电极以外，还有两个输入端和输出端。光耦合波导开关的示意结构和等效逻辑图如图 10-2 所示。

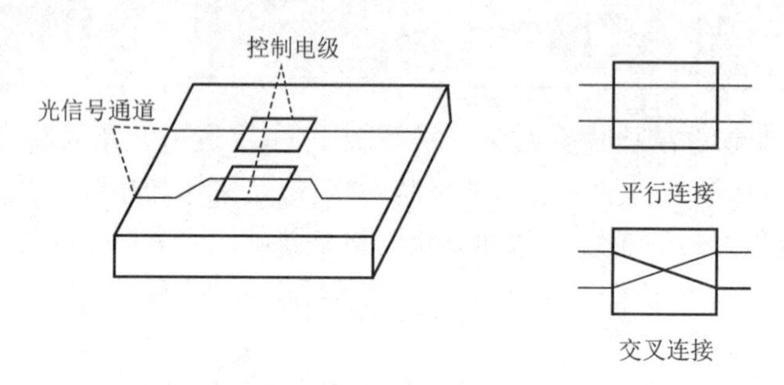

图 10-2　耦合波导开关示意结构及等效逻辑图

耦合波导开关是利用铌酸锂材料制作的。铌酸锂是一种很好的电光材料，它具有折射率随外界电场变化而改变的光学特性。在铌酸锂基片上进行钛扩散，以形成折射率逐渐增加的光波导，即光通道，再焊上电极，就可以作为光交换元件。当两个很接近的波导进行适当的耦合时，通过这两个波导的光束将发生能力变换，并且其能力交换的强度随着耦合系数、平行波导的长度和两波导之间的相位差而变化。只要所选参数得当，光束就会在两个波导上完全交错。若在电极上施加一定的电压，将会改变波导的折射率和相位差。由此可见，通过控制电极上的电压将会获得如图 10-3 所示的平行和交叉两种交换状态。

10.5.3　波长转换器件

波长转换器的结构如图 10-3 所示。

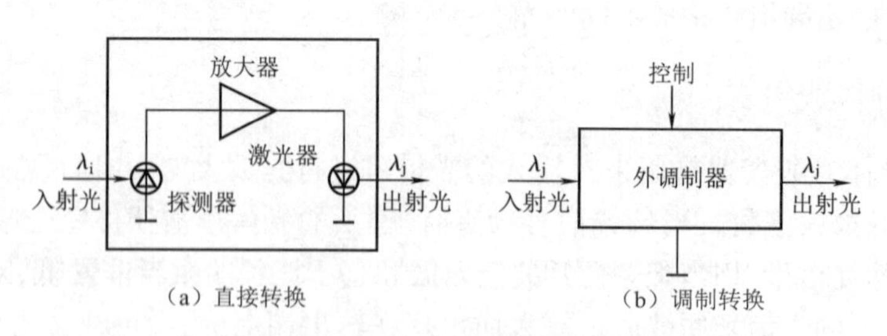

图 10-3　波长转换器的结构

该波长（λ）转换器用于光—电—光变换，是光的最直接的波长转换。也就是说，将波

长为 λ_i 的输入光信号,由光电探测器转变为电信号,再去驱动激光器,输出波长成为 λ_j 的出射光。

10.5.4 光存储器

光存储器是时分光交换系统的关键器件,它可实现光信号的存储以进行光信号的时隙交换。

常用的光存储器有两种:双稳态激光二极管和光纤延迟线。

10.5.5 空间光调制器

在空间无干涉地控制光的路径的光交换叫作自由空间光调制器。外加电信号可以改变器件的"透明"程度,使入射的光信号全部通过、部分通过或全部不通过该器件,以此用作光信号的通断控制。一个光调制器由二维光控制,并由二维光调制器矩阵构成,它是利用磁光效应制成的。

10.6 光交换机的发展

光交换机(Optical Switch)是无须经过电光/光电转换,直接进行光信号交换的数据交换设备,大大提高了交换的速率。光交换机能够保证网络的可靠性和提供灵活的信号路由平台。未来的光交换网络需要由纯光交换机来完成信号路由功能,以实现网络的高速率及协议的透明性。目前,常用的光交换机有很多种类,最通用的是电光交换机和光机械交换机两种。

1. 电光交换机

电光交换机由具有电光晶体材料的波导组成,通常由两个波导通路连接组成干涉仪结构。两个波导通路间的不同相位由电压来控制,当驱动电压作用于干涉仪的一个或两个通路,改变它们之间的相位时,干涉结果将信号送到所希望的输出端上。

电光交换机的主要优点是交换速度快,能达到纳秒级。但这种交换机具有高介入损耗、高偏振损耗、高串扰的特点,对电信号的漂移也非常敏感,所以需要很高的控制电压,而且光电交换机是非闭锁的,限制了其在网络保护和重新配置时的使用。另外,电光交换机的制造成本很高。

2. 光机械交换机

光机械交换机依赖于成熟的光技术,是目前使用最广泛的交换机类型。其原理简单,通过移动光纤末端或镜子,把光直接送到或反射到交换机的不同输出端。光机械交换机只能达到毫秒级的交换速度,但其低成本、设计简单、光学性良好、应用广泛。光机械交换机具有较低的介入损耗、低串扰、消光比很好,偏振和基于波长的损耗非常低,对不同的环境有良好的适应能力,具有较低的功率和控制电压且具有闭锁功能。

光交换机主要由复用/分路器和交换矩阵组成。它可将输入端任何光纤上的任何波长交叉连接到使用相同波长的任何输出端口的光纤上。如果给该交换机的输入和(或)输出

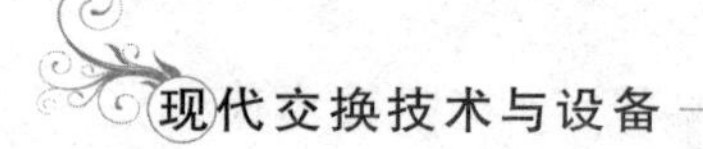

端引入波长转换功能，则它既可以完成空间交换又可以进行波长转换，可将任何光纤上的任何波长交叉连接到其他任何光纤上的任何不同波长上。

3. 波分复用全光网络中的光交叉连接

波分复用全光网络中的光交换功能由光交叉连接(OXC)来完成。光交叉连接装置既起光互连的作用，又是至光网络中的交换节点，它实际上是波分和空分的混合交换系统。

光交叉连接的突出特点是能够实现波长自选路由，可以从任意的输入光纤到任意的输出光纤。

光交叉连接的另一个突出特点是信号波长的转换功能。该功能是在输入端经光去复用器后完成的，为无阻塞波分光交叉连接开辟了道路，并可达到波长重新利用的目的。

随着光网络的持续扩展，网络速度超过多吉比特级后，电交换机就不能实现有效的管理，全光网能够实现高效的信号管理，而光交换机是未来高容量光网络的重要器件。

目前，光的电路交换技术已发展得较为成熟，进入实用化阶段。光分组交换作为更加高速、高效、高度灵活的交换技术，其能够支持各种业务数据格式——计算机通信数据、话音、图表、视频数据和高保真音频数据的交换。目前，超大带宽的光网络成为被广泛关注和研究的热点。超大带宽技术易于实现 10 Gbit/s 速率以上的操作，且对数据格式与速率完全透明，更能适应当今快速变化的网络环境，能为运营商和用户带来更大的收益。

光网络已经由过去的点到点 WDM 链路发展到今天面向连接的自动交换光网络(ASON)，再演进到下一代宽带电路交换与分组交换融合的智能光网络。我们认为，光交换技术发展将会在其中起到决定性作用。

本章小结

(1)光交换是指光纤传递的信息直接进行交换，有 4 种实现方法：光空分交换、光时分交换、光波分交换和光码分交换。

(2)光交换原理分为光空分交换、光时分交换、光波分交换等。

(3)常用的光交换器件有半导体光开关、耦合波导开关、波长转换器等。

(4)光交换机有很多种类，最常用的是电光交换机和光机械交换机两种。

思考与练习

一、填空题

1. 光交换有 4 种实现方法：(　　　　)、(　　　　)、(　　　　)和(　　　　)。

2. 光交换器件主要有(　　　　)、(　　　　)、(　　　　)等。

3. 最通用的光交换机主要有(　　　　)和(　　　　)。

二、判断题

1. 光交换不属于宽带交换。　　(　　)

2. 光交换有 3 种实现方式。 (　　)

3. 光时分交换属于宽带交换。 (　　)

4. 光复用技术中，不同输入信号的复用方法皆相同。 (　　)

三、简答题

1. 什么是光交换？光交换技术有哪几种实现方法？

2. 光交换器件包含哪些内容？

参考文献

[1]尤克,黄静华.现代电信交换技术与通信网[M].北京:北京航空航天大学出版社,2002.
[2]深圳华为技术有限公司.C&C08数字程控交换系统[M].北京:人民邮电出版社,1997.
[3]杨晋儒,吴立贞.No.7信令系统技术手册(修订本)[M].北京:人民邮电出版社,2001.
[4]上海贝尔电话设备制造有限公司.S125X版No.7信令系统[M].北京:人民邮电出版社,1995.
[5]李正吉,边详娟.程控交换技术实用教程[M].西安:西安电子科技大学出版社,2001.
[6]穆维新.现代通信交换技术[M].北京:人民邮电出版社,2005.
[7]周卫东.现代传输与交换技术[M].北京:国防工业出版社,2003.
[8]唐雄燕.软交换网络[M].北京:电子工业出版社,2006.